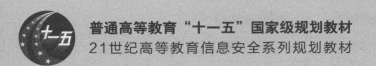

普通高等教育"十一五"国家级规划教材

21世纪高等教育信息安全系列规划教材

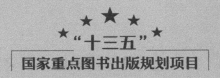

"十三五"

国家重点图书出版规划项目

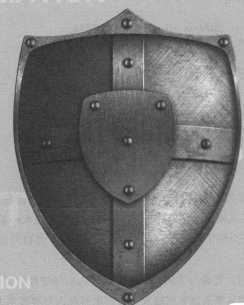

入侵检测技术

（第2版）

薛静锋 祝烈煌◎主编

单纯 徐美芳 杨顺民◎副主编

人民邮电出版社

北京

图书在版编目（ＣＩＰ）数据

入侵检测技术 / 薛静锋，祝烈煌主编. -- 2版. --
北京：人民邮电出版社，2016.1（2024.7重印）
21世纪高等教育信息安全系列规划教材
ISBN 978-7-115-38908-4

Ⅰ．①入… Ⅱ．①薛… ②祝… Ⅲ．①计算机网络—
安全技术—高等学校—教材 Ⅳ．①TP393.08

中国版本图书馆CIP数据核字(2015)第186576号

内 容 提 要

　　本书全面、系统地介绍了入侵检测的基本概念、基本原理和检测流程，较为详尽地讲述了基于主机的入侵检测技术、基于网络的入侵检测技术、基于存储的入侵检测技术和基于 Hadoop 海量日志的入侵检测技术。在此基础上，本书还介绍了入侵检测系统的标准与评估，并以开源软件 Snort 为例对入侵检测的应用进行了分析。

　　本书语言通俗，层次分明，理论与实例结合，可以作为高等学校计算机相关专业或信息安全专业本科生高年级的选修课教材，对从事信息和网络安全方面的管理人员和技术人员也有参考价值。

　◆　主　　编　薛静锋　祝烈煌
　　　副主编　单　纯　徐美芳　杨顺民
　　　责任编辑　邹文波
　　　责任印制　沈　蓉　彭志环
　◆　人民邮电出版社出版发行　　北京市丰台区成寿寺路 11 号
　　　邮编　100164　　电子邮件　315@ptpress.com.cn
　　　网址　http://www.ptpress.com.cn
　　　北京七彩京通数码快印有限公司印刷
　◆　开本：787×1092
　　　印张：14.75　　　　　　　　　2016 年 1 月第 2 版
　　　字数：353 千字　　　　　　　2024 年 7 月北京第 13 次印刷

定价：39.00 元
读者服务热线：(010)81055256　印装质量热线：(010)81055316
反盗版热线：(010)81055315

21世纪高等教育信息安全系列规划教材
编 委 会

如今，网络安全问题越来越受到人们的关注，也逐渐成为各相关科研机构研究的热点。网络安全是一门涉及计算机科学、网络技术、通信技术、密码技术、信息安全技术、应用数学、数论、信息论等多学科的综合性学科。传统的网络安全技术以防护为主，即采用以防火墙为主体的安全防护措施。但是，面对网络大规模化和入侵复杂化的发展趋势，以防火墙技术为主的防御技术显得越来越力不从心，由此产生了入侵检测技术。

入侵检测技术是网络安全的核心技术之一，它通过从计算机网络或计算机系统中的若干关键点收集信息并对其进行分析，从而发现网络或系统中是否有违反安全策略的行为和遭到袭击的迹象。利用入侵检测技术，不但能够检测到外部攻击，而且能够检测到内部攻击或误操作。本书全面介绍了入侵检测技术，重点讲解了入侵检测的有关理论知识、技术原理和应用案例。全书共 9 章，主要内容介绍如下。

第 1 章主要介绍了入侵检测的相关基础知识，包括入侵检测的产生与发展历程、入侵检测的基本概念和作用、研究入侵检测的必要性以及入侵检测面临的问题和入侵检测技术的发展趋势。

第 2 章主要介绍了常见的入侵方法与手段，包括黑客的入侵模型与原理，以及几种常见的入侵攻击方法。本章的目的是让读者了解黑客入侵的典型方式，这样才有助于部署入侵检测相关设备和工具，查找攻击源，阻击黑客。

第 3 章主要介绍了入侵检测系统的相关知识，包括入侵检测系统的基本模型、入侵检测系统的工作模式和分类方法以及入侵检测系统的部署方式。本章可以让读者了解入侵检测系统的基本轮廓。

第 4 章主要介绍了入侵检测的基本流程，包括入侵检测的过程、入侵检测的数据源、入侵检测的分析模型和方法以及入侵检测的告警与响应方式。本章可以让读者掌握入侵检测的全过程。

第 5 章主要介绍了基于主机的入侵检测技术，包括审计数据的获取和预处理、各种基于主机的入侵检测方法以及基于主机的入侵检测实例。

第 6 章主要介绍了基于网络的入侵检测技术，包括网络数据包的捕获、检测引擎的设计以及基于网络的入侵检测实例。

第 7 章主要介绍了基于存储的入侵检测技术，包括主动存储设备和块存储设备的数据存取过程以及存储级入侵检测的研究框架，在此基础上介绍了基于数据挖掘的攻击模式自动生成和存储级异常检测方法，并对 IDS 间基于协作的联合防御方法进行了介绍。

第 8 章主要介绍了基于 Hadoop 海量日志的入侵检测技术，主要包括 Hadoop 相关技术、基于 Hadoop 海量日志的入侵检测算法以及基于 Hadoop 海量日志的入侵检测系统的实现。

第9章主要介绍了入侵检测系统的标准与评估，包括入侵检测的标准化工作、影响入侵检测性能的参数、评价检测算法性能的测度和评价入侵检测系统性能的标准，在此基础上，介绍了关于网络入侵检测系统的测试评估、测试环境和测试软件。

本书可以作为高等学校计算机相关专业或信息安全专业本科生高年级的选修课教材，对从事信息和网络安全方面的管理人员和技术人员也有参考价值。阅读本书时，读者应学习过计算机网络、操作系统、信息安全基础等方面的基础知识。本书作为教材使用时，建议课时为32学时，各章学时分配如下。

章	学时数	章	学时数
第1章	2	第6章	4
第2章	3	第7章	4
第3章	3	第8章	4
第4章	5	第9章	3
第5章	4		

本书由薛静锋、祝烈煌担任主编，单纯、徐美芳、杨顺民担任副主编。本书在写作过程中得到了北京理工大学王勇副教授以及硕士研究生束罡、张珊珊的热情帮助，在此一并表示感谢。

由于编者水平有限，书中难免存在不足之处，敬请广大读者批评指正。

编者
2015年7月
于北京理工大学

目　录

入侵检测概述

1.1 网络安全基本概念

网络安全是一门涉及计算机科学、网络技术、通信技术、密码技术、信息安全技术、应用数学、数论、信息论等多学科的综合性学科。本节介绍网络安全的基本概念。

1.1.1 网络安全的实质

计算机网络安全问题是随着网络、特别是 Internet 的发展而产生的，目前已经受到普遍关注。计算机网络的连通性和开放性给资源共享和通信带来了很大的便利，但同时也使本不乐观的安全问题雪上加霜。标准化和开放性使许多厂商的产品可以互操作，也使入侵者可以预知系统的行为。

尽管网络安全研究得到越来越多的关注，然而，网络安全问题并没有因此而减少。相反，随着网络规模的飞速扩大、结构的日益复杂和应用领域的不断扩展，出于各种目的，盗用资源、窃取机密、破坏网络的肇事者也越来越多，网络安全事件数量呈迅速增长的趋势，造成的损失也越来越大。

一般认为，计算机网络系统的安全威胁主要来自于黑客（Hacker）的攻击、计算机病毒（Virus）感染和拒绝服务攻击（Denies Of Service，DOS）3 个方面。目前，人们已经开始重视来自网络内部的攻击。黑客攻击早在主机终端时代就已经出现，随着 Internet 的发展，现代黑客则从以针对系统为主的攻击转变到以针对网络为主的攻击。而且随着攻击工具的完善，攻击者不需要专业知识就能够完成复杂的攻击过程。

总之，人们面临的来自计算机网络系统的安全威胁日益严重。安全问题已经成为影响网络发展，特别是商业应用的主要问题，并直接威胁着国家和社会的安全。

网络安全的实质就是要保障系统中的人、设备、设施、软件、数据以及各种供给品等要素免受各种偶然的或人为的破坏或攻击，使它们功能正常，保障系统能安全可靠地工作。因而网络系统的安全应当包含以下内容。

（1）要弄清网络系统受到的威胁及脆弱性，以便人们能注意到网络的这些弱点和它存在的特殊问题。

（2）要告诉人们怎样保护网络系统的各种资源，避免或减少自然或人为的破坏。

（3）要开发和实施卓有成效的安全策略，尽可能减少网络系统所面临的各种风险。

（4）要准备适当的应急计划，使网络系统中的设备、设施、软件和数据在受到破坏和攻击时，能够尽快恢复工作。

（5）要制订完备的安全管理措施，定期检查这些安全措施的实施情况和有效性。

（6）确保信息的安全，就是要保障信息完整、可用和保密的特性。

　　总之，信息社会的迅速发展离不开网络技术和网络产品的发展，网络的广域化和实用化都对网络系统的安全性提出越来越高的要求。从广义上考虑的网络系统所包含的内容非常丰富，几乎囊括了现代计算机科学和技术的全部成果。为了提高网络安全性，需要从多个层次和环节入手，分别分析应用系统、宿主机、操作系统、数据库管理系统、网络管理系统、子网、分布式计算机系统和全网中的弱点，采取措施加以防范。

1.1.2　网络系统的安全对策与入侵检测

　　近年来，尽管对计算机安全的研究取得了很大进展，但安全计算机系统的实现和维护仍然非常困难，因为我们无法确保系统的安全性达到某一确定的安全级别。入侵者可以通过利用系统中的安全漏洞侵入系统，而这些安全漏洞主要来源于系统软件、应用软件设计上的缺陷或系统中安全策略规范设计与实现上的缺陷和不足。即使我们能够设计和实现一种极其安全的系统，但由于现有系统中大量的应用程序和数据处理对现有系统的依赖性以及配置新系统所需要的附加投资等多方面的限制，用新系统替代现有系统需付出极大的系统迁移代价，所以这种采用新的安全系统替代现有系统的方案事实上很难得到实施。另一方面，通过增加新功能模块对现有系统进行升级的方案却又不断地引入新的系统安全缺陷。

　　入侵检测是一种动态的监控、预防或抵御系统入侵行为的安全机制，主要通过监控网络、系统的状态、行为以及系统的使用情况，来检测系统用户的越权使用以及系统外部的入侵者利用系统的安全缺陷对系统进行入侵的企图。和传统的预防性安全机制相比，入侵检测具有智能监控、实时探测、动态响应、易于配置等特点。由于入侵检测所需要的分析数据源仅是记录系统活动轨迹的审计数据，使其几乎适用于所有的计算机系统。入侵检测技术的引入，使得网络、系统的安全性得到进一步的提高（例如，可检测出内部人员偶然或故意提高它们的用户权限的行为，避免系统内部人员对系统的越权使用）。显然，入侵检测是对传统计算机安全机制的一种补充，它的开发应用增大了对网络与系统安全的纵深保护，成为目前动态安全工具的主要研究和开发的方向。许多研发机构和主要的安全厂商都在进行这方面的研究和开发，有的已推出了相应的产品。

　　实践经验使人们认识到：由于现有的各种安全防御机制都有自己的局限性。例如，防火墙能够通过过滤和访问控制阻止多数对系统的非法访问，但是不能抵御某些入侵攻击，尤其是在防火墙系统存在配置错误、没有定义或没有明确定义系统安全策略时，都会危及到整个系统的安全。另外，由于其主要是部署在网络数据流的关键路径上，通过访问控制来实现系统内部与外部的隔离，从而对于恶意的移动代码（病毒、木马、缓冲区溢出等）攻击、来自内部的攻击等，防火墙将无能为力。因此，针对网络的安全不能只依靠单一的安全防御技术和防御机制。只有通过在对网络安全防御体系和各种网络安全技术和工具研究的基础上，制订具体的系统安全策略，通过设立多道安全防线、集成各种可靠的安全机制（诸如：防火墙、存取控制和认证机制、安全监控工具、漏洞扫描工具、入侵检测系统以及进行有效的安全管理、培训等）、建立完善的多层安全防御体系，才能够有效地抵御来自系统内部和外部的入侵攻击，达到维护网络系统安全的目的。

1.1.3　网络安全的 P²DR 模型与入侵检测

　　单纯的防护技术容易导致系统的盲目建设。这种盲目包括两方面：一方面是不了解安全威胁的严峻，不了解当前的安全现状；另一方面是安全投入过大而又没有真正抓住安全的关键环节，导致不必要的浪费。

由于系统的攻击日趋频繁，安全的概念已经不仅仅局限于信息的保护，人们需要的是对整个信息和网络系统的保护和防御，以确保它们的安全，包括对系统的保护、检测和反应能力等。

总的来说，安全模型已经从以前的被动保护转到了现在的主动防御，强调整个生命周期的防御和恢复。PDR 模型就是最早提出的体现这样一种思想的安全模型。所谓 PDR 模型指的就是基于防护（Protection）、检测（Detection）、响应（Reaction）的安全模型。

20 世纪 90 年代末，美国国际互联网安全系统公司（ISS）提出了自适应网络安全模型（Adaptive Network Security Model，ANSM），并联合其他厂商组成 ANS 联盟，试图在此基础上建立网络安全的标准。该模型是可量化、可由数学证明、基于时间的、以 PDR 为核心的安全模型，亦称为 P^2DR 模型，这里 P^2DR 是 Policy（安全策略）、Protection（防护）、Detection（检测）和 Response（响应）的缩写。其体系框架如图 1.1 所示。其中各部分的含义如下。

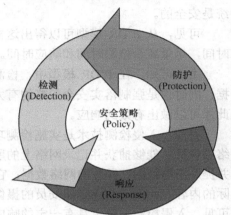

图 1.1 P^2DR 模型的体系框架

（1）Policy（安全策略）：根据风险分析产生的安全策略描述了系统中哪些资源要得到保护，以及如何实现对它们的保护等。安全策略是 P^2DR 安全模型的核心，所有的防护、检测、响应都是依据安全策略实施的，安全策略为安全管理提供管理方向和支持手段。

（2）Protection（防护）：通过修复系统漏洞、正确设计开发和安装系统来预防安全事件的发生；通过定期检查来发现可能存在的系统脆弱性；通过教育等手段，使用户和操作员正确使用系统，防止意外威胁；通过访问控制、监视等手段来防止恶意威胁。

（3）Detection（检测）：在 P^2DR 模型中，检测是非常重要的一个环节，检测是动态响应和加强防护的依据，它也是强制落实安全策略的有力工具。通过不断地检测来监控网络和系统，发现新的威胁和弱点，通过循环反馈来及时做出有效的响应。

（4）Response（响应）：紧急响应在安全系统中占有最重要的地位，是解决潜在安全问题最有效的办法。从某种意义上讲，安全问题就是要解决如何进行紧急响应和异常问题处理。

网络信息系统的安全是基于时间特性的，P^2DR 安全模型的特点就在于动态性和基于时间的特性。下面针对该特性定义几个时间值来进行描述。

（1）攻击时间（Pt）：表示从入侵开始到侵入系统的时间。Pt 的衡量特性包括两个方面。①入侵能力。②系统脆弱性。高水平的入侵及安全薄弱的系统都能增加攻击的有效性，使 Pt 缩短。

（2）检测时间（Dt）：系统安全检测包括发现系统的安全隐患和潜在攻击检测，以利于系统的安全评测。改进检测算法和设计可缩短 Dt，提高对抗攻击的效率。检测系统按计划完成所有检测的时间为一个检测周期。检测与防护是相互关联的，适当的防护措施可有效缩短检测时间。

（3）响应时间（Rt）：包括检测到系统漏洞或监控到非法攻击到系统启动处理措施的时间。例如，一个监控系统的响应可能包括监视、切换、跟踪、报警、反击等内容。而安全事件的后处理（如恢复、总结等）不纳入事件响应的范畴之内。

（4）系统暴露时间（Et）：系统的暴露时间是指系统处于不安全状况的时间，可以定义为 Et=Dt+Rt−Pt。系统的检测时间与响应时间越长，或对系统的攻击时间越短，则系统的暴露时间越长，系统就越不安全。如果 Et<0（即 Dt+Rt<Pt，那么可以基于 P^{2}DR 模型，认为该系统是安全的。

可见，从 P^{2}DR 模型可以得出这样一个结论：安全的目标实际上就是尽可能地增大保护时间，尽量减少检测时间和响应时间。

由上可知，在 P^{2}DR 模型中，检测是一个非常重要的环节，是动态响应和加强防护的依据，同时也是强制落实安全策略的有力工具，通过检测，能够不断发现新的威胁和弱点，据此才可以做出有效的响应。

目前，入侵检测技术是实施检测功能的最有效的技术。形象地说，入侵检测系统就是网络摄像机，能够捕获并记录网络上的所有数据；同时它也是智能摄像机，能够分析网络数据并提炼出可疑的、异常的网络数据；它还是 X 光摄像机，能够穿透一些巧妙的伪装，抓住实际的内容。此外，它还是保安员的摄像机，能够对入侵行为自动地进行反击，如阻断连接。可见，入侵检测系统也具有一定的响应功能。因此，从 P^{2}DR 模型来理解，入侵检测系统是一个具有检测功能，同时又兼备防护和响应功能的安全技术产品，是保护网络信息系统安全的强有力的工具。

1.2 入侵检测的产生与发展

20 世纪 70 年代，随着计算机速度、数目的增长以及体积的减小，对计算机安全的需求也显著增加。美国政府意识到传统审计团体在跟踪计算机活动方面具有丰富经验，因此决定获取它们的支持和帮助。在 1977 年和 1978 年，美国国家标准局召开了有政府和商业组织代表参加的会议，就当时的安全、审计和控制状况提出报告。

与此同时，军用系统中计算机的使用范围迅速扩大，出于对安全问题的考虑，美国国防部提高了计算机审计的详细程度并以此作为一项安全机制。这个项目由 James Anderson 负责主持。

1.2.1 早期研究

1980 年，James Anderson 在给一个保密客户写的技术报告中指出，审计记录可以用于识别计算机误用。他提出了入侵尝试（Intrusion Attempt）或威胁（Threat）的概念，并将其定义为：潜在、有预谋的未经授权访问信息、操作信息，致使系统不可靠或无法使用的企图。同时，他给威胁进行了分类，并对审计子系统提出了改进意见，以便该系统可以用于检测误用。他认为审计记录分析可以监视入侵行为，并对入侵进行分类，而且提出对不同渗透的相应检测方法，如表 1.1 所示。

表 1.1	不同用户的不同渗透方法	
	授　权	非　授　权
外部用户	—	外部渗透
内部用户	不当行为	内部渗透

James Anderson 工作的主要服务对象是重要的分级客户。该客户在主机环境中处理敏感数据，其特点是有严格的安全管理控制。客户有要求审计所有计算机活动的策略，并由安全部门职员手工检查审计跟踪和调查在审计跟踪中未发现的问题以支持该策略。随着计算量的增加，手工检查和调查工作变得繁重不堪。

James Anderson 在一段时间内致力于解决"伪装者"的问题，"伪装者"指那些用盗窃来的用户名和密码访问系统的人。对系统而言，"伪装者"似乎是合法用户。James Anderson 建议通过对某些用户行为的一些统计分析应当具备判定系统不正常使用模式的能力，这或许是可以用来发现伪装者的一种方法。

1983 年，SRI（Stanford Research Institute）用统计方法分析 IBM 大型机的 SMF（System Management Facility）记录。这也是早期对入侵检测的研究。

总的来说，由于 20 世纪 80 年代初期网络还没有今天这样普遍和复杂，网络之间也没有完全连通，因此关于入侵检测的研究主要是基于主机的事件日志分析。而且由于入侵行为在当时是相当少见的，因此入侵检测在早期并没有受到人们的重视。

1.2.2　主机入侵检测系统研究

1986 年，SRI 的 Dorothy E. Denning 发表了一篇论文"An Intrusion-Detection Model"，该文深入探讨了入侵检测技术，探索了行为分析的基本机制，首次将入侵检测的概念作为一种计算机系统安全防御措施提出，并且建立了一个独立于系统、程序应用环境和系统脆弱性的通用入侵检测系统模型。这篇文章后来被认为是入侵检测系统（Intrusion Detection System，IDS）的开山之作。与传统的加密和访问控制相比，IDS 是全新的计算机安全措施。

1988 年，SRI 开始开发入侵检测专家系统（Intrusion Detection Expert System，IDES），它是一个实时入侵检测系统。它采用了统计技术来进行异常检测，用专家系统的规则进行误用检测。IDES 在实现双重分析（Signature 分析和异常检测）和实时分析两个方面迈出了关键的一步。该系统被认为是入侵检测研究中最有影响的一个系统，也是第一个在一个应用中运用了统计和基于规则两种技术的系统。

从 1992 年到 1995 年，在 IDES 的基础上，SRI 加强优化 IDES，在以太网的环境下实现了产品化的入侵检测专家系统（Next-Generation Intrusion Detection Expert System，NIDES），它继承了 IDES 的双重分析特性，采用的方法更为通用、灵活，对于目标系统和审计数据的类型没有限制，采用 C/S 模式。但是在规模化和针对网络环境使用方面还有所欠缺，并且缺少协同工作的能力。由于用户作为分析的目标（或者说单元），因此对多域联合攻击无能为力。

1988 年，针对美国空军计算机系统的多用户环境，Los Alamos 国家实验室的 Tracor Applied Sciences 和 Haystack Laboratories 采用异常检测和基于 Signature 的检测，开发了 Haystack 系统，该系统主要用于检测 Unisys 大型主机。与以往的系统不同，该系统建立了两个模型：一个是为每个用户建立的用户模型；还有一个是通用用户模型。

同时，出现了为美国国家计算机安全中心 Multics 主机开发的多入侵检测及告警系统（Multics Intrusion Detection and Alerting System，MIDAS），该系统是在国家计算机安全中心的公共信息系统 Dockmaster 上应用的第一个入侵检测系统。

1989 年，Los Alamos 国家实验室的 Hank Vaccaro 为国家计算机安全中心（National Computer Security Center，NCSC）和能源部（Department of Energy，DOE）开发了 W&S（Widsom and Sence）系统，这是一个基于主机的异常检测系统。W&S 系统处理一个训练用的数据集，并产生用于描述数据特征的元规则（metarule），随后当应用于新的数据集时，该系统就用这些规则检测异常。W&S 系统最初被设计用于检测存储核材料的数据记录中的异常，后来被修改为检测 VMS 操作系统的审计记录，还应用于检测人为的误操作。由于检测到的异常和人为的误操作混合在一起，所以 W&S 系统永远都不能应用于生产环境中。其原因很容易理解，因为构造、修剪元规则树的方式使得很难解释得到的结果。

同年，Planning Research Corporation（PRC）公司开发了 ISOA（Information Security Officers Assistant），它由一套统计工具、一个专家系统和一套分级的"利害关系级别（concern levels）"组成。其技术基于一种称为迹象与警告（Indications and Warnings，I&W）的模型，应用该模型可以对即将发生的攻击预先告警。引入的审计数据与一组期望的迹象相比较，并按层次排列以反映利害关系级别。异常是用三类参数来检测的：用户、节点及整个系统。ISOA 后来用在了 PRC 入侵检测系统 PreCis 中。

以上研究虽然有的是在局域网环境下展开的，但是仍然是检测对主机的攻击，对于协同攻击和多域联合攻击没有检测的能力。

1.2.3　网络入侵检测系统研究

1990 年出现的网络安全监视器（Network Security Monitor，NSM），是 UCD（California 大学 Davis 分校）设计的面向局域网的 IDS，NSM 被设计用来分析来自以太局域网的数据及连接到该网的数据。这个系统的重要贡献是首次使用网络数据包作为审计数据源，提出基于网络的 IDS 的概念。1991 年，NADIR（Network Anomaly Detection and Intrusion Reporter）与分布式入侵检测系统（Distribute Intrusion Detection System，DIDS）提出收集和合并来自多个主机的审计信息，来检测针对多个主机的协同攻击。需要指出的是，网络 IDS 的研究方法有两种：一是分析各主机的审计数据，并分析各主机审计数据之间的关系；二是分析网络数据包。

1994 年，美国空军密码支持中心（Cryptological Support Center）的一群研究人员创建了一个健壮的网络入侵检测系统（ASIM），该系统被广泛应用于美国空军，为了将网络入侵检测技术商业化，它们成立了一个商业公司 Wheelgroup。

1996 年，UCD 的 Computer Security（计算机安全）实验室，以开发广域网上的入侵检测系统为目的，开发了 GrIDS。目标是使受保护的网络规模达到成千上万，甚至上百万，并且还保护路由器、域名服务器等。

1997 年，Cisco 公司兼并了 Wheelgroup，并开始将网络入侵检测整合到 Cisco 路由器中。同时 ISS 发布了 RealSecure，这是一个被广泛使用的、用于 Windows NT 的网络入侵检测系统。从此，网络入侵检测革命的序幕被拉开了。

从 1996 年到 1999 年，SRI 开始 EMERALD（Event Monitoring Enabling Response to Anomalous Live Disturbances）的研究，它是 NIDES 的后继者。具有分布式可升级的特点，用于在大型网络中探测恶意入侵活动（包括对网站的入侵），高度分布，自动响应。在以下几方面进行了扩展：可以进行基于网络的分析；增强互操作性；与分布式计算环境的集成更容易。

1.2.4 主机和网络入侵检测系统的集成

1990 年以前，大部分入侵检测系统都是基于主机的，它们对于活动性的检查局限于操作系统审计数据及其他以主机为中心的信息源。在上节中提到，1990 年出现的 NSM 是面向局域网的 IDS，它把入侵检测扩展到了网络环境中。此时，由于 Internet 的发展及通信和网络带宽的增加，系统的互连性已经有了显著提高，导致人们对计算机安全的关注程度也显著增加。1988 年的 Internet 蠕虫事件使人们对计算机安全的关注达到了前所未有的程度，同时增加了对商业界和学术界的研究资助。分布式入侵检测系统（DIDS）最早试图把基于主机的方法和网络监视方法集成在一起。

DIDS 的开发是一个大规模的合作开发，参与方有美国空军密码支持中心、Lawrence、Livermor 国家实验室、加利福尼亚大学 Davis 分校和 Haystack 实验室。这项研究由美国空军、美国国家安全部和美国国家能源部资助。它是将主机入侵检测和网络入侵检测的能力集成的第一次尝试，以便于一个集中式的安全管理小组能够跟踪安全侵犯和网络间的入侵。

DIDS 的最初概念是采用集中式控制技术，向 DIDS 中心控制器发报告。DIDS 的结构如图 1.2 所示。

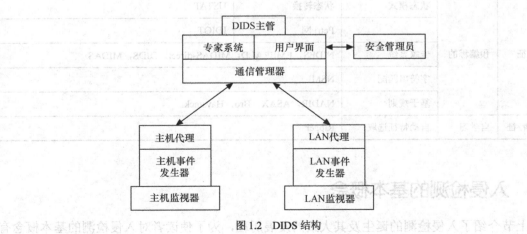

图 1.2 DIDS 结构

DIDS 解决了这样几个问题。

（1）在大型网络互联中的一个棘手问题是在网络环境下跟踪网络用户和文件。该项功能非常关键，这是因为：第一，网络入侵者通常会利用不同计算机系统的互联性来隐藏自己的真实身份和地址，实际上，一些入侵者发起的分布式攻击是在每个阶段从不同系统发起攻击的组合结果；第二，对付网络攻击的最有效的方法是发现对攻击负责任的人，收集他进行攻击的证据，然后借助执法力量和法律过程来起诉他。

（2）系统允许用户在该环境中通过自动跨越被监视的网络跟踪和得到用户身份的相关信息来处理这个问题。DIDS 是第一个具有这个能力的入侵检测系统。

例如，假设攻击者通过"网络跳板"穿越系统，攻击受 DIDS 保护的支付服务器。DIDS 可以通过跟踪攻击者，发现攻击路径节点上各个用户的身份。例如，发现攻击路径节点包括主机 1 上的 A、主机 2 上的 B 和主机 3 上的 C。据此就可以派出调查员调查攻击时刻坐在主机 1 的终端 A 前的那个人。

（3）DIDS 解决的另一个问题是如何从发生在系统不同的抽象层次的事件中发现相关数据或事件。这类信息要求要理解它们对整个网络的影响，DIDS 用一个 6 层入侵检测模型提取数据相关性，每层代表了对数据的一次变换结果。

此外，还有许多系统，在此不一一赘述了。这些系统的分类如表 1.2 所示。

表 1.2 **IDS 简单分类**

			规则模型	W&S
异常	自学习	非时间序列	基于统计	IDES，NIDES，EMERALD，Haystack
		时间序列	ANN	Haperview
	预编程的	描述统计	简单统计	MIDAS，NADIR，Haystack
			基于规则	NSM
			门限	ComputerWatch
		Default deny	状态序列模式	DPEM，JANUS，Bro
特征	预编程的	状态模式	状态转换	USTAT
			Petri 网	IDIOT
		专家系统		NIDES，EMERALD，MIDAS-direct，DIDS，MIDAS
		字符串匹配		NSM
		基于规则		NADIR，ASAX，Bro，Haystack
自动特征	自学习	自动特征选取		Ripper

1.3　入侵检测的基本概念

上节介绍了入侵检测的诞生及其大致的发展历程，为了使读者对入侵检测的基本概念有一个清晰的了解，本节将介绍入侵检测的一些基本概念，包括入侵检测的概念、作用以及研究入侵检测的必要性。

1.3.1 入侵检测的概念

首先看什么是入侵。所谓入侵,是指任何试图危及计算机资源的完整性、机密性或可用性的行为。而入侵检测,顾名思义,便是对入侵行为的发觉。它通过从计算机网络或系统中的若干关键点收集信息,并对这些信息进行分析,从而发现网络或系统中是否有违反安全策略的行为和遭到袭击的迹象。进行入侵检测的软件与硬件的组合便是入侵检测系统(简称IDS)。入侵检测是防火墙的合理补充,帮助系统对付网络攻击,扩展了系统管理员的安全管理能力(包括安全审计、监视、进攻识别和响应),提高了信息安全基础结构的完整性。入侵检测被认为是防火墙之后的第二道安全闸门,在不影响网络性能的情况下能对网络进行监测,从而提供对内部攻击、外部攻击和误操作的实时保护。

IDS 是对原有安全系统的一个重要补充。IDS 收集计算机系统和网络的信息,并对这些信息加以分析,对保护的系统进行安全审计、监控、攻击识别以及作出实时的反应。

1.3.2 入侵检测的作用

在网络安全体系中,IDS 是唯一一个通过数据和行为模式判断网络安全体系是否有效的系统。如图 1.3 所示,防火墙就像一道门,可以阻止一类人群的进入,但无法阻止同一类人群中的破坏分子,也不能阻止内部的破坏分子;访问控制系统可以不让低级权限的人做越权工作,但无法保证高级权限的人不做破坏工作,也无法阻止低级权限的人通过非法行为获得高级权限;漏洞扫描系统可以发现系统和网络存在的漏洞,但无法对系统进行实时扫描。

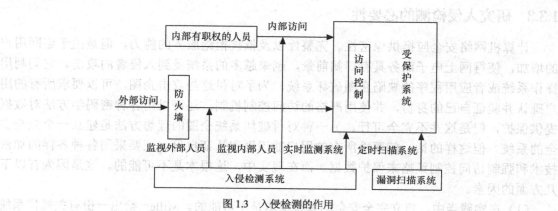

图 1.3 入侵检测的作用

总的来说,IDS 的作用和功能如下。

(1)监控、分析用户和系统的活动。

(2)审计系统的配置和弱点。

(3)评估关键系统和数据文件的完整性。

(4)识别攻击的活动模式。

(5)对异常活动进行统计分析。

(6)对操作系统进行审计跟踪管理,识别违反政策的用户活动。

入侵检测系统的优点如下。

（1）提高信息安全体系中其他部分的完整性。

（2）提高系统的监控能力。

（3）从入口点到出口点跟踪用户的活动。

（4）识别和汇报数据文件的变化。

（5）侦测系统配置错误并纠正它们。

（6）识别特殊攻击类型，并向管理人员发出警报，进行防御。

入侵检测的缺点如下。

（1）不能弥补差的认证机制。

（2）如果没有人的干预，不能管理攻击调查。

（3）不能知道安全策略的内容。

（4）不能弥补网络协议上的弱点。

（5）不能弥补系统服务质量或完整性的缺陷。

（6）不能分析一个堵塞的网络。

（7）不能处理有关 Packet-Level 的攻击。

对一个成功的 IDS 来讲，它不但可以使系统管理员时刻了解网络系统（包括程序、文件和硬件设备等）的任何变更，还能给网络安全策略的制订提供指南。更为重要的一点是，它应该易于管理、配置简单，从而使非专业人员非常容易地实现网络安全。而且，IDS 适用的规模还应根据网络威胁、系统构造和安全需求的改变而改变。IDS 在发现入侵后，会及时作出响应，包括切断网络连接、记录事件和报警等。

1.3.3 研究入侵检测的必要性

计算机网络安全应提供保密性、完整性以及抵抗拒绝服务的能力，但是由于连网用户的增加，使得网上电子商务具有广阔前景，越来越多的系统受到入侵者的攻击。它们利用操作系统或者应用程序的缺陷企图破坏系统。为了对付这些攻击企图，可以要求所有的用户确认并验证自己的身份，并使用严格的访问控制机制，还可以用各种密码学方法对数据提供保护，但是这并不完全可行。另一种对付破坏系统企图的理想方法是建立一个完全安全的系统。但这样的话，就要求所有的用户能识别和认证自己，还要采用各种各样的加密技术和强制访问控制策略来保护数据。而在现实中，这根本是不可能的。这是因为有以下几方面的因素。

（1）在实践当中，建立完全安全的系统根本是不可能的。Miller 给出一份有关操作系统和应用程序的研究报告，指出软件中不可能没有缺陷。另外，设计和实现一个整体安全的系统相当困难。

（2）要将所有已安装的带安全缺陷的系统转换成安全系统需要相当长的时间。

（3）如果口令是弱口令并且已经被破解，那么访问控制措施不能够阻止受到危害的授权用户的信息丢失或者破坏。

（4）静态安全措施不足以保护安全对象属性。通常，在一个系统中，担保安全特性的静态方法可能过于简单，或者系统过度地限制用户。例如，静态技术未必能阻止违背安全策略造成浏览数据文件；而强制访问控制仅允许用户访问具有合适的通道的数据，这样就造成系统使用麻烦。因此，一种动态的方法（如行为跟踪）对检测和尽可能阻止安全威胁是必要的。

（5）加密技术本身存在着一定的问题。

（6）安全系统易受内部用户滥用特权的攻击。

（7）安全访问控制等级和用户的使用效率成反比，访问控制和保护模型本身存在一定的问题。

（8）在软件工程中存在软件测试不充足、软件生命周期缩短、大型软件复杂性等难解问题，工程领域的困难复杂性，使得软件不可能没有错误，而系统软件容错恰恰被表明是安全的弱点。

（9）修补系统软件缺陷不能令人满意。由于修补系统软件缺陷，计算机系统不安全状态将持续相当长一段时间。

基于上述几类问题的解决难度，一个实用的方法是建立比较容易实现的安全系统，同时按照一定的安全策略建立相应的安全辅助系统。IDS 就是这样一类系统，现在安全软件的开发方式基本上就是按照这个思路进行的。就目前系统安全状况而言，系统存在被攻击的可能性。如果系统遭到攻击，只要尽可能地检测到，甚至是实时地检测到，然后采取适当的处理措施。IDS 一般不是采取预防的措施以防止入侵事件的发生，入侵检测作为安全技术其主要目的有：①识别入侵者；②识别入侵行为；③检测和监视已成功的安全突破；④为对抗入侵及时提供重要信息，阻止事件的发生和事态的扩大。从这个角度看待安全问题，入侵检测非常必要，它将有效弥补传统安全保护措施的不足。

1.4 入侵检测面临的问题

虽然多年来研究者提出了各种入侵检测模型和相关算法，取得了一些研究成果，但是检测效果还不能达到令人满意的程度。同时，随着入侵者对网络技术的深入了解，各种自动化入侵工具不断出现，网络入侵技术变得日趋复杂。当前，在入侵检测研究领域所面临的主要问题包括以下几点。

1. 高速网络环境的性能提高问题

在高速网络环境下，网络的吞吐量不断增大，如何快速准确地检测出网络入侵的具体类别，解决好检测速度和检测准确性的矛盾，将有利于安全管理员有针对性地迅速采取应对措施，阻止进一步的攻击活动，把入侵造成的损失控制在最小限度。目前很多研究成果都是关于二分类入侵检测的，即便在研究多分类入侵检测的相关文献中，大多数给出的实验结果也只是针对四大类入侵攻击的，而针对具体类别入侵攻击的并不多，与按大类检测相比，其难度更大，检测方法更复杂。因此，为了提高高速网络环境下多分类检测的性能，需要在提高多分类检测系统的学习能力、实时检测能力、响应能力和检测未知攻击能力等方面做进一步的研究。

2. IDS 主动防御能力不足的问题

多数的入侵检测系统以检测漏洞为主，很难发现新的攻击方式，一般只有在攻击发生一次以后，才将新的攻击规则添加到系统中。这样带来的隐患是，对攻击不能做到提前预防，系统的检测规则更新比较缓慢和滞后，因此，进一步研究高性能自适应的入侵检测方法将有助于解决现有 IDS 主动防御能力不足的问题。

3. IDS 体系结构问题

随着网络攻击手段向分布式方向发展，攻击的破坏性和隐蔽性也越来越强。集中式的 IDS 体系结构不能适应分布式攻击的检测，对分布式的入侵攻击需要采用由中央代理和大量分布在各处的本地代理组成的分布式 IDS 进行检测，本地事件由本地代理负责处理，而中央代理负责整体分析工作。由于分布式攻击是多对一的攻击，完成一次攻击比单机时间更短，通常的检测方法难以及时检测出来，需要解决数据收集、入侵检测和响应的分布化，通过分布式系统协同合作提高系统的可靠性。

4. IDS 自身的健壮性问题

随着入侵检测产品的增多，入侵者对入侵检测系统的了解日益增多，入侵攻击的对象已不仅限于网络主体，入侵检测系统也逐渐成为它们攻击的目标。这就使得如何提高 IDS 自身的健壮性成为一个急需解决的问题。

5. 云环境下的入侵检测问题

云计算是一种崭新的服务模式，它影响着传统的信息安全领域。如何利用云计算平台，尽可能多地收集关于入侵的知识，并基于云计算平台提供更为方便和准确的入侵检测服务，将是未来极具吸引力的研究课题。

1.5 入侵检测技术的发展趋势

在入侵检测技术发展和改进的同时，入侵技术也在更新，网络防范技术的多重化，使得入侵手段变得越来越综合化和复杂化，入侵攻击由较早前的单机执行转变为分布式攻击，采用隐蔽技术掩盖攻击主机的源地址和主机位置。针对入侵检测技术面临的主要问题，当前研究机构提出了几个入侵检测技术未来的发展方向。

1. 智能化入侵检测

入侵检测趋向智能化方向，即当代科学研究最常用的多学科交叉研究、遗传算法、模糊技术、免疫原理等类人工智能方法。智能化入侵检测方法的发展方向应该是发展出具有自学能力的算法，可以实现知识库的不断更新和扩展，使入侵检测系统的防范能力不断增强。根据入侵技术和网络防范技术的发展，掌握其在某一阶段的特点，实现智能防御。

2. 分布式入侵检测

传统的入侵检测系统是运行在网络中或主机上的软硬件系统，对于运行在异构系统上的较大规模的探测攻击行为，其检测和防范的能力稍显不足，不能完成协同多种类型的入侵检测系统关联工作。因此需要根据当前主机系统和网络系统的发展模式，进行分布式入侵检测技术及分布式入侵检测系统架构的设计与开发，即发展针对于分布式攻击的检测方法和手段，以及通过分布式的架构来检测分布式攻击的工作模式。

3. 入侵检测系统的标准化

在大规模网络中，各个独立的区域可能使用了多种类型的入侵检测系统，部署了防火墙、漏洞扫描系统等一系列安全设备。如何使这些部署在相同或不同区域内部的安全设备很好地协同工作，特别是关联入侵检测系统的统一协同处理能力，也将是入侵检测系统未来发展应该考虑的实际问题。

4. 集成网络分析和管理能力

入侵检测不仅可以防范网络探测攻击行为，同时也可以对网络扫描进行分析。入侵检测系统一般都部署在网络出口位置，可以接收网络中所有的数据和信息流，对于网络运行情况和故障分析也可以起到非常重要的作用。当网络中出现一些异常行为和数据故障时，网络技术人员总希望可以直观立体地对故障情况进行分析判断，排除故障。入侵检测不只是被动分析现有网络数据和抵御网络入侵，最佳组合应该是结合主动分析、网络运行情况检测和行为分析等功能。因此入侵检测集成网络管理功能、扫描器、嗅探器等功能将是未来的发展方向。

5. 高速网络中的入侵检测

现在的网络接入速度越来越快，随着大量数据处理的需求，对入侵检测的性能要求也在逐步提高。但是，截获网络中的数据包并对之进行分析、匹配规则需要耗费大量的时间，消耗大量的系统资源，大部分入侵检测系统的端口速率和检测速度已经不能适应当前的网络速度，特别是内部高速主干网络。因此需要发展高速网络下的入侵检测技术。

6. 数据库入侵检测

数据库是各种应用系统的核心，传统的以防范为主的被动安全机制无法满足日益增长的对数据库安全的需求。对数据库系统来说，仅仅依靠底层操作系统和网络入侵检测来提供保护是远远不够的。将入侵检测技术用于数据库本身，可以提高数据系统的安全性，弥补操作系统和网络入侵检测的不足，提升应用系统整体的安全性。数据库入侵检测技术主要有对数据推理的检测、对存储篡改的检测、基于数据挖掘的检测和基于数据库事务级的检测等。

7. 无线网络入侵检测

随着无线网络的快速发展，其安全问题逐渐暴露出来，如无线电信号干扰、WEP 缺陷和虚假访问点等，这些都对无线网络的安全造成了严重威胁。未来无线网络的应用会远远超过有线网络，有线网络将成为骨干网，而无线网络将发展成为接入网，与用户终端联系更加紧密，相应的无线网络的安全问题也会更加严重。作为网络安全防护体系中重要的一环，入侵检测技术在有线网络中发挥了重要作用，也必将在无线网络中担当重任，因此无线网络入侵检测技术发展前景十分广阔。因为无线网络与有线网络的主要区别在通信链路上，也就是网络层以下，所以无线网络入侵检测技术研究的侧重点将放在物理层和数据链路层上，针对无线传输链路的特点，增强对无线链路数据包的捕获、无线协议的分析以及某些主要针对无线网络入侵的检测。

入侵检测技术是随着网络攻防及安全技术的逐步完善而发展起来的一种积极主动的安全技术。它能够提供实时网络安全保护，可以实现在网络系统被攻破之前拦截和响应入侵探测与网络攻击行为等诸多功能。虽然入侵检测技术已经比较成熟，但面临不断变化的网络环境以及日新月异的网络攻击技术，入侵检测技术也需要不断地与时俱进，入侵检测系统应继续探索不同种类的技术发展模式，使入侵检测技术发挥其应有的不可替代的作用。此外，应该意识到入侵检测系统虽然在网络安全防护中有着重要的作用，但它并不能代替其他的安全系统，如杀毒软件，防火墙等。同时，在使用网络的时候也应该增强网络安全意识，只有这样才能够拥有更加安全的网络环境。

习　题

一、思考题

1．分布式入侵检测系统（DIDS）是如何把基于主机的入侵检测方法和基于网络的入侵检测方法集成在一起的？

2．入侵检测的作用体现在哪些方面？

3．为什么说研究入侵检测非常必要？

4．当前入侵检测领域所面临的问题主要有哪些？

5．分析高速网络和云计算环境给入侵检测带来的挑战。

▶▶▶ 第 2 章

入 侵 方 法 与 手 段

在计算机技术发展初期，计算机技术本身就充满了神秘感，而那些特别擅长计算机技术的人更让人感到神秘，人们习惯于把痴迷于计算机技术和计算机编程的计算机爱好者称之为黑客（Hacker）。随着计算机网络技术的发展和普及，现在人们习惯于把"恶意用户""网络攻击者""非法入侵者"等概念混淆在一起，把它们统称为黑客。

安全威胁并不是单独存在的，网络入侵的手法也千变万化，通常来说网络入侵在流程上具有一定的规律可寻。了解网络入侵者的思路和入侵手段是防范网络入侵的第一步。

2.1 网络入侵

2.1.1 什么是网络入侵

什么是网络入侵？从因特网在线字典中可以得到如下定义：具有熟练的编写和调试计算机程序的技巧并使用这些技巧来获得非法或未授权的网络或文件访问，入侵进入公司内部网的行为。

早先人们把在非授权情况下访问计算机的行为称之为破解，而把熟练掌握和运用这种技术者称之为黑客。随着时间的推移，媒体宣传导致黑客变成了入侵的含义。现在黑客则称为诸如 Linus Torvalds（Linux 之父）、Tim Berners-Lee（现代 WWW 之父）及偷窃网络信息等犯罪者的同义词。

在现实生活中，技术往往是通用的，而无穷的变化来源于人的思维，网络入侵也不例外。绝大多数的网络入侵并不一定需要高深的技术，十几岁的中学生就可以渗透企业内部网络甚至政府和金融内部网络。并非这些网络入侵者都是天才，而是因为目前的计算机网络防御系统相对不完善，或者安全管理薄弱的缘故。

目前，因特网所采用的 TCP/IP 协议是早期为科学研究而设计的，在设计之初没有考虑网络信任和信息安全的因素，早期的操作系统也注重于功能而忽略了安全问题。这些因素都成为了网络入侵者滋生的土壤，再加上蠕虫病毒的泛滥和蠕虫的智能化攻击，网络入侵对人们的困扰日益突出。人们在使用网络的同时不得不忍受网络入侵的困扰。在当前的网络环境下，要想实现一个相对安全的网络环境，必须经过网络技术的研究者、管理者和使用者的不懈努力和改进。

2.1.2 网络入侵的一般流程

网络入侵和网络防御是网络安全的两个方面。了解网络入侵者的思维方式、流程和手段，有助于部署入侵防御和入侵检测的相关设备和工具来阻击网络入侵，查找攻击源。只有这样，网络防御也才能够有的放矢。

本节归纳出一套典型的网络入侵流程，如图 2.1 所示，并按此流程来详细剖析网络入侵者的心态、思路和手段，在讲解网络入侵的同时针对性地给出网络防御的思路和方法。

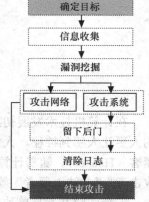

图 2.1　典型网络入侵流程

第一步　确定目标

当前，网络中充满大量骇客（Cracker，专门以破坏为目的的网络攻击者），这些人经常漫无目的地在网络中扫描，发现漏洞主机便实施攻击。骇客的攻击行为大多以兴趣为驱动，它们往往痴迷于破坏性的入侵。

黑客往往以研究安全技术和自我表现为主要目的，黑客虽然不以破坏远程系统为目的，但入侵的过程往往不可避免造成远程网络的瘫痪或者主机的破坏。

大多数情况下，网络入侵者都会事先对被攻击的目标进行确定和探测。

第二步　信息收集

在确定被攻击的目标之后，网络入侵者往往进行信息的收集、汇总和分析。信息收集的方式非常广泛，可以通过常见的网络搜索引擎，例如 www.google.com，www.baidu.com 等，来查询目标在因特网中暴露出来的各种信息。也可以通过报纸、杂志甚至聊天等传统方式进行信息收集。

在信息收集的过程中，网络入侵者也可以直接通过域名查询工具，例如 nslookup 命令，来分析公司内部服务器部署的相关信息。

第三步　漏洞挖掘

漏洞挖掘包括漏洞扫描和漏洞分析。漏洞扫描是非常常见的方法，随着反入侵技术的发展，直接实施大规模的漏洞扫描对网络入侵者来说具有一定的风险性。做好信息的收集工作，可以通过漏洞分析的方法挖掘出网络入侵者可以利用的信息。

第四步　实施攻击

随着网络攻防工具的丰富，一般用户也可以非常方便地获得网络攻击工具，从网络攻击实施的主要目的和结果来看，目前最常见的网络攻击包括：拒绝服务攻击、信息窃取、远程控制等几类。

而网络入侵者为了达到上述目的，实施攻击的手法也不尽相同，我们将在后续章节中进行详细讲解。

第五步　留下后门

黑客渗透主机系统之后，往往会留下后门以便后续再次入侵。留下后门的技术有多种方法，包括增加管理员账号、提升账户权限、安装木马等。

第六步　清除日志

为了达到隐蔽自己入侵行为的目的，清除日志信息对于黑客来说是必不可少的。在现实生活中，很多内部网络根本没有启动审计机制，这给入侵追踪造成了巨大的困难。

2.1.3　典型网络入侵方法分析

网络入侵者之所以能够渗透主机系统和对网络实施攻击，从内因来讲，主要因为主机系统和网络协议存在着漏洞，而从外因来讲原因有很多，例如，人类与生俱来的好奇心等。而最主要的是个人、企业甚至国家的利益在网络和互联网中的体现，利益的驱动使得因特网中的黑客数量激增。

安全威胁的表现形式有很多种，可以简单到仅仅干扰网络正常的运作（通常把这种攻击称为拒绝服务攻击，简称 DoS 攻击），也可以复杂到对选定的目标主动地进行攻击，修改或控制网络资源。常见的安全威胁包括以下类型。

（1）口令破解

（2）漏洞攻击

（3）特洛伊木马攻击

（4）拒绝服务（DoS）攻击

（5）IP 地址欺骗

（6）网络监听

（7）病毒攻击

（8）社会工程攻击等

通常情况下上述的安全威胁并不是单独存在的，实际上，大多数成功的攻击都是结合了上述几种威胁来完成的。例如，缓冲区溢出攻击破坏了正常运行的服务，但破坏运行的目的是执行未授权的或危险的代码，从而使恶意用户可以控制这台服务器。

在现实中，网络威胁的种类很多，如图 2.2 所示，而网络入侵的手法也千变万化。这里从以下几个方面对网络入侵手法加以介绍。

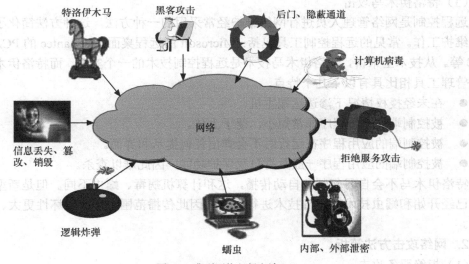

图 2.2　典型网络入侵方法

1. 主机渗透方法简析

（1）口令破解

口令是主机安全的第一道防线，猜解弱口令也是网络入侵者渗透主机系统行之有效的方法。口令的安全和多种因素相关。例如，口令的强度、口令文件的安全、口令的存储格式等。弱口令是口令安全的致命弱点，从调查统计的角度来看只有 15%的口令属于良好口令，如图 2.3 所示，而良好口令仅仅意味着在暴力猜解中相对困难。

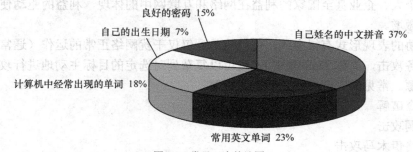

图 2.3 常见口令统计图

增强口令的强度、保护口令存储文件和服务器、合理利用口令管理工具是避免网络入侵者利用口令破解渗透实施攻击的必不可少的措施。

（2）漏洞攻击

目前发现的网络设备和操作系统的漏洞多达上万种，而在操作系统渗透攻击中被网络入侵者利用的最多的一种漏洞是缓冲区溢出漏洞。缓冲区溢出漏洞往往是开发者在编写代码时缺少字符串检查机制而导致的，发现缓冲区溢出漏洞并非十分简单的事情，然而缓冲区溢出漏洞一旦被发现，利用缓冲区溢出漏洞实施攻击却是十分简单和有效的。

除此之外，利用漏洞的攻击还有 Unicode 编码漏洞、SQL Injection 漏洞等。整体上来讲，漏洞大多是由于开发者的疏忽而造成的。

（3）特洛伊木马攻击

远程控制是网络管理人员进行网络维护经常采用的一种方法，这种方法简化了管理员的日常维护工作。常见的远程控制工具包括：Microsoft 的远程桌面，Symantec 的 PCAnywhere，VNC 等。从技术上来讲，特洛伊木马技术是远程控制技术的一个实现，而特洛伊木马和商业远程管理工具相比具有以下几个特点。

● 在未经授权情况下渗透远端主机。
● 被控制端的应用程序非常短小，便于上传。
● 被控制端的应用程序在运行时不会弹出任何提示和界面。
● 被控制端的应用程序一般具有自我保护功能，因此难以查杀。

特洛伊木马不会自我复制和自动传播，这和计算机病毒、蠕虫不同。但是新型的特洛伊木马已经开始和蠕虫技术、病毒技术进行结合，因此传播范围更广、破坏性更大、影响更为广泛。

2. 网络攻击方法简析

（1）拒绝服务攻击

拒绝服务（Denial of Service，DoS）攻击通过消耗目标主机或者网络的资源，达到干扰目标主机或网络，甚至导致被攻击目标瘫痪，无法为合法用户提供正常网络服务的目的。

分布式拒绝服务攻击（Distributed Denial of Service，DDoS）则是采用分布式技术，利用多台计算机对单个或者多个目标同时发起拒绝服务攻击。其特点是：攻击力度非常强，攻击的目的是导致被攻击目标陷入瘫痪状态，而不是传统的信息破坏和信息窃取。

分布式拒绝服务攻击利用了 TCP/IP 设计上的缺陷，由于攻击机遍布世界各地，给入侵追踪带来了巨大的困难，目前的技术手段很难追查和惩罚分布式拒绝服务的攻击者。目前分布式拒绝服务攻击方式已经发展成为一个非常严峻的公共安全问题，成为了网络攻击中最难应对的攻击方式之一，被称为"黑客终极武器"。不幸的是，目前对付分布式拒绝服务攻击的技术发展缓慢，尤其分布式拒绝服务攻击和蠕虫技术结合，发展成为自动传播、集中受控的分布式攻击以后，防范更加困难。

当前，信息安全研究者和有关专家针对分布式拒绝服务攻击从防御到追踪展开了深入研究并取得了一些进展，已经有了一些防御方法。例如，SynCookie、HIP（History-based IP filtering）、ACC 控制等。另外，在追踪方面也提出许多理论方法。例如，IP Traceback、ICMP Traceback、Hash-Based IP Traceback、Marking 等。但目前这些技术仅能起到缓解攻击和保护主机的作用，要彻底杜绝分布式拒绝服务攻击仍然是一个浩大的工程技术问题。

（2）IP 地址欺骗

即使是很好地实现了 TCP/IP，由于 TCP/IP 本身有着一些不安全的因素，依然存在利用 TCP/IP 缺陷对网络实施攻击的可能性。这些攻击包括序列号欺骗、路由攻击、源地址欺骗和授权欺骗等。

实际上，IP 欺骗不是攻击的结果，而是攻击的手段。这种攻击实际上是信任关系的破坏。在 UNIX 领域中，信任关系能够很容易得到。假如在主机 A 和 B 上各有一个账户，在使用当中会发现，在主机 A 上使用时需要输入在 A 上的相应账户，在主机 B 上使用时必须输入在 B 上的账户，主机 A 和 B 认为两个用户互不相关，这显然有些不便。为了减少这种不便，可以在主机 A 和主机 B 中建立起两个账户的相互信任关系。在主机 A 和主机 B 上的 home 目录中创建.rhosts 文件。从主机 A 上，在 home 目录中输入：

    echo " B username " > ~/.rhosts

从主机 B 上，在 home 目录中输入：

    echo " A username " > ~/.rhosts

至此，可以毫无阻碍地使用任何以 r* 开头的远程登录，如 rlogin, rcall, rsh 等，而无口令验证的烦恼。这些命令将允许以地址为基础的验证，或者允许或者拒绝以 IP 地址为基础的存取服务。这里的信任关系是基于 IP 地址的。

rlogin 是一个简单的客户机/服务器程序，它利用 TCP 传输。rlogin 允许用户从一台主机登录到另一台主机上，并且，如果目标主机信任它，rlogin 将允许在不应答口令的情况下使用目标主机上的资源。安全验证完全是基于源主机的 IP 地址。因此，根据以上所举的例子，可以利用 rlogin 从 B 远程登录到 A，而且不会被提示输入口令。

IP 只是发送数据包，并且保证它的完整性，如果不能收到完整的 IP 数据包，IP 会向源地址发送一个 ICMP 错误信息，希望重新处理。然而这个包也可能丢失。由于 IP 是非面向连接的，所以不保持任何连接状态的信息。每个 IP 数据包被松散地发送出去，而不关心前一个和后一个数据包的情况。由此看出，可以对 IP 堆栈进行修改，在源地址和目的地址中放入任意满足要求的 IP 地址，也就是说，提供虚假的 IP 地址。

TCP 提供可靠传输。可靠性是由数据包中的多位控制字来提供的，其中最重要的是数据序列和数据确认，分别用 SYN number 和 ACK number 来表示。TCP 向每一个数据字节分配一个序列号，并且可以向已成功接收的、源地址所发送的数据包进行确认（目的地址 ACK

所确认的数据包序列是源地址的数据包序列，而不是自己发送的数据包序列）。ACK 在确认的同时，还携带了下一个期望获得的数据序列号。显然，TCP 提供的这种可靠性相对于 IP 来说更难于处理。

（3）网络监听

网络监听工具是提供给管理员的一类管理工具。使用这种工具，可以监视网络的状态、数据流动情况以及网络上传输的信息。但是，网络监听工具也是网络入侵者们常用的工具。当信息以明文的形式在网络上传输时，便可以使用网络监听的方式来实施攻击，将网络接口设置为混杂模式，便可以源源不断地将网上传输的信息截获。

网络监听可以在网上的任何一个位置实施，如局域网中的一台主机、网关或者交换机等。在网络上，监听效果最好的地方是在网关、路由器和防火墙上，通常由网络管理员来部署。然而最方便部署网络监听的位置是局域网中的主机，这是大多数网络入侵者采用的方式。

网络入侵者通常使用监听工具来截获用户的口令信息。

3．其他攻击方法

（1）病毒攻击

随着蠕虫病毒的泛滥以及蠕虫、计算机病毒、木马和黑客攻击程序的结合，病毒攻击成为了因特网发展以来面临的巨大挑战之一。甚至在战争中，病毒已经成为了实施信息战不可或缺的武器。

（2）社会工程攻击

社会工程攻击是利用社会工程学实施攻击的一种总称。现实社会中发生的许多网络安全案例，破坏者使用的手法并不是十分高明，这些攻击并不需要太高深的技术，仅仅使用一些现成的软件和一点耐心就能实现。甚至还有一种技术含量更低的破解网络安全防御系统的方法，它通过种种手段骗取操作网络的必要信息（如管理员口令），从而获取网络的访问权，这种方法称为"社会工程学"（Social Engineering）。

总体上来说，社会工程学就是使人们顺从你的意愿、满足你的欲望的一门艺术与学问。它并不单纯是一种控制意志的途径，它不能帮助你掌握人们在非正常意识以外的行为，且学习与运用这门学问并不是一件容易的事。

社会工程学其实就是一个陷阱，网络入侵者通常以交谈、欺骗、假冒或口语等方式，从合法用户手中套取用户系统的秘密，例如，用户名单、用户密码及网络结构。还比如，只要有一个人抗拒不了本身的好奇心看了邮件，病毒就可以大行肆虐。大家熟知的 Mydoom 与 Bagle 都是利用社会工程学陷阱得逞的病毒。

社会工程学同样也蕴涵了各式各样的灵活的构思与变化着的因素。无论任何时候，在套取到所需的信息之前，社会工程学的实施者都必须：掌握大量的相关知识基础，花时间去从事资料的收集与进行必要的沟通。与以往的的入侵行为相类似，社会工程学在实施以前都是要完成很多相关的准备工作的，这些工作甚至要比其本身还要更为繁重。

臭名昭著的美国黑客 Kevin Mitnick 曾被媒体作为新闻标题，被电视节目作为评说对象。有人曾用这样的语句形容他："他旁若无人地站在白宫走廊的一角，目光深邃。一台笔记本电脑与他寸步不离，他不时在键盘上敲下某些神秘的指令……"我们可以引用他最著名的黑客理论："赢得别人的信任，然后利用这种信任取乐或取利，在现实世界中此类现象比比皆是，在网络世界中也同样存在。人是一种社会动物，希望被喜欢、被信任，一旦这种天性被利用……"

为了对抗社会工程攻击，必须抛弃经过防火墙防护的网络已经"刀枪不入"的幻想，必须增强员工和用网人员的安全意识，必须通过对员工的培训，使得员工能够了解、识别和预防一些典型的社会工程攻击企图。

只有组织和管理措施得当，"人"才能不再成为信息安全链中最薄弱的环节，而是成为最安全的后盾。

2.2 漏洞扫描

2.2.1 扫描器简介

扫描器是一种通过收集系统的信息来自动监测远程或本地主机安全性弱点的程序，通过使用扫描器，可以发现远程服务器 TCP 端口的分配情况、提供的网络服务和软件的版本。这就能让网络入侵者或管理员间接或直接了解到远程主机存在的安全问题。

扫描器通过向远程主机不同的端口服务发出请求访问，并记录目标给予的应答，来搜集大量关于目标主机的各种有用信息。扫描器并不是直接实施攻击的工具，它仅仅能帮助网络入侵者发现目标系统的某些内在的弱点。一个好的扫描器能对它得到的信息进行分析，帮助攻击者查找目标主机的漏洞，但它并不会提供进入一个系统的详细步骤。

扫描器有三项功能：（1）发现一个主机或网络的状态；（2）一旦发现一台主机处于运行状态，可以进一步判断该系统中有哪些服务正在运行；（3）通过测试运行中的网络服务，发现漏洞。

编写扫描器程序需要精通 TCP/IP 理论知识，并且需要有一定的网络编程能力。早期的扫描器都是在 UNIX 系统下的，后来随着 Microsoft Windows 的发展，越来越多的扫描器已经移植到了 Microsoft Windows 中。但我们还是推荐使用 UNIX/Linux 下的扫描器，因为在相同的硬件条件下，UNIX/Linux 扫描器的速度要比 Microsoft Windows 下的扫描器快得多。

按照扫描的目的来分类，扫描器可以分为端口扫描器和漏洞扫描器。端口扫描器只是单纯用来扫描目标系统开放的网络服务端口以及与端口相关的信息。常见的端口扫描器有 NMAP、Protscan 等，这类扫描器并不能给出直接可以利用的漏洞信息，而是给出了目标系统中网络服务的基本运行信息，这些信息对于普通人来说也许极为平常，丝毫不能对安全造成威胁，但是一旦到了网络入侵者的手里，这些信息就成为突破系统所必需的关键信息。

与端口扫描器相比，漏洞扫描器更为直接，他检查目标系统中可能包含的已知漏洞，如果发现潜在的漏洞，就报告给扫描者。这种扫描器的威胁性极大，网络入侵者可以利用扫描到的结果直接进行攻击。这种扫描器种类很多，著名的有 ISS、NESSUS、SATAN 等。

漏洞扫描器虽然给出潜在的漏洞，但这些漏洞一般用手工方法同样可以检测到，使用漏洞扫描器只是为了提高效率。而漏洞扫描被入侵检测设备和有经验的网络安全监测人员发现的可能性会增大，从而暴露出网络入侵者的行踪和目的。

2.2.2　秘密扫描

扫描的类型有很多，这里不得不提端口扫描的先锋人物之一 Fyodor，他所开发的 NMAP 工具集成了多种扫描方法，下面讨论的扫描类型大多直接来自 Fyodor 的研究和成果。

1.　TCP Connect 扫描（TCP Connect Scan）

这种扫描方法就是调用套接口函数 connect()连接到目标主机的端口上，完成一次 TCP 三次握手的过程（SYN、SYN/ACK 和 ACK，如图 2.4 所示），它很容易被目标系统记录到日志或检测到。

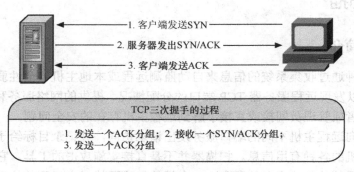

图 2.4　TCP Connect 扫描

2.　TCP SYN 扫描（TCP SYN Scan）

这种扫描方法没有建立完整的 TCP 连接，所以有时也被称为"半开扫描（half-open scanning）"。其步骤是先往端口发送一个 SYN 分组。如果收到一个来自目标端口的 SYN/ACK 分组，那么可以推断该端口处于监听状态。如果收到一个 RST/ACK 分组，那么它通常说明该端口不在监听。执行端口的系统随后发送一个 RST/ACK 分组，这样并未建立一个完整的连接。这种技巧的优势比完整的 TCP 连接隐蔽，目标系统的日志中一般不记录未完成的 TCP 连接。

3.　TCP FIN 扫描（TCP FIN Scan）

这种扫描方法是直接往目标主机的端口上发送 FIN 分组。按照 RFC 793，当一个 FIN 分组到达一个关闭的端口，数据包会被丢掉，并且会返回一个 RST 分组。否则，当一个 FIN 分组到达一个打开的端口，分组只是简单地被丢掉（不返回 RST 分组）。

4.　TCP Xmas 树扫描（TCP Xmas Tree Scan）

无论 TCP 全连接扫描还是 TCP SYN 扫描，由于涉及 TCP 三次握手很容易被远程主机记录下来。Xmas 扫描由于不包含标准的 TCP 三次握手协议的任何部分，所以无法被记录下来，从而比 SYN 扫描隐蔽得多。这种扫描向目标端口发送一个 FIN、URG 和 PUSH 分组。按照 RFC 793，目标系统应该给所有关闭着的端口发回一个 RST 分组。

5.　TCP 空扫描（TCP Null Scan）

这种扫描发送一个关闭掉所有标志位的分组，按照 RFC 793，目标系统应该给所有关闭着的端口返回一个 RST 分组。

6. TCP ACK 扫描（TCP ACK Scan）

这种扫描一般用来侦测防火墙，它可以确定防火墙是否只是支持简单的分组过滤技术，还是支持高级的基于状态检测的包过滤技术。

7. UDP 扫描（UDP Scan）

这种扫描往目标主机的端口发送 UDP 数据分组，如果目标端口是关闭状态，则返回一个"ICMP 端口不可达（ICMP port unreachable）"消息。否则，如果没有收到上述返回信息，可以判断该端口是开启的。

由于 UDP 协议是无连接的不可靠协议，因此这种扫描和网络状况相关，尤其扫描一个大量应用分组过滤功能的设备时，UDP 扫描将是一个非常缓慢的过程。

由于不同操作系统和设备的 TCP/IP 协议栈在实现和开发中并不一定完全参照 RFC 793，因此，有时会出现无论端口是否处于监听状态，端口都会返回 RST 分组，导致扫描的结果出现偏差。而一般来说，虽然 SYN 和 Connect 扫描容易被检测工具检测到，并被记录日志，但是其结果是比较准确的。

2.2.3 OS Fingerprint 技术

许多漏洞是系统相关的，而且往往与相应的版本对应，同时从操作系统或者应用系统的具体实现中发掘出来的攻击手段都需要辨识操作系统，因此操作系统指纹探测成为了网络入侵者攻击中重要的环节。

如何辨识一个操作系统是 OS Fingerprint 技术的关键，常见的方法有：

（1）一些端口服务的提示信息，例如，137、138、139、445、80 等端口服务的提示信息；

（2）TCP/IP 栈指纹；

（3）DNS 泄漏出 OS 系统等。

除了上述方法之外，还有堆栈查询技术，它通过测量远程主机 TCP/IP 堆栈对不同请求的响应来探测系统。大多数操作系统将会以特别的方式来响应特别的分段请求。NMAP 和 QueSO 就是基于这种技术实现的。它们产生一组 TCP 和 UDP 请求发送到远程目标主机的开放/未开放端口。这时，远程主机响应的有用信息就会被探测工具所接收到，然后对其进行分析。这些技术通常使安全评估软件在较小的延迟内得到一些关于操作系统类型和版本之类的信息。

每个操作系统通常都不是严格按照国际标准开发 TCP/IP 协议栈，每个不同的实现将会拥有它们自己的特性，这样就为成功探测操作系统的信息带来了可能。在操作系统实现过程中，有些规范可能被打乱，一些选择性的特性被使用，某些私自对 IP 的改进也可能被实现，这些就构成了某些操作系统的特性。

NMAP 可以识别 500 个不同的操作系统，但前提是网络环境的稳定性，目标主机必须开放一个 TCP 端口，具有一个关闭的 TCP 端口和一个关闭的 UDP 端口。如果不满足上面的条件，探测结果的精确度就会有很大程度的降低。

当前的网络服务器系统为了安全起见，往往只向外打开一个可见的 TCP 端口，而其他的端口在边界防火墙上实施过滤。在这样的防火墙保护下，过滤了 ICMP 和 UDP 数据包，封闭了大多数 TCP 端口的网络环境中，探测工具（NMAP、Xprobe）工作的效果就不那么好了。

2.3 拒绝服务攻击

拒绝服务攻击的主要目的是使被攻击的网络或服务器不能提供正常的服务。有很多方式可以实现这种攻击，最简单的方法是切断网络电缆或摧毁服务器；当然利用网络协议的漏洞或应用程序的漏洞也可以达到同样的效果。

WWW 服务器一般在一定时间内只能处理一定量的通信，如果通信量超过了它所能承受的限度，服务器将会瘫痪。例如，如果使用某种 ping（一种向主机发送数据包，以验证主机是否处在激活状态，并观察返回的响应需要多长时间的程序）工具软件向某台主机发送大量的重复的数据包（称为湮没），这台主机在处理接收到的海量的 ping 请求时，就很可能无法响应任何正常合法的数据请求。这和人一样，如果有太多的事情在同一时刻交给一个人处理的话，那么他肯定只能响应某几个事务，忽略其他的事务。这时可以说这个人被"拒绝服务"了。

极端情况下，恶意用户可能会使用某种工具软件来发送超乎想像的大容量数据包或者会引起非正常反应的数据包，从而导致服务器崩溃、挂起或者速度变得很慢。

拒绝服务攻击可以表现为各种形式。例如，很多汽车都有警报器，如果有窃贼或其他人想打开车门或者触动汽车的动作比较重的话，警报器就会报警。那么想像一下如何对汽车发动拒绝服务攻击呢？

假设：午夜时分，窃贼首先将警报器弄响，汽车主人可能会听到报警声并出来检查；10分钟后，警报器又响了……如此重复几次，然后会有什么事情发生？邻居们（被刺耳的声音吵醒的人们）肯定会对此大为恼火，纷纷抱怨。汽车主人或许会认为报警器坏了，不得不出去关闭警报器。第二天早上醒来，汽车不翼而飞。

上面的例子只是一个简单的拒绝服务攻击的例子。这样可以让大家知道，拒绝服务攻击在不同的场合的表现形式可能会不同。邮件炸弹只能使被攻击的邮箱不能为邮箱的使用者提供服务；对报警器攻击也只能使它不能正常工作或者不工作；对 WWW 服务器的攻击，可以使它不能对外提供 WWW 访问。拒绝服务攻击只能使服务器不能正常提供服务，它并不能破坏、窃取服务器上的数据。

拒绝服务攻击所做的一切只是阻止了其他人使用系统——它们不能通过这种方式入侵系统。但是这种攻击却是非常可怕的，想像一下如果一个电子商务的站点遭受到拒绝服务攻击不能对外提供服务了，而此站点正是该公司唯一的收入来源这样一种情景。服务器关闭一小时可能造成该公司巨大的经济损失。

2.3.1 拒绝服务攻击的原理

拒绝服务攻击是因特网中非常普遍的和难以防御的一种攻击形式，网络攻击者们正醉心于对它的研究，而无数的网络用户正成为这种攻击的受害者。Tribe Flood Network、tfn2k、smurf、targa 等，还有许多的程序在被不断开发出来。这些程序极快地在网络中散布开来，使得网络更为脆弱，因此人们不得不寻找有效的安全解决方案来应对这种攻击。

拒绝服务攻击的方式有很多种。最基本的拒绝服务攻击就是利用合理的服务请求来占用过多的服务资源，致使服务超载，无法响应其他的请求。这些服务资源包括网络带宽，文件系统空间容量，开放的进程等。这种攻击会导致网络设备或操作系统资源的匮乏，因为任何事都有一个极限，无论计算机的处理速度多么快，内存容量多么大，都无法避免这种攻击带来的后果。网络攻击者总能找到一个方法使请求的值大于该极限值，因此就会使网络设备所提供的服务资源匮乏，无法满足需求。

2.3.2 典型拒绝服务攻击的手段

1. SYN 湮没

SYN 是 TCP/IP 建立连接时使用的握手信号。在客户机和服务器之间建立正常的 TCP 网络连接时，客户机首先发出一个 SYN 消息，服务器使用 SYN-ACK 应答表示接收到了这个消息，最后客户机再以 ACK 消息响应。这样在客户机和服务器之间才能建立起可靠的 TCP 连接，数据才可以在客户机和服务器之间传递。

有关 TCP/IP 的具体介绍不包括在本章范围内，有兴趣的读者可以参考本书第 6 章或其他网络方面的书籍。

SYN 湮没攻击最早出现在 1996 年。这种攻击向一台服务器发送海量 SYN 消息，该消息中携带的源地址根本不可用，但是服务器会当作真的 SYN 请求来处理，当服务器尝试为每个请求消息分配连接来应答这些 SYN 请求时，服务器就没有其他资源来处理真正用户的合法 SYN 请求了。这就造成了服务器不能正常地提供服务。

现在，许多操作系统都已经提供了补丁程序来解决 SYN 湮没问题。

也有一些操作系统嵌入了处理 SYN 湮没的模块，这些技术叫作 "SYN cookies" 或 "RST cookies"。使用了具有这种技术的操作系统的服务器在收到 SYN 请求时，服务器并不直接为它分配一条连接，而是要求该连接源提供其他附加信息，用来验证该连接是否由一个真正客户端（而不是伪造的客户端）发出。

在使用 SYN cookies 的情况下，服务器返回一个随机的连接序列号。如果客户端返回的信息包含这个序列号的话，服务器才会和它建立真正的连接，这时服务器才真正分配一条连接。至于 RST cookies 方式，由于这种方式与 Windows 网络有冲突，使用得并不广泛。它的工作方式如下：服务器向客户端返回一个错误的 SYN-ACK 应答，如果客户端响应该信息出错，服务器才真正地建立连接。

2. Land 攻击

Land 攻击和其他拒绝服务攻击相似，也是通过利用某些操作系统在 TCP/IP 实现方式上的漏洞来破坏主机。在 Land 攻击中，一个精心制造的 SYN 数据包中的源地址和目标地址都被设置成某一个服务器地址，这将导致接收到这个数据包的服务器向它自己发送 SYN-ACK 消息，结果又返回 ACK 消息并创建一个空连接，每个这样的连接都将一直保持到超时。

不同的操作系统对 Land 攻击反应不同，多数 UNIX 操作系统将崩溃，而 Windows 会变的极其缓慢。

对付 Land 攻击可以通过对系统升级或装上补丁程序，以及修改防火墙的规则，丢弃任何不是从网络内部地址发送出去的数据包。

3. Smurf 攻击

Smurf 攻击是以最初发动这种攻击的程序名 Smurf 来命名的。这种攻击方法结合使用了 IP 欺骗和 ICMP 回复方法使大量数据充斥目标系统，引起目标系统不能为正常系统进行服务。

简单的 Smurf 攻击将 ICMP 应答请求（ping）数据包的回复地址设置成受害网络的广播地址，最终导致该网络的所有主机都对此 ICMP 应答请求作出答复，从而导致网络阻塞。因此它比 ping of death 攻击的流量高出一到两个数量级。复杂的 Smurf 攻击将源地址改为第三方的受害者，最终导致第三方崩溃。

在这种攻击中，所有被攻击的目标（最后接收到海量的返回数据包的主机）和中间目标（必须响应无数 ping 请求的主机）都会成为这个攻击的牺牲品。从攻击者到牺牲者的数据包都是由于路由器的错误配置引起的，以致于允许这种类型的数据包在中间网络上直接广播。所以正确配置网络路由器，可以避免网络遭到此类攻击。

4. Teardrop

Teardrop 是一种拒绝服务攻击，可以令目标主机崩溃或挂起。目前，多数操作系统已经升级或有了补丁程序来避免受到这种攻击。

IP 包的最大长度可以达到 64KB，但大多数网络硬件不能处理这么大的包。基于这个原因，IP 包被分成容易处理的若干部分，然后在目的主机将这些部分重新组合。IP 包的报头包含重新组合整个包的必要信息，例如，整个包的大小，以及这部分信息属于包的哪一部分。

Teardrop 攻击和其他类似的攻击发出的 TCP 或 UDP 包包含了错误的 IP 包重组信息，这样主机就会使用错误的信息重新组合一个完整的包。结果造成主机系统崩溃、挂起或者执行速度极其缓慢。

5. Ping of Death

Ping of Death 攻击是利用网络操作系统（包括 UNIX 的许多变种、Windows 和 Mac OS 等）的缺陷，当主机接收到一个大的不合法的 ICMP 回应请求包（大于 64KB）时，会引起主机挂起或崩溃。

许多新的操作系统版本中，已经加入了补丁程序修复这种漏洞。可是，为了避免各种基于 ICMP 的攻击，可以将防火墙配置成丢弃所有传入的 ICMP 请求，但不包括传入的 ICMP 响应或回应。这样做的结果是网络之外根本没有人可以对网络内部的主机发出 Ping 请求，这将增加安全性，而且网络内部的人可以进行 Ping 请求，Ping 响应也可以穿过防火墙成功返回。

2.4 分布式拒绝服务攻击

DDoS 攻击手段是在传统的 DoS 攻击基础之上产生的一类攻击方式。单一的 DoS 攻击一般是采用一对一方式的，当攻击目标 CPU 速度低、内存小或者网络带宽窄时它的效果非常明显。随着计算机与网络技术的发展，计算机的处理能力迅速增长，内存大大增加，同时也出现了吉级别的网络，这使得 DoS 攻击的困难程度加大了。服务器对恶意攻击包的"消化能力"加强了不少。例如，攻击软件每秒钟可以发送 3 000 个攻击包，但主机与网络带宽每秒钟可以处理 10 000 个攻击包，这样一来攻击就不会产生什么效果。

这时侯 DDoS 就应运而生了。如果说计算机与网络的处理能力加大了 10 倍，用一台攻击机来攻击不再能起作用的话，攻击者使用 10 台攻击机同时攻击呢？用 100 台呢？DDoS 就是利用更多的傀儡机来发起进攻，以比从前更大的规模来进攻受害者。

高速广泛连接的网络给大家带来了方便，也为 DDoS 攻击创造了极为有利的条件。在低速网络时代，网络入侵者占领攻击用的傀儡机时，总是会优先考虑离目标网络距离近的机器，因为经过路由器的跳数少，攻击效果好。而现在电信骨干节点之间的连接带宽都是以 G 为级别的，这使得攻击可以从更远的地方或者城市发起，攻击者的傀儡机位置可以分布在更大的范围，选择起来更灵活了。

1. 被 DDoS 攻击时的现象

（1）被攻击主机上有大量等待的 TCP 连接。

（2）网络中充斥着大量的无用的数据包，源地址为假 IP 地址。

（3）制造高流量无用数据，造成网络拥塞，使受害主机无法正常和外界通信。

（4）利用受害主机提供的服务或传输协议上的缺陷，反复高速地发出特定的服务请求，使受害主机无法及时处理所有正常请求。

（5）严重时会造成系统死机。

2. 攻击运行原理

如图 2.5 所示，一个比较完善的 DDoS 攻击体系分成 4 部分，先来看一下最重要的第 2 和第 3 部分：它们分别用作控制和实际发起攻击。控制傀儡机与攻击傀儡机之间存在区别，对第 4 部分的受害者来说，DDoS 的实际攻击包是从第 3 部分攻击傀儡机上发出的，第 2 部分的控制傀儡机只发布命令而不参与实际的攻击。对第 2 和第 3 部分计算机，网络入侵者有控制权或者是部分的控制权，并把相应的 DDoS 程序上传到这些平台上，这些程序与正常的程序一样运行并等待来自网络入侵者的指令，通常它还会利用各种手段隐藏自己不被发现。在平时，这些傀儡机并没有什么异常，一旦接收到网络入侵者的指令时，攻击傀儡机就成为攻击者，向受害主机发出大量的攻击数据包。

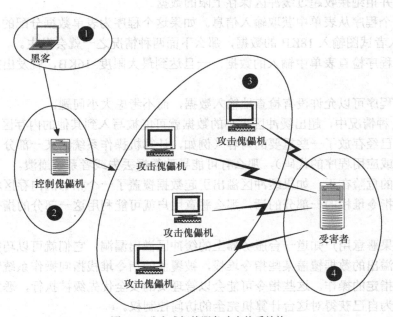

图 2.5　分布式拒绝服务攻击体系结构

为什么网络入侵者不直接去控制攻击傀儡机，而要从控制傀儡机上转一下呢？这就是导致 DDoS 攻击难以追查的原因之一了。从攻击者的角度来说，肯定不愿意被追踪到，而攻击者使用的傀儡机越多，他实际上提供给受害者的分析依据就越多。在占领一台机器后，高水平的攻击者首先会做两件事：（1）考虑如何留好后门；（2）清理日志，尽量保证不被觉察和追踪。一些网络攻击者会把日志全都删掉，这样相对容易，但是这种行为容易被网络管理人员察觉。更加高明的网络攻击者会只删除和自己相关的日志项目，从而在不被察觉的情况下长期利用傀儡机。

但是在第 3 部分攻击傀儡机上清理日志由于涉及主机太多，因此非常繁杂，即使在有很好的日志清理工具的帮助下，网络入侵者也很难将所有痕迹清除干净。通过这些线索，入侵追踪者有可能找到了控制它的上一级计算机，甚至网络入侵者。但是，如果网络入侵者通过 4 层结构，仅清除控制傀儡机的日志，相对来说比较容易，从而保证了网络入侵者自身的安全。

2.5 缓冲区溢出攻击

2.5.1 堆栈的基本原理

缓冲区是计算机内存中临时存储数据的区域，通常由需要使用缓冲区的程序按照指定的大小来创建。例如，一个程序可能创建一个 32KB 的缓冲区来保存用户输入的数据，这样输入的数据首先保存在缓冲区内，之后可能经过验证、修改或者写入到磁盘上的一个文件中。

一个强健的程序应该可以创建足够大的缓冲区以保存它接收的数据，或者可以监测缓冲区的使用情况并拒绝接收超过缓冲区保存上限的数据。

假如，一个程序从表单中获取输入信息。如果这个程序为表单数据分配的缓冲区大小是 16KB，而输入者试图输入 18KB 的数据，那么下面两种情况之一就会发生。

（1）这个程序检查表单中输入的数据，一旦达到最大限度 16KB，就发出提示或拒绝再接收数据。

（2）这个程序可以允许没有检查地输入数据，而不考虑大小问题。

在第（2）种情况中，超出缓冲区大小的数据就可能被写入到其他的内存区域中。如果在这部分内存中已经存放了一些重要的内容（例如，计算机操作系统的某一部分，或者更有可能是其他数据或应用程序的代码），那么有可能导致数据丢失或者系统崩溃。

这种攻击的危险在于：如果缓冲区溢出引起数据覆盖了一个相邻的内存区域，而这个区域又是计算机指令堆栈的一部分的话，那么恶意用户就可能利用这一部分的指令做出危险的行为。

因为，如果恶意用户知道一台服务器上的缓冲区溢出漏洞，它们就可以巧妙生成一些数据，保证这些溢出的数据覆盖某些指令堆栈，被覆盖的指令堆栈指向操作系统管理员权限所在区域并执行指定的操作。这些指令可能会以管理员的安全优先级被执行，恶意用户就可以使用这种方式为自己获得对这台计算机完全的访问控制权。

因此，在编写代码的时候要对缓冲区大小有非常明确的限制，并且要对输入缓冲区的数据大小有严格的限制。

2.5.2 一个简单的例子

这里利用了一个简单的例子来说明堆栈溢出示例。首先，我们描述了该例子编译后的内存分配情况，然后修改这个例子，使它成为一个典型的溢出程序，分析溢出时的堆栈情况。

一个简单的堆栈例子 example1.c：

```
void function(int a, int b, int c) {
  char buffer1[5];
  char buffer2[10];
}
void main() {
 function(1,2,3);
}
```

使用 gcc 的-S 选项编译，以产生汇编代码输出：

$ gcc -S -o example1.s example1.c

通过查看汇编语言输出，可以看到对 function()的调用被翻译成：

pushl $3
pushl $2
pushl $1
call function

以从后向前的顺序将 function 的 3 个参数压入栈中，然后调用 function()。指令 call 会把指令指针（IP）也压入栈中。我们把这个被保存的 IP 称为返回地址（RET）。在函数中所做的第一件事情是例程的序幕工作：

pushl ep
movl %esp, ep
subl $20, %esp

将帧指针 EP 压入栈中，然后把当前的 SP 复制到 ESP，使其成为新的帧指针。我们把这个被保存的 FP 叫作 SFP。接下来将 SP 的值减小，为局部变量保留空间。

内存只能以字为单位寻址。一个字是 4 个字节，32 位二进制。因此 5 字节的缓冲区会占用 8 个字节（2 个字）的内存空间，而 10 个字节的缓冲区会占用 12 个字节（3 个字）的内存空间。这就是为什么 SP 要减掉 20 的原因。这样我们就可以想像 function()被调用时堆栈的模样，如图 2.6 所示（每个分段代表一个字节）。

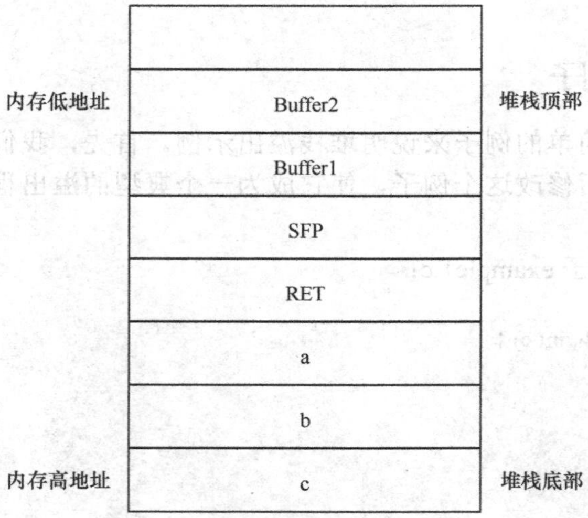

图 2.6　堆栈原理图

现在试着修改第一个例子，让它可以覆盖返回地址，而且使它可以执行任意代码。堆栈中在 buffer1[]之前的是 SFP，SFP 之前是返回地址。RET 从 buffer1[]的结尾算起是 4 个字节。应该记住的是 buffer1[]实际上是 2 个字即 8 个字节长。因此返回地址从 buffer1[]的开头算起是 12 个字节。使用这种方法修改返回地址，跳过函数调用后面的赋值语句"x=1;"，为了做到这一点，把返回地址加上 8 个字节。代码看起来是这样的：

```
example2.c:
 void function(int a, int b, int c) {
 char buffer1[5];
 char buffer2[10];
 int *ret;

 ret = buffer1 + 12;
 (*ret) += 8;
 }

 void main() {
 int x;

 x = 0;
 function(1,2,3);
 x = 1;
 printf("%d\n",x);
 }
```

把 buffer1[]的地址加上 12，所得的新地址是存储返回地址的地方，这样可以跳过赋值语句而直接执行 printf 调用。

如何知道应该给返回地址加 8 个字节呢？我们之前使用过一个试验值（比如 1），编译该程序：

```
[aleph1]$ gdb example2
GDB is free software and you are welcome to distribute copies of it
under certain conditions; type "show copying" to see the conditions.
There is absolutely no warranty for GDB; type "show warranty" for details.
GDB 4.15 (i586-unknown-linux), Copyright 1995 Free Software Foundation, Inc...
(no debugging symbols found)...
(gdb) disassemble main
Dump of assembler code for function main:
0x8000490 :     pushl ep
0x8000491 :     movl   %esp, ep
0x8000493 :     subl   $0x4,%esp
0x8000496 :     movl   $0x0,0xfffffffc(ep)
0x800049d :     pushl $0x3
0x800049f :     pushl $0x2
0x80004a1 :     pushl $0x1
0x80004a3 :     call   0x8000470
0x80004a8 :     addl   $0xc,%esp
0x80004ab :     movl   $0x1,0xfffffffc(ep)
0x80004b2 :     movl   0xfffffffc(ep),ex
0x80004b5 :     pushl ex
0x80004b6 :     pushl $0x80004f8
0x80004bb :     call   0x8000378
0x80004c0 :     addl   $0x8,%esp
0x80004c3 :     movl   ep,%esp
0x80004c5 :     popl   ep
0x80004c6 :     ret
0x80004c7 :     nop
```

我们看到当调用 function() 时，RET 会是 0x8004a8，跳过在 0x80004ab 的赋值指令。下一个想要执行的指令在 0x8004b2。简单的计算告诉我们两个指令的距离为 8 字节。

2.6 格式化字符串攻击

一个程序的动态数据通过一块叫作堆栈的区域来存放。堆栈处于内存的高端，它有个特性：后进先出。当程序调用子函数时，计算机首先把参数依次压入堆栈，然后把指令寄存器（EIP）中的内容作为返回地址（RET）压入堆栈，第三个压入堆栈的是基址寄存器（EBP），然后把当前的栈顶指针（ESP）复制到 EBP，作为新的基地址。最后把 ESP 减去一定的数值，用来为本地变量留出一定空间。

普通的缓冲区溢出就是利用了堆栈生长方向和数据存储方向相反的特点，用后存入的数据覆盖先前压栈的数据，一般是覆盖返回地址，从而改变程序的流程，子函数返回时就跳到了网络入侵者指定的地址，这样就可以按照网络入侵者意愿做任何事情了。

所谓格式化串，就是在*printf()系列函数中按照一定的格式对数据进行输出，可以输出到标准输出，也可以输出到文件句柄等，对应的函数有 fprintf、sprintf、snprintf、vprintf、vfprintf、vsprintf、vsnprintf 等。能被网络入侵者利用的地方也就出在这一系列的*printf()函数中。

这些函数只是把数据输出了，怎么能造成安全隐患呢？在正常情况下不会造成什么问题，但是*printf()系列函数有 3 条特殊的性质，这些特殊性质如果被网络入侵者结合起来利用，就会形成漏洞。

格式化串漏洞和普通的缓冲溢出有相似之处，但又有所不同，它们都是利用了程序员的疏忽大意来改变程序运行的正常流程。

2.7　跨站脚本攻击

因为 CGI 程序没有对用户提交的变量中的 HTML 代码进行过滤或转换，从而导致了跨站脚本执行的漏洞。CGI 输入的形式，主要分为以下两种。

（1）显式输入。

（2）隐式输入。

其中，显式输入明确要求用户输入数据，而隐式输入则本来并不要求用户输入数据，但是用户却可以通过输入数据来进行干涉。

显式输入又可以分为以下两种。

（1）输入完成立刻输出结果。

（2）输入完成先存储在文本文件或数据库中，然后再输出结果。

后者可能会导致网站显示中的问题。而隐式输入除了一些正常的情况外，还可以利用服务器或 CGI 程序处理错误信息的方式来实施。

跨站脚本执行漏洞的原理简单，但是危害却很多：

● 获取其他用户 Cookie 中的敏感数据；

● 屏蔽页面特定信息；

● 伪造页面信息；

● 拒绝服务攻击；

● 突破外网内网不同安全设置；

● 与其他漏洞结合，修改系统设置，查看系统文件，执行系统命令等。

一般来说，上面的危害还经常伴随着页面变形的情况。所谓跨站脚本执行漏洞，也就是通过别人的网站达到攻击的效果，这种攻击能在一定程度上隐藏身份。需要指出的是：只要服务器返回用户提交的信息，就可能存在跨站脚本执行漏洞。

要避免受到跨站脚本执行漏洞的攻击，需要程序员和用户两方面共同努力。对于程序员来说：（1）过滤或转换用户提交数据中的 HTML 代码；（2）限制用户提交数据的长度。对于一般用户来说：（1）不要轻易访问别人给你的链接；（2）禁止浏览器运行 JavaScript 和 ActiveX 代码。

2.8 SQL Injection 攻击

目前，大部分应用程序的架构都采用了三层架构，都存在后台数据库，以存储大量信息。而数据库中以结构化查询语言（Structure Query Language，SQL）为基础的关系数据库（Relational Database Management System，RDBMS）最为流行。

在应用程序中，往往采用 Visual Basic 等第三代语言来组织 SQL 语句，然后传递给后台执行，以建立、删除、查询和管理后台数据库资料。由于数据库资料非常敏感，因此，利用 SQL 实现的渗透和信息窃取，一般危害较大。

下面给出利用 ASP 和 MS SQL Server 构建网站导致 SQL Injection 的实例分析。

第一步　构造数据库

```
CREATE TABLE [tblUser] (
    [UserID] [int] IDENTITY (1, 1) NOT NULL ,
    [UserName] [nvarchar] (50) NOT NULL ,
    [Password] [nvarchar] (50) NOT NULL ,
    [Pri] [tinyint] NULL CONSTRAINT [DF_tblUser_Pri] DEFAULT (0),
    CONSTRAINT [PK_tblUser] PRIMARY KEY CLUSTERED
    ([UserID])
)
```

第二步　增加用户记录

```
INSERT tblUser(UserName,Password,Pri) VALUES('Admin','AdminPass',10)
INSERT tblUser(UserName,Password,Pri) VALUES('Byron','ByronPass',10)
```

第三步　ASP 登录脚本

```
<%
If Request("UserName")<>"" And Request("Pass")<>"" Then
Dim cnn,rec,strSQL
Set cnn=Server.CreateObject("ADODB.Connection")
With cnn
.ConnectionString=Application("Conn")
.Open

'利用使用者输入的资料来组合 SQL 语法
strSQL="SELECT * FROM tblUser WHERE UserName='" & _
```

```
Request("UserName") & "' AND Password='" & Request("Pass") & "'"
'直接交给 SQL Server 执行，这是最危险的地方
Set rec=.Execute(strSQL)
End With
If NOT rec.EOF Then
Session("UserName")=Request("UserName")
Response.Write "欢迎光临 " & Request("UserName")
Else
Response.Write "您的账号/密码输入错误"
End If

Else
%>
<Form action="login.asp">
使用者名称：<Input Name="UserName"><P>
密码：<Input Name="Pass" >
<P>
<Input type="submit" Value="确定">
</Form>
<%
End If
%>
```

在 ASP 登录脚本中，可以使用 VBScript 来构造查询账号、密码的 SQL 语句，逻辑相当简单，如果用户输入资料符合数据库中账号和密码的记录，则返回 Recordset 的 EOF 属性，用户正常进入系统。

首先入侵者需要知道用户登录的用户名信息（现实社会中，往往忽略对用户名的保护，而有些环境很难实施对用户名的保护，如邮件系统）。例如，admin、administrator、root、sa等。入侵者在得到用户名信息后（例如，用户名是 admin），在登录系统中的"用户名"区域输入 admin'--；密码区域随便输入些信息，此时我们来分析登录脚本的 SQL 语句：

```
SELECT * FROM tblUser WHERE UserName='admin'--' AND Password='asdf'
```

不难发现，由于"--"的出现，此时 SQL 语句中对于 Password 的判断已经变成了注释语句。此时，系统真实执行的 SQL 语句是：

```
SELECT * FROM tblUser WHERE UserName='admin'
```

因此，攻击者可以轻松绕过系统的身份认证和审核机制。

除此之外，SQL Injection 攻击还可以采用多种方法来进行实现，其原理都相似。SQL Injection 利用了开发者对输入没有进行任何限制和判断的漏洞，因此，防范 SQL Injection 漏

洞必须从代码入手，加强系统代码的安全性。

习　题

一、选择题

1．一般来说，网络入侵者入侵的步骤不包括下列哪个阶段？（　　）
    A．信息收集　　　　　　　　　B．信息分析
    C．漏洞挖掘　　　　　　　　　D．实施攻击
2．IP 地址欺骗的实质是（　　）。
    A．IP 地址的隐藏　　　　　　　B．信任关系的破坏
    C．TCP 序列号的重置　　　　　D．IP 地址的验证

二、思考题

1．网络入侵的原理是什么？
2．拒绝服务攻击是如何实施的？
3．秘密扫描的原理是什么？
4．分布式拒绝服务攻击的原理是什么？
5．缓冲区溢出攻击的原理是什么？
6．格式化字符串攻击的原理是什么？

## 第 3 章

入 侵 检 测 系 统

入侵检测软件与硬件的组合便是入侵检测系统。一个合格的入侵检测系统能大大地简化管理员的工作，保证网络安全的运行。具体来说，入侵检测系统的主要功能包括：监视、分析用户及系统的活动；系统构造和弱点的审计；识别反映已知进攻的活动模式并向相关人士报警；对异常行为模式进行统计分析；对重要系统和数据文件的完整性进行评估；对操作系统进行审计跟踪管理；识别用户违反安全策略的行为。入侵检测系统的建立依赖于入侵检测技术的发展，而入侵检测技术的价值最终要通过实用的入侵检测系统来检验。为了使读者了解入侵检测的原理，本章将对入侵检测系统进行详细讨论。

3.1 入侵检测系统的基本模型

在入侵检测系统的发展历程中，大致经历了 3 个阶段：集中式阶段、层次式阶段和集成式阶段。代表这 3 个阶段的入侵检测系统的基本模型分别是通用入侵检测模型（Denning 模型）、层次化入侵检测模型（IDM）和管理式入侵检测模型（SNMP-IDSM），本节将介绍这 3 个基本模型。

3.1.1 通用入侵检测模型（Denning 模型）

从 1984 年到 1986 年，在美国海军空间和海军战争系统司令部（SPAWARS）的资助下，Dorothy Denning 研究并发展了一个通用入侵检测系统模型，如图 3.1 所示。该模型提出了异常活动和计算机不正当使用之间的相关性，它独立于任何特殊的系统、应用环境、系统脆弱性或入侵种类，因此提供了一个通用的入侵检测系统框架。Denning 模型能够检测出黑客入侵、越权操作及其他种类的非正常使用计算机系统的行为。该模型基于的假设是：对计算机安全的入侵行为可以通过检查一个系统的审计记录，从中辨识异常使用系统的入侵行为并加以发现。

该模型由以下 6 个主要部分构成。

1. 主体（Subjects）

主体是指系统操作的主动发起者，是在目标系统上活动的实体。例如，计算机操作系统的进程、网络的服务连接等。

2. 对象（Objects）

对象是指系统所管理的资源，如文件、设备、命令等。

3. 审计记录（Audit Records）

审计记录是指主体对对象实施操作时，系统产生的数据，如用户注册、命令执行和文件访问等。审计记录是一个六元组，其格式为<Subject, Action, Object, Exception-Condition, Resource-Usage, Time-Stamp>。其中各字段的含义如下。

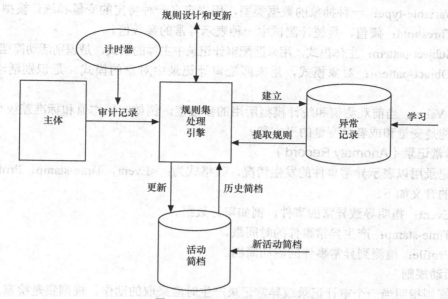

图 3.1　通用入侵检测系统模型

（1）Subject：主体，是指活动（Action）的发起者。

（2）Action：活动，是指主体对目标实施的操作，对操作系统而言，这些操作包括读、写、登录、退出等。

（3）Object：对象，是指活动的承受者。

（4）Exception-Condition：异常条件，是指系统对主体的活动的异常报告，如违反系统读写权限规则。

（5）Resource-Usage：资源使用状况，是指系统的资源消耗情况，如 CPU、内存使用率等。

（6）Time-Stamp：时间戳，是指活动的发生时间。

4. 活动简档（Activity Profile）

活动简档用以保存主体正常活动的有关信息，其具体实现依赖于检测方法。在统计方法中从事件数量、频度、资源消耗等方面度量，可以使用方差、马尔可夫模型等方法实现。活动简档定义了 3 种类型的随机变量，分别如下。

（1）事件计数器（Event Counter）。简单地记录特定事件的发生次数。

（2）间隔计时器（Interval Timer）。记录特定事件此次发生和上次发生之间的时间间隔。

（3）资源计量器（Resource Measure）。记录某个时间内特定动作所消耗的资源量。

活动简档的格式为：<Variable-name，Action-pattern，Exception-pattern，Resource-usage-pattern，Period，Variable-type，Threshold，Subject-pattern，Object-pattern，Value>。其中各字段的含义如下。

（1）Variable-name：变量名，是识别活动简档的标志。

（2）Action-pattern：活动模式，用来匹配审计记录中的零个或多个活动的模式。

（3）Exception-pattern：异常模式，用来匹配审计记录中的异常情况的模式。

（4）Resource-usage-pattern：资源使用模式，用来匹配审计记录中的资源使用的模式。

（5）Period：是测量的间隔时间或者取样时间。

（6）Variable-type：一种抽象的数据类型，用来定义一种特定的变量和统计模型。

（7）Threshold：阈值，是统计测试中一种表示异常的参数值。

（8）Subject-pattern：主体模式，用来匹配审计记录中主体的模式，是识别活动简档的标志。

（9）Object-pattern：对象模式，用来匹配审计记录中对象的模式，是识别活动简档的标志。

（10）Value：当前观测值和统计模型所用的参数值，例如在平均值和标准差模型中，这些参数可能是变量和或者是变量的平方和。

5．异常记录（Anomaly Record）

异常记录用以表示异常事件的发生情况，其格式为：<Event，Time-stamp，Profile>。其中各字段的含义如下。

（1）Event：指明导致异常的事件，例如审计数据。

（2）Time-stamp：产生异常事件的时间戳。

（3）Profile：检测到异常事件的活动简档。

6．活动规则

活动规则指明当一个审计记录或异常记录产生时应采取的动作。规则集是检查入侵是否发生的处理引擎，结合活动简档用专家系统或统计方法等分析接收到的审计记录，调整内部规则或统计信息，在判断有入侵发生时采取相应的措施。规则由条件和动作两部分组成，共有四种类型的规则，分别如下。

（1）审计记录规则（Audit-record rules）。触发新生成审计记录和动态的活动简档之间匹配以及更新活动简档和检测异常行为。

（2）定期活动更新规则（Periodic-activity-update rules）。定期触发动态活动简档中的匹配以及更新活动简档和检测异常行为。

（3）异常记录规则（Anomaly-record rules）。触发异常事件的产生，并将异常情况报告给安全管理员。

（4）定期异常分析规则（Periodic-anomaly-analysis rules）。定期触发产生当前的安全状态报告。

Denning 模型实际上是一个基于规则的模式匹配系统，不是所有的 IDS 都能够完全符合该模型。Denning 模型的最大缺点在于它没有包含已知系统漏洞或攻击方法的知识，而这些知识在许多情况下是非常有用的信息。

3.1.2　层次化入侵检测模型（IDM）

Steven Snapp 等人在设计和开发分布式入侵检测系统（DIDS）时，提出一个层次化的入侵检测模型，简称 IDM。该模型将入侵检测系统分为 6 个层次，从低到高依次为：数据层（Data）、事件层（Event）、主体层（Subject）、上下文层（Context）、威胁层（Thread）和安全状态层（Security state）。

IDM 模型给出了在推断网络中的计算机受攻击时数据的抽象过程。也就是说，它给出了将分散的原始数据转换为高层次的有关入侵和被监测环境的全部安全假设过程。通过把收集到的分散数据进行加工抽象和数据关联操作，IDM 构造了一台虚拟的机器环境，这台机器由所有相连的主机和网络组成。将分布式系统看作是一台虚拟的计算机的观点简化了对跨越单机的入侵行为的识别。IDM 也应用于只有单台计算机的小型网络。IDM 6 个层次的详细情况如下。

1. 第一层：数据层

包括主机操作系统的审计记录、局域网监视器结果和第三方审计软件包提供的数据。在该层中，刻画客体的语法和语义与数据来源是相关联的，主机或网络上的所有操作都可以用这样的客体表示出来。

2. 第二层：事件层

该层处理的客体是对第一层客体的扩充，该层的客体称为事件。事件描述第一层的客体内容所表示的含义和固有的特征性质。用来说明事件的数据域有两个，即动作（Action）和领域（Domain）。动作刻画了审计记录的动态特征，而领域给出了审计记录的对象的特征。很多情况下，对象是指文件或设备，而领域要根据对象的特征或它所在文件系统的位置来确定。由于进程也是审计记录的对象，它们也可以归到某个领域，这时就要看进程的功能。事件的动作包括会话开始、会话结束、读文件或设备、写文件或设备、进程执行、进程结束、创建文件或设备、删除文件或设备、移动文件或设备、改变权限、改变用户号等。事件的领域包括标签、认证、审计、网络、系统、系统信息、用户信息、应用工具、拥有者和非拥有者等。

3. 第三层：主体层

主体是一个唯一标识号，用来鉴别在网络中跨越多台主机使用的用户。

4. 第四层：上下文层

上下文用来说明事件发生时所处的环境，或者给出事件产生的背景。上下文分为时间型和空间型两类。例如，一个用户正常工作时间内不出现的操作在下班时出现，则这个操作很值得怀疑，这就是时间型上下文的例子。另外，事件发生的时间顺序也常能用来检测入侵，例如，一个用户频繁注册失败就可能表明入侵正在发生。IDM 要选取某个时间为参考点，然后利用相关的事件信息来检测入侵。空间型上下文说明了事件的来源与入侵行为的相关性，事件与特别的用户或者一台主机相关联。例如，我们关心一个用户从低安全级别计算机向高安全级别计算机的转移操作，而反方向的操作则不太重要。这样，事件上下文使得可以对多个事件进行相关性入侵检测。

5. 第五层：威胁层

该层考虑事件对网络和主机构成的威胁。当把事件及其上下文结合起来分析时，就能够发现存在的威胁。可以根据滥用的特征和对象对威胁类型进行划分，也就是说，入侵者做了什么和入侵的对象是什么。滥用分为攻击、误用和可疑等三种操作。攻击表明机器的状态发生了改变，误用则表示越权行为，而可疑只是入侵检测感兴趣的事件，但是不与安全策略冲突。

滥用的目标划分成系统对象或是用户对象、被动对象或是主动对象。用户对象是指没有权限的用户或者是用户对象存放在没有权限的目录。系统对象则是用户对象的补集。被动对象是文件，而主动对象是运行的进程。

6. 第六层：安全状态层

IDM 的最高层用 1～100 的数字值来表示网络的安全状态，数字越大，网络的安全性越低。实际上，可以将网络安全的数字值看作是系统中所有主体产生威胁的函数。尽管这种表示系统安全状态的方法会丢失部分信息，但是可以使安全管理员对网络系统的安全状态有一个整体印象。在 DIDS 中实现 IDM 模型时，采用一个内部数据库保存各个层次的信息，安全管理员可以根据需要查询详细的相关信息。

3.1.3　管理式入侵检测模型（SNMP-IDSM）

随着网络技术的飞速发展，网络攻击手段也越来越复杂，攻击者大都是通过合作的方式来攻击某个目标系统，而单独的 IDS 难以发现这种类型的入侵行为。然而，如果 IDS 系统也能够像攻击者那样合作，就有可能检测到。这样就需要有一种公共的语言和统一的数据表达格式，能够让 IDS 系统之间顺利交换信息，从而实现分布式协同检测。但是，相关事件在不同层面上的抽象表示也是一个很复杂的问题。基于这样的因素，北卡罗莱那州立大学的 Felix Wu 等人从网络管理的角度考虑 IDS 的模型，提出了基于 SNMP 的 IDS 模型，简称 SNMP-IDSM。

SNMP-IDSM 以 SNMP 为公共语言来实现 IDS 系统之间的消息交换和协同检测，它定义了 IDS-MIB，使得原始事件和抽象事件之间关系明确，并且易于扩展这些关系。SNMP-IDSM 的工作原理如图 3.2 所示。在该图中，IDS B 负责监视主机 B 和请求最新的 IDS 事件，主机 A 的 IDS A 观察到一个来自主机 B 的攻击企图，然后 IDS A 与 IDS B 联系，IDS B 响应 IDS A 的请求，IDS B 半小时前发现有人扫描主机 B。这样，某个用户的异常活动事件被 IDS B 发布，IDS A 怀疑主机 B 受到了攻击。为了验证和寻找攻击者的来源，IDS A 使用 MIB 脚本发送一些代码给 IDS B。这些代码的功能类似于"netstat，lsof"等，它们能够搜集主机 B 的网络活动和用户活动的信息。最后，这些代码的执行结果表明用户 X 在某个时候攻击主机 A。而且，IDS A 进一步得知用户 X 来自于主机 C。这样，IDS A 和 IDS C 联系，要求主机 C 向 IDS A 报告入侵事件。

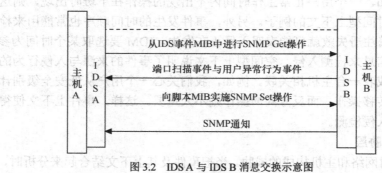

图 3.2　IDS A 与 IDS B 消息交换示意图

一般来说，攻击者在一次入侵过程中通常会采取以下一些步骤。

（1）使用端口扫描、操作系统检测或者其他黑客工具收集目标有关信息。

（2）寻找系统的漏洞并利用这些漏洞，例如 sendmail 的错误、匿名 FTP 的误配置或者 X 服务器授权给任何人访问。一些攻击企图失败而被记录下来，另外一些攻击企图则可能成功实施了。

（3）如果攻击成功，入侵者就会清除日志记录或者隐藏自己而不被其他人观察到。

（4）安装后门，如 rootkit、木马或网络嗅探器等。

（5）使用已攻破的系统作为跳板入侵其他主机。例如，用窃听口令攻击相邻的主机或者搜索主机间非安全信任关系等。

SNMP-IDSM 根据上述的攻击原理，采用五元组形式来描述攻击事件，该五元组的格式为：<WHERE，WHEN，WHO，WHAT，HOW>。其中各个字段的含义如下。

（1）WHERE：描述产生攻击的位置，包括目标所在地以及在什么地方观察到事件发生。

（2）WHEN：事件的时间戳，用来说明事件的起始时间、终止时间、信息频度或发生的次数。

（3）WHO：表明 IDS 观察到的事件，如果可能的话，记录哪个用户或进程触发事件。

（4）WHAT：记录详细信息，例如，协议类型、协议说明数据和包的内容。

（5）HOW：用来连接原始事件和抽象事件。

SNMP-IDSM 定义了用来描述入侵事件的管理信息库 MIB，并将入侵事件分为原始事件（Raw Event）和抽象事件（Abstract Event）两层结构。原始事件指的是引起安全状态迁移的事件或者是表示单个变量偏移的事件，而抽象事件是指分析原始事件所产生的事件。原始事件和抽象事件的信息都用四元组<.WHERE，WHEN，WHO，WHAT>来描述。

3.2 入侵检测系统的工作模式

无论对于什么类型的入侵检测系统，其工作模式都可以体现为以下四个步骤。

（1）从系统的不同环节收集信息。

（2）分析该信息，试图寻找入侵活动的特征。

（3）自动对检测到的行为作出响应。

（4）记录并报告检测过程和结果。

一个典型的入侵检测系统从功能上可以分为 3 个组成部分：感应器（Sensor）、分析器（Analyzer）和管理器（Manager），如图 3.3 所示。

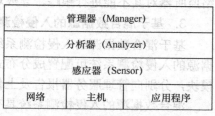

图 3.3　入侵检测系统的功能结构

其中，感应器负责收集信息。其信息源可以是系统中可能包含入侵细节的任何部分，其中比较典型的信息源有网络数据包、log 文件和系统调用的记录等。感应器收集这些信息并将其发送给分析器。

分析器从许多感应器接收信息，并对这些信息进行分析以决定是否有入侵行为发生。如果有入侵行为发生，分析器将提供关于入侵的具体细节，并提供可能采取的对策。一个入侵检测系统通常也可以对所检测到的入侵行为采取相应的措施进行反击，例如，在防火墙处丢弃可疑的数据包，当用户表现出不正常行为时拒绝其进行访问，以及向其他同时受到攻击的主机发出警报等。

管理器通常也被称为用户控制台，它以一种可视的方式向用户提供收集到的各种数据及相应的分析结果，用户可以通过管理器对入侵检测系统进行配置，设定各种系统的参数，从而对入侵行为进行检测以及对相应措施进行管理。

3.3 入侵检测系统的分类

通过对现有的入侵检测系统和入侵检测技术的研究，可以从下面几个方面对入侵检测系统进行分类。

3.3.1　按数据源分类

根据检测所用数据的来源可以将入侵检测系统分为如下三类。

1．基于主机（Host-Based）的入侵检测系统

通常，基于主机的入侵检测系统可监测系统、事件和操作系统下的安全记录以及系统记录。当有文件发生变化时，入侵检测系统将新的记录条目与攻击标记相比较，看它们是否匹配。如果匹配，系统就会向管理员报警，以采取措施。

基于主机的 IDS 适用于交换网环境，不需要额外的硬件，能监视特定的一些目标，能够检测出不通过网络的本地攻击，检测准确率较高，但缺点是依赖于主机的操作系统及其审计子系统，可移植性和实时性均较差，不能检测针对网络的攻击，检测效果受限于数据源的准确性以及安全事件的定义方法，不适合检测基于网络协议的攻击。

2．基于网络（Network-Based）的入侵检测系统

基于网络的入侵检测系统使用原始网络数据包作为数据源。基于网络的入侵检测系统通常利用一个运行在混杂模式下的网络适配器来实时监视并分析通过网络的所有通信业务。

基于网络的 IDS 不依赖于被保护的主机操作系统，能检测到基于主机的 IDS 发现不了的入侵攻击行为，并且由于网络监听器对入侵者是透明的，这使得监听器被攻击的可能性会大大减少，可以提供实时的网络行为检测，同时保护多台网络主机以及具有良好的隐蔽性，但另一方面，由于无法实现对加密信道和某些基于加密信道的应用层协议数据的解密，因此网络监听器对其不能进行跟踪，导致对某些入侵攻击的检测率比较低。

3．基于混合数据源的入侵检测系统

基于混合数据源的入侵检测系统以多种数据源为检测目标，来提高 IDS 的性能。混合数据源的入侵检测系统可配置成分布式模式，通常在需要监视的服务器和网络路径上安装监视模块，分别向管理服务器报告及上传证据，提供跨平台的入侵监视解决方案。

混合数据源的入侵检测系统具有比较全面的检测能力，是一种综合了基于网络和基于主机两种结构特点的混合型入侵检测系统，既可发现网络中的攻击信息，也可以从系统日志中发现异常情况。

3.3.2　按分析方法分类

根据入侵检测分析方法的不同可将入侵检测系统分为如下两类。

（1）异常入侵检测系统

异常入侵检测系统利用被监控系统正常行为的信息作为检测系统中入侵行为和异常活动的依据。在异常入侵检测中，假定所有入侵行为都是与正常行为不同的，这样，如果建立系统正常行为的轨迹，那么理论上可以把所有与正常轨迹不同的系统状态视为可疑企图。对于异常阈值与特征的选择是异常入侵检测的关键。比如，通过流量统计分析将异常时间的异常网络流量视为可疑。异常入侵检测的局限是并非所有的入侵都表现为异常，而且系统的轨迹难于计算和更新。

（2）误用入侵检测系统

误用入侵检测系统根据已知入侵攻击的信息（知识、模式等）来检测系统中的入侵和攻击。在误用入侵检测中，假定所有入侵行为和手段（及其变种）都能够表达为一种模式或特征，那么所有已知的入侵方法都可以用匹配的方法发现。误用入侵检测的关键是如何表达入侵的模式，把真正的入侵与正常行为区分开来。其优点是误报少，局限性是它只能发现已知的攻击，对未知的攻击无能为力。

3.3.3 按检测方式分类

根据入侵检测方式的不同可将入侵检测系统分为如下两类。

（1）实时检测系统

实时检测系统也称为在线检测系统，它通过实时监测并分析网络流量、主机审计记录及各种日志信息来发现攻击。在高速网络中，检测率难以令人满意，但随着计算机硬件速度的提高，对入侵攻击进行实时检测和响应成为可能。

（2）非实时检测系统

非实时检测系统也称为离线检测系统，它通常是对一段时间内的被检测数据进行分析来发现入侵攻击，并做出相应的处理。非实时的离线批处理方式虽然不能及时发现入侵攻击，但它可以运用复杂的分析方法发现某些实时方式不能发现的入侵攻击，可以一次分析大量事件，系统的成本更低。

在高速网络环境下，因为要分析的网络流量非常大，直接用实时检测方式对数据进行详细的分析是不现实的，往往是用在线检测方式和离线检测方式相结合，用实时方式对数据进行初步的分析，对那些能够确认的入侵攻击进行报警，对可疑的行为再用离线的方式作进一步的检测分析，同时分析的结果可以用来对 IDS 进行更新和补充。

3.3.4 按检测结果分类

根据入侵检测系统检测结果的不同可将入侵检测系统分为如下两类。

（1）二分类入侵检测系统

二分类入侵检测系统只提供是否发生入侵攻击的结论性判断，不能提供更多可读的、有意义的信息，只输出有入侵发生，而不报告具体的入侵类型。

（2）多分类入侵检测系统

多分类入侵检测系统能够分辨出当前系统所遭受的入侵攻击的具体类型，如果认为是非正常的行为时，输出的不仅仅是有入侵发生，而且还会报告具体的入侵类型，以便于安全员快速采取合适的应对措施。

3.3.5 按响应方式分类

根据检测系统对入侵攻击的响应方式的不同可以将入侵检测系统分为如下两类。

（1）主动的入侵检测系统

主动的入侵检测系统在检测出入侵后，可自动地对目标系统中的漏洞采取修补、强制可疑用户（可能的入侵者）退出系统以及关闭相关服务等对策和响应措施。

（2）被动的入侵检测系统

被动的入侵检测系统在检测出对系统的入侵攻击后只是产生报警信息通知系统安全管理员，至于之后的处理工作则由系统管理员来完成。

3.3.6　按各模块运行的分布方式分类

根据系统各个模块运行的分布方式的不同，可将入侵检测系统分为如下两类。

（1）集中式入侵检测系统

系统的各个模块包括数据的收集与分析以及响应都集中在一台主机上运行，这种方式适用于网络环境比较简单的情况。

（2）分布式入侵检测系统

系统的各个模块分布在网络中不同的计算机、设备上，一般来说分布性主要体现在数据收集模块上，如果网络环境比较复杂、数据量比较大，那么数据分析模块也会分布，一般是按照层次性的原则进行组织的。

3.4　入侵检测系统的构架

通常，入侵检测系统的构架采用一个管理者和数个代理的模式。管理者向代理发送查询请求，代理向管理者汇报网络中主机传输信息的情况，代理和管理者之间直接通信。如图3.4所示。

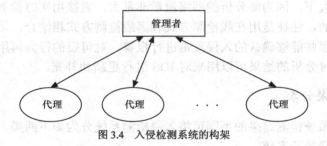

图3.4　入侵检测系统的构架

3.4.1　管理者

管理者定义管理代理的规则和策略。管理者安装在一台经过特殊配置过的主机上，对网络中的代理进行查询。有的管理者具有图形界面，而有的 IDS 产品只是以守护进程的形式来运行管理者，然后使用其他程序来管理它们。

物理安全对充当管理者的主机来说至关重要。如果攻击者可以获得硬盘的访问权，他便可以获得重要的信息。此外，除非必须，管理者的系统也不应该被网络用户访问到，这种限制包括 Internet 访问。

安装管理者的操作系统应该尽可能的安全和没有漏洞。有些厂商要求用户使用特定类型的操作系统来安装管理者。例如，ISS RealSecure 要求用户安装在 Windows NT Workstation 而不是 Windows NT Server，这是由于在 NT Workstation 上更容易对操作系统进行精简。

每种 IDS 厂商对它们的产品都有特殊的考虑。通常这些考虑是针对操作系统的特殊设置的。例如，许多厂商要求用户将代理安装在使用静态 IP 地址的主机上。因此，就可能需要配置 DHCP 和 WINS 服务器来配合管理者。这种特殊的考虑在一定程度上解释了为什么大多数 IDS 程序用一个管理者来管理数台主机。另外，安装管理者会降低系统的性能。而且，在同一网段中安装过多的管理者会占用过多的带宽。

通常 IDS 的厂商要求用户不要将管理者安装在使用 NFS 或 NFS+ 的 UNIX 操作系统上，因为这种文件系统允许远程访问，管理者会使它们缺乏稳定和不安全。

除非特殊情况，否则不应该将 IDS 的管理者安装在装了双网卡或多网卡的用作路由器的主机上，或者安装在防火墙上。例如，Windows NT PDC 或 BDC 也不是安装大多数 IDS 管理者的理想系统，不仅因为管理者会影响登录，而且 PDC 或 BDC 所必须的服务会产生 trap door 和系统错误。

管理者和代理的比例数字会因生产厂商和版本的不同而不同。但是，通常来说，应该建立基线来确定 IDS 结构的理想配置。理想配置是指 IDS 可以在不影响正常网络操作的前提下实时检测网络入侵。

3.4.2　代理

由于代理负责监视网络安全，所以大多数的 IDS 允许用户将代理安装在任何可以接受配置的主机上。当用户在考虑产品时，应当确保它可以和网络上的主机配合工作。大多数的产品在 UNIX、NT 和 Novell 网络环境中可以很好地工作。有些厂商也生产在特殊网络环境下工作的代理，如 DECnet、mainframes 等。无论如何，用户应当通过测试来选择最适合自身网络的产品。

代理应该安装在像数据库、Web 服务器、DNS 服务器和文件服务器等重要的资源上。例如，下列是部分适合放置代理资源的列表。

（1）账号、人力资源和研发数据库。

（2）局域网和广域网的骨干，包括路由器和交换机。

（3）临时工作人员的主机。

（4）SMTP、HTTP 和 FTP 服务器。

（5）Modem 池服务器和交换机、路由器、集线器。

（6）文件服务器。

（7）新的网络连接设备。

3.5　入侵检测系统的部署

对于入侵检测系统来说，其类型不同、应用环境不同，部署方案也就会有所差别。对于基于主机的入侵检测系统来说，它一般是用于保护关键主机或服务器，因此只要将它部署到这些关键主机或服务器中即可。但是对于基于网络的入侵检测系统来说，根据网络环境的不同，其部署方案也就会有所不同，各种网络环境千差万别，在此无法一一赘述，因此在本节中只考虑两种情况的网络环境，即网络中没有部署防火墙时的情况和网络中已经部署防火墙时的情况。

3.5.1　网络中没有部署防火墙时

通常在网络中考虑安全防护方案时，首先考虑到的是在网络入口处安装防火墙进行过滤。但是在有些环境中由于某种原因可能无法部署防火墙。

在没有安装防火墙的情况下，网络入侵检测系统通常安装在网络入口处的交换机上，以便监听所有进出网络的数据包并进行相应的保护，如图 3.5 所示。在交换机环境下为了监听所有的数据包通常利用交换机的端口镜像功能。具体的镜像配置方法各交换机厂商存在一些差异，需要向交换机厂商或者经销商咨询。

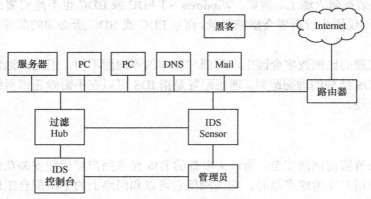

图 3.5　没有部署防火墙时入侵检测系统的部署情况

市面上的 4 层交换机除了具有端口镜像的功能之外，还提供 QoS、负载平衡等功能，部分提供商的产品提供防御部分 DoS（拒绝服务）攻击的能力，所以有利于提高整体安全性。

3.5.2　网络中部署防火墙时

防火墙系统起防御来自外部网络的攻击的作用，网络中部署防火墙时和入侵检测系统互相配合可以进行更有效的安全管理。

在这种情况下通常将入侵检测系统部署在防火墙之后，进行继防火墙一次过滤后的二次防御，如图 3.6 所示。

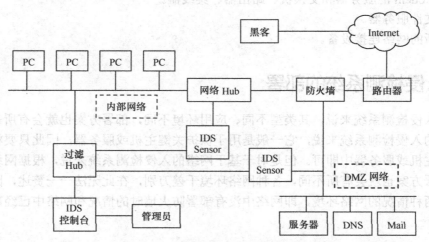

图 3.6　入侵检测系统部署在防火墙内部

但是在有些情况下，还需要考虑来自外部的针对防火墙本身的攻击行为。如果黑客觉察到防火墙的存在并攻破防火墙的话，对内部网络来说是非常危险的。因此在高安全性要求的环境下在防火墙外部部署入侵检测产品，进行先于防火墙的一次检测、防御。这样用户可以预知那些恶意攻击防火墙的行为并及时采取相应的安全措施，以保证整个网络的安全。

习　题

一、选择题

1. 在通用入侵检测模型的活动简档中未定义的随机变量是（　　）。
    A．事件计数器　　　　　　　　　　　B．间隔计时器
    C．资源计量器　　　　　　　　　　　D．告警响应计时器

2. 异常入侵检测依靠的假定是（　　）。
    A．一切网络入侵行为都是异常的
    B．用户表现为可预测的、一致的系统使用模式
    C．只有异常行为才有可能是入侵攻击行为
    D．正常行为和异常行为可以根据一定的阈值来加以区分

二、思考题

1. 入侵检测系统有哪些基本模型？
2. 简述 IDM 模型的工作原理。
3. 入侵检测系统的工作模式可以分为几个步骤？分别是什么？
4. 基于主机的入侵检测系统和基于网络的入侵检测系统的区别是什么？
5. 异常入侵检测系统的设计原理是什么？
6. 误用入侵检测系统的优缺点分别是什么？
7. 简述防火墙对部署入侵检测系统的影响。

## 第 4 章

入侵检测流程

入侵检测涉及很多技术的应用，而且目前这些技术还在不断发展之中。本章主要介绍入侵检测的流程，包括入侵检测过程中各个阶段所涉及的一些关键技术。

4.1 入侵检测的过程

总的来说，入侵检测的过程可以分为 3 个阶段（如图 4.1 所示）：信息收集阶段、信息分析阶段以及告警与响应阶段。本节将给以详细叙述。

4.1.1 信息收集

入侵检测的第一步是信息收集，即从入侵检测系统的信息源中收集信息，收集信息的内容包括系统、网络、数据以及用户活动的状态和行为等。而且，需要在计算机网络系统中的若干不同关键点（不同网段和不同主机）收集信息。信息收集的范围越广，入侵检测系统的检测范围就越大。此外，从一个源收集到的信息有可能看不出疑点，但从几个源收集到的信息的不一致性却可能是可疑行为或入侵的最好标识。

图 4.1　入侵检测的过程

当然，入侵检测在很大程度上依赖于所收集信息的可靠性和正确性，因此，很有必要利用所知道的精确的软件来报告这些信息。因为黑客经常替换软件以搞混和移走这些信息，例如，替换被程序调用的子程序、库和其他工具。黑客对系统的修改可能使系统功能失常并看起来跟正常时一样，而实际上却并非如此。例如，UNIX 系统的 PS 指令可以被替换为一个不显示侵入过程的指令，或者是编辑器被替换成一个读取不同于指定文件的文件，即黑客隐藏了初始文件并用另一版本代替。这需要保证用来检测网络系统的软件的完整性，特别是入侵检测系统，软件本身应具有相当强的坚固性，防止被篡改而收集到错误的信息。

4.1.2 信息分析

入侵检测系统从信息源中收集到的有关系统、网络、数据及用户活动的状态和行为等信息，其信息量是非常庞大的，在这些海量的信息中，绝大部分信息都是正常信息，而只有很少一部分信息才可能表征着入侵行为的发生，那么怎么样才能够从大量的信息中找到表征入侵行为的异常信息呢，这就需要对这些信息进行分析。可见，信息分析是入侵检测过程中的核心环节，没有信息分析功能，入侵检测也就无从谈起。

入侵检测的信息分析方法很多，如模式匹配、统计分析、完整性分析等。每种方法都有其各自的优缺点，也都有其各自的应用对象和范围。

4.1.3 告警与响应

当一个攻击企图或事件被检测到以后，入侵检测系统就应该根据攻击或事件的类型或性质，做出相应的告警与响应，即通知管理员系统正在遭受不良行为的入侵，或者采取一定的措施阻止入侵行为的继续。常见的告警与响应方式如下。

（1）自动终止攻击。

（2）终止用户连接。

（3）禁止用户账号。

（4）重新配置防火墙阻塞攻击的源地址。

（5）向管理控制台发出警告指出事件的发生。

（6）向网络管理平台发出 SNMP trap。

（7）记录事件的日志，包括日期、时间、源地址、目的地址、描述与事件相关的原始数据。

（8）向安全管理人员发出提示性的电子邮件。

（9）执行一个用户自定义程序。

4.2 入侵检测系统的数据源

入侵检测系统中用于分析检测的信息主要来源于系统主机的日志记录、网络数据包、系统针对应用程序的日志数据以及来自其他入侵检测系统或系统监控系统的报警信息。

最初的入侵检测系统针对的目标系统大多是主机系统，所有的系统用户对于系统来说都是本地的，很少有来自外界的攻击，这使得入侵检测系统只需要分析由主机系统提供的审计信息就可以完成检测系统入侵的任务。而在分布式环境中，用户可以从一台机器跳到另一台机器，而且可能在跳动过程中采用不同的用户标识，这样它们就可以通过不同的机器对网络进行分散攻击。因此，工作站上的本地入侵检测系统必须和网络中其他工作站上的入侵检测系统交换信息。这些通过网络交换的信息可以是各自的原始审计数据，也可以是本地检测系统的报警结果。但这两种方案的代价都很大：传递大量的审计信息对网络的带宽要求很高，否则极易造成网络阻塞；若在本地分析处理以提供局部的报警结果，则又严重影响工作站正常工作的性能。

4.2.1 基于主机的数据源

审计数据是收集一个给定机器用户活动信息的唯一方法。但是，当系统受到攻击时，系统的审计数据很有可能被修改。这就要求基于主机的入侵检测系统必须满足一个重要的实时性条件：检测系统必须在攻击者接管机器并暗中破坏系统审计数据或入侵检测系统之前完成对审计数据的分析、产生报警并采取相应的措施。

1. 系统运行状态信息

所有的操作系统都提供了一些系统命令来获取系统运行情况。在 UNIX 环境中，这类命令有：ps、pstat、vmstat、getrlimit 等。这些命令直接检查系统内核的存储区，所以它们能够提供相当精确的关于系统事件的关键信息。但是由于这些命令不能提供结构化的方法来收集或存储对应的审计信息，所以很难满足入侵检测系统需要连续进行审计数据收集的需求。

2. 系统记账信息

记账（Accounting）是获取系统行为信息的最普遍的方法。在网络设备、主机系统以及 UNIX 工作站中都使用了记账系统，用于提供系统用户使用共享资源（例如，处理机时间、内存、磁盘或网络的使用等）的信息，以便向用户收费。记账系统的广泛应用使得在设计入侵检测原型时可以采用它作为系统的审计数据源。

在 UNIX 环境中，记账系统是一个通用性的信息源。而且具有以下特点。

（1）在所有的 UNIX 系统中，记账信息记录的格式都是一致的。

（2）记账信息进行了压缩以节省磁盘空间。

（3）记账信息记录的处理开销非常小。

（4）记账系统可与现代操作系统很好地集成，且很容易建立和使用。

但是，记账系统也有一系列的缺点，使它不能可靠地作为入侵检测系统的分析数据源。

（1）记账文件有时会存放在用户可操作的磁盘分区内，这时用户只需简单地填充该分区，使其使用率达到 90%以上，那么系统的记账就会停止。

（2）记账系统可以被打开或关闭，但是不能只对指定的用户进行记账。

（3）记账信息缺乏精确的时间戳。记录的系统命令不能按它们实际发出的时间排序，而命令序列在一些入侵检测系统中是一种重要的检测信息。

（4）缺乏精确的命令识别。在记账记录中只存有用户发出命令名的前 8 个字符，而重要的路径信息和命令行参数则全丢掉了。这样，一些基于知识的入侵检测系统就不能有效地检测诸如"特洛伊木马"式的攻击。

（5）缺乏系统守护程序的活动记录。记账系统只能记录关于运行终止的信息，因而针对诸如 Sendmail 这类一直运行的系统守护程序则不会记录。

（6）获取信息的时间太迟。记账信息记录当应用终止时才能写入文件，这时入侵活动可能已经发生了。

基于以上原因，系统记账信息从未在基于知识的入侵检测系统中使用过，而且在基于行为的入侵检测系统中也很少使用。因此，记账信息一般只是作为审计数据的一个补充。

3. 系统日志（Syslog）

系统日志一般是指 Syslog 守护程序提供的信息。Syslog 是操作系统为系统应用提供的一项审计服务，这项服务在系统应用提供的文本串形式的信息前面添加应用运行的系统名和时间戳信息，然后进行本地或远程归档处理。但是 Syslog 并不安全，据 CERT（Computer Emergency Resnonse Team，计算机安全应急响应组）的报告，一些 UNIX 的 Syslog 守护程序极易遭受缓冲区溢出性攻击。不过 Syslog 很容易使用，诸如 Login、Sendmail、Nfs、Http 等系统应用和网络服务，还有安全类工具（例如 sudo、klaxon 以及 TCP wrappers 等）都使用它作为自己的审计记录。但只有少数入侵检测系统采用 Syslog 守护程序提供的信息。

4. C2 级安全性审计信息

系统的安全审计记录了系统中所有潜在的安全相关事件的信息。在 UNIX 系统中，审计系统记录了用户启动的所有进程执行的系统调用序列。和一个完整的系统调用序列比较，审计记录则进行了有限的抽象，其中没有出现上下文切换、内存分配、内部信号量以及连续的文件读的系统调用序列。这也是一个把审计事件映射为系统调用序列的直接方法。UNIX 的安全审计记录中包含了大量关于事件的信息：用于识别用户、组的详细信息（登录身份、用户相关的程序调用）、系统调用执行的参数（包含路径的文件名、命令行参数等）以及系统程序执行的返回值、错误码等。

使用安全审计的主要优点如下。

（1）可以对用户的登录身份、真实身份、有效身份以及真实有效的所属组的标识进行强验证。

（2）可以很容易地通过配置审计系统实现审计事件的分类。

（3）可根据用户、类别、审计事件或系统调用的成功和失败获取详细的参数化信息。

（4）当审计系统遇到一个错误状态，例如，磁盘空间耗尽时，机器就会被关闭。

使用安全审计的主要缺点如下。

（1）当需要进行详细监控时，会消耗大量系统资源，处理机性能可能会降低 20%，并且还需要大量本地磁盘空间对审计数据进行存储和归档。

（2）通过填充审计系统的磁盘空间可造成拒绝服务攻击。

（3）不同操作系统的审计记录格式和审计系统接口的异构性，使得异构环境中获得的审计数据不仅数据量很大且构成复杂。所以在利用安全审计数据进行检测时，也存在很大的困难。

由于 C2 级安全审计是目前唯一能够对信息系统中活动的详细信息进行可靠收集的机制，它在大多数的入侵检测系统原型以及检测工具中都作为主要的审计信息源。一些研究小组建议制订一个审计记录的通用格式并定义哪些信息必须包含在审计记录中，这项工作还处在研究之中。

4.2.2 基于网络的数据源

在当前的商业入侵检测产品中，网络传输是最常见的数据源。在基于网络的入侵检测中，从网络上传输的网络通信流中采集信息。

基于网络的数据源流行的原因很多，其中，主要是因为通过网络监控获得信息的性能代价很低，这是因为当数据包通过网络时，监控器很容易读取它们。因此，运行监控器不影响网络上运行的其他系统的性能。

基于网络的数据源的另一个好处是，在网络上监控器对用户可以是透明的，因此对于攻击者而言，很难轻易找到它并使之无效。由于监控系统需要的主要资源是存储空间，所以完全可以使用较旧的、较慢的系统对网络部分进行监控。

最后，网络监控器可以发现对基于主机系统来说不容易发现的某种攻击的证据。这些攻击包括基于非法格式包和各种拒绝服务攻击的网络攻击。

1. SNMP 信息

简单网络管理协议（SNMP）的管理信息库（MIB）是一个用于网络管理的信息库。其中存储有网络配置信息（路由表、地址、域名等）以及性能/记账数据（不同网络接口和不同网络层业务测量的计数器）。例如可以利用 SNMP 版本 1 管理信息库中的计数器信息来作为基于行为的入侵检测系统的输入信息。一般在网络接口层检查这些计数器，这是因为网络接口主要用来区分信息是发送到网络还是通过回路接口发送回操作系统内部。另外，有些研究人员在它们的安全工具研究中考虑使用 SNMP 版本 3 的相关信息。

2. 网络通信包

网络嗅探器是收集网络中发生事件信息的有效方法，因而也常被攻击者用来截取网络数据包以获取有用的系统信息。目前多数攻击计算机系统的行为是通过网络进行的，通过监控、查看出入系统的网络数据包，来捕获口令或全部内容。这种方法是一种有效的攻入系统内部的方法。几乎所有的拒绝服务攻击都是基于网络的攻击，而且对它们的检测也只能借助于网络，因为基于主机的入侵检测系统靠审计系统不能获取关于网络数据传输的信息。入侵检测系统在利用网络通信包作为数据源时，如果入侵检测系统作为过滤路由器，直接利用模式匹配、签名分析或其他方法对 TCP 或 IP 报文的原始内容进行分析，那么分析的速度就会很快。但如果入侵检测系统作为一个应用网关来分析与应用程序或所用协议有关的每个数据报文时，对数据的分析就会更彻底，但开销很大。将网络通信包作为入侵检测系统的分析数据源，可以解决以下安全相关问题。

（1）检测只能通过分析网络业务才能检测出来的网络攻击。例如，拒绝服务攻击。

（2）不存在基于主机入侵检测系统在网络环境下遇到的审计记录的格式异构性问题。TCP/IP 作为事实上的网络协议标准使得利用网络通信包的入侵检测系统不用考虑数据采集、分析时数据格式的异构性。

（3）由于使用一个单独的机器进行信息的收集，因而这种数据收集、分析工具不会影响整个网络的处理性能。

（4）某些工具可通过签名分析报文载荷内容或报文的头信息，来检测针对主机的攻击。

但这种方法也存在一些典型弱点：

（1）当检测出入侵时，很难确定入侵者。因为在报文信息和发出命令的用户之间没有可靠的联系。

（2）加密技术的应用使得不可能对报文载荷进行分析，从而这些检测工具将会失去大量有用的信息。

如果这些工具基于商用操作系统来获取网络信息，由于商用操作系统中的堆栈易于遭受拒绝服务攻击，所以建立在其上的入侵检测系统也就不可能避免遭受攻击。

4.2.3　应用程序日志文件

系统应用服务器化的趋势，使得应用程序的日志文件在入侵检测系统的分析数据源中具有相当重要的地位。与系统审计记录和网络通信包相比，使用应用程序的日志文件具有以下 3 方面的优势。

（1）精确性（Accuracy）：对于 C2 审计数据和网络包，它们必须经过数据预处理，才能使入侵检测系统了解应用程序相关的信息。这种处理过程基于协议规范和应用程序接口（API）规范的解释，但是应用程序开发者的解释可能与入侵检测系统中的解释不一致，从而造成入侵检测系统对安全信息的理解偏差。而直接从应用日志中提取信息，就可以尽量保证入侵检测系统获取安全信息的准确性。

（2）完整性（Completeness）：使用 C2 审计数据或网络数据包时，为了重建应用层的会话，需要对多个审计进行调用或对网络通信包进行重组，特别是在多主机系统中。但这样却很难达到要求，即使对于最简单的重组需求，例如，通过匹配 HTTP 请求和响应来确定一个成功的请求，用目前的工具也很难完成。而对应用程序日志文件来说，即使应用程序是一个运行在一组计算机上的分布式系统，例如，Web 服务器、数据库服务器等，它的日志文件也能包含所有的相关信息。另外，应用程序还能提供审计记录或网络包中没有的内部数据信息。

（3）性能（Performance）：通过应用程序选择与安全相关的信息，使得系统的信息收集机制的开销远小于利用安全审计记录的情况。

虽然使用应用程序日志文件有以上优点，但也有以下一些缺点。

（1）只有当系统能够正常写应用程序日志文件时，才能够检测出对系统的攻击行为。如果对系统的攻击使系统不能记录应用程序的日志（在许多拒绝服务攻击中都会出现这种情况），那么入侵检测系统将得不到检测所需要的信息。

（2）许多入侵攻击只是针对系统软件低层协议中的安全漏洞，诸如网络驱动程序、IP 协议等。而这些攻击行为不利用应用程序的代码，所以它们受攻击的情况在应用程序的日志中看不出来，唯一能够看到的就是攻击的结果，例如，系统被重启动。

IBM 公司的 WebWatcher 是一个典型的利用应用程序日志文件的入侵检测工具，它通过实时地对 Web 服务器的日志进行监控来获取大量针对 Web 服务器攻击的详细信息，并据此进行检测。同样，可以设计监控数据库服务器的入侵检测工具。

4.2.4　其他入侵检测系统的报警信息

随着网络技术和分布式系统的发展，入侵检测系统也从针对主机系统转向针对网络、分布式系统。基于网络、分布式环境的检测系统为了覆盖较大的范围，一般采用分层的结构，由许多局部的入侵检测系统（如传统的基于主机的入侵检测系统）进行局部的检测，然后把局部检测结果汇报给上层的检测系统，而且各局部入侵检测系统也可以采用其他局部入侵检测系统的结果做参考，以弥补不同检测机制的入侵检测系统的不足。因此，其他入侵检测系统的报警信息也是入侵检测系统的重要数据来源。典型的系统有 DIDS、GrIDS 等。其中，DIDS 把基于主机系统的 Haystack 和基于网络的 NSM 检测系统组合到一起，对它们进行控制，并利用它们的报警信息进行进一步分析检测。GrIDS 是一个基于图形分析的入侵检测系统，它能够检测出跨越大型网络基础设施的入侵攻击行为。检测时，它把局部化的基于主机的或基于网络的入侵检测系统的检测结果按图形的结构形式汇集起来进行分析，这种对结果图的分析可以突出不同入侵攻击的相关性。

4.2.5　其他网络设备和安全产品的信息

目前的很多网络设备，如交换机、路由器、网络管理系统等，都具有比较完备的日志信息，这些信息提供了关于设备的性能、使用统计资料等信息，这些信息在决定一个已探测出的问题是与安全相关的还是与系统其他方面原因相关时，是特别有帮助的。

此外，目前的很多安全产品，如防火墙、安全扫描系统、访问控制系统等，都能够产生它们自己的活动日志。这些日志包含有安全相关的信息，也可作为入侵检测系统的信息源。

4.3　入侵分析的概念

入侵检测技术的研究涉及计算机、数据库、通信、网络等多方面的知识，一个有效的入侵检测系统不仅要求能够正确地识别系统中的入侵行为，而且还要考虑到检测系统本身的安全以及如何适应网络环境发展的需要。所有这些都表明：入侵检测系统是一个复杂的数据处理系统，所涉及的问题域中的各种关系也比较复杂。

数据源提供了受保护系统的运行状态和活动记录。而审计数据的处理分析，包括对原始数据的同步、整理、组织、分类以及各种类型的细致分析，提取其中所包含的系统活动特征或模式，用于对异常和正常行为做出判断。

4.3.1　入侵分析的定义

从入侵检测的角度来说，分析是指针对用户和系统活动数据进行有效的组织、整理并提取特征，以鉴别出感兴趣的行为。这种行为的鉴别可以实时进行，也可以事后分析，在很多情况下，事后的进一步分析是为了寻找行为的责任人。

4.3.2　入侵分析的目的

入侵分析的主要目的是提高信息系统的安全性。除了检测入侵行为之外，人们通常还希望达到以下目标。

1.　重要的威慑力

目标系统使用 IDS 进行入侵分析，对于入侵者来说具有很大的威慑力，因为这意味着攻击行为可能会被发现或被追踪。

2.　安全规划和管理

分析过程中可能会发现在系统安全规划和管理中存在的漏洞，安全管理员可以根据分析结果对系统进行重新配置，避免被攻击者用来窃取信息或破坏系统。

3.　获取入侵证据

入侵分析可以提供有关入侵行为详细的、可信的证据，这些证据可以用于事后追究入侵者的责任。

4.3.3　入侵分析应考虑的因素

上面列出了分析处理的目标，下面考虑每一个目标如何驱使入侵检测系统的功能需求，即进行入侵分析时应该考虑的因素，入侵分析需要考虑的因素主要有以下 4 个方面。

1.　需求

入侵检测系统支持两个基本需求。一个是可说明性，它是指连接一个活动与人或负责它的实体的能力。可说明性要求能够一致地、可靠地识别和鉴别系统中的每一个用户。更进一步，也必须能够可靠地联系用户及其活动的审计记录或其他事件记录。

在商业环境中，可说明性的概念是简单且易理解的，但它们在网络中的实现却相当困难，在网络中一个用户在不同的系统中可能会有不同的身份，就用户本地身份而言，主机级审计跟踪反映了用户的活动，但是在网络中，跟踪用户活动中的身份需要进行额外的处理。

对入侵检测系统的第二个需求是实时检测和响应。需求包括快速识别与攻击相关的事件链，然后阻断攻击或隐藏系统，避免攻击者的影响。例如，通过跟踪攻击者发出的命令，可以将任何被更改的文件或目标恢复到攻击前的状态。

2.　子目标

分析也有子目标，例如，用户可能需要在表格中保留信息，用于支持对系统和网络影响程度的分析。也可能是保留一些系统执行的情况或识别影响系统性能的问题，还可能会包括归档和保护事件日志的完整性等。

3. 目标划分

在目标和要求被计算之后，它们应该按照优先顺序区分开来。按优先顺序区分开来在决定子系统的结构方面是必须的。优先权可以按进度表划分，也可以按系统划分，例如，系统 X 相关的所有需求比其他系统需求的优先权高。当然，优先权也可以按照其他属性来划分。

4. 平衡

有时，系统的需求可能和目标有冲突。例如，一个分析目标可能是将分析对目标系统的性能和资源消耗的影响降到最小。然而，为了法律上的需求可能需要保存日志，这两个目标就相互冲突，因此需要进行适当的平衡。

4.4 入侵分析的模型

分析是入侵检测的核心功能，它可以很简单，例如根据日志来建立决策表，也可以很复杂，例如集成数百万个处理的非参数统计量。

下面介绍一下入侵检测系统分析处理的过程，在这里，定义一个包含能在系统事件日志中找到入侵证据的所有方法的模型。把入侵分析处理过程分为以下 3 个阶段。

（1）构建分析器。
（2）分析数据。
（3）反馈和更新。

在前两个阶段中，每个阶段都有 3 个功能：数据处理、数据分类。将数据区分为入侵指示、非入侵指示或不确定和后处理。

4.4.1 构建分析器

在分析模型中，第一阶段的任务就是构造分析引擎。分析引擎执行预处理、分类和后处理的核心功能。不考虑分析方法，如果引擎能够正常运作，它必须能够与其操作环境相配合，因此即使在独立作为系统环境的一部分被执行的基本系统中，这个阶段也是必须的。

1. 收集并生成事件信息

构造分析器的第一步是收集事件信息。这个阶段可能收集一个系统产生的事件信息，也可能收集实验室环境下的事件信息，具体依赖于分析方法。在有些情况下，根据一套正式的规范来工作的开发人员可能会人工收集这些事件信息。

对于误用检测，将处理收集入侵信息，其中有脆弱性、攻击和威胁、具体攻击工具和观察到的重要细节信息。在这种情况下，误用检测也收集典型的一致策略、过程和活动的信息。

对于异常检测，其事件信息来自于系统本身或指定的相似系统。因此信息是建立指示正常用户行为的基准特征轮廓所必须的。

2. 预处理信息

在收集事件信息完成之后，这些信息需要经过许多转换以备分析引擎使用。它们可能被修改成通用的或规范的格式。这种格式通常作为分析器的一部分。在一些系统中，数据也可能被进行结构化处理，以便执行一些特性选择或执行其他一些处理。

在误用检测中，数据预处理通常包括转换收集在某种通常表格中的事件信息。例如，攻击症状和策略冲突可能被转换成基于状态转换的信号或某种产品系统规则。在一个基于网络的入侵检测系统中，数据包可能首先会被缓存起来，并在 TCP 会话期重建。

在异常检测中，事件数据可能被转换成数据表，其中一些种类的数据转换成数值表，如系统名转换成 IP 地址。同样，不同的信息也可能会被转换成一些规范的表格。

规范表格开始用于单个引擎监视多个操作系统。每个操作系统都有其事件数据的本地格式。于是入侵检测开发者们可以开发一个可分析来自不同操作系统数据的通用分析引擎。开发者可集中将新操作系统的事件数据转换为规范格式。规范格式同样也适用于在异种操作系统环境下进行一般分析。有些入侵检测专家认为：许多企业已完全集中于一般常用的操作系统，以至于规范格式也不再使用。

3. 建立行为分析引擎

建立行为分析引擎就是按设计规则建立一个数据区分器，该区分器应该能够把入侵指示数据和非入侵指示数据区分开来。该分析引擎的建立依赖于分析方法。

在误用检测中，数据区分引擎是建立在规则或其他模式描述器描绘的行为上的。这些规则或描述器能分成单一特征或复合特征。例如，检查到一个坏格式的 IP 包就属于单一特征，而检测到一个在 UNIX 系统下发送 E-mail 的攻击就属于复合特征。

一个误用检查区分引擎的结构可以是一个专家系统。专家系统由一个知识库构成，知识库包括基于过去入侵可疑行为的规则，这些规则通常采用 if-then-else 的结构。

误用检查区分引擎的结构也可以是模式匹配引擎，它把入侵作为攻击特征去匹配审计数据。由于建立在这个模型上的许多系统是十分可靠和有效的，因此，目前商业入侵检测产品大都采用这种方法。

在异常检测中，区分模型通常由用户过去行为的统计特征轮廓构成。这些特征轮廓也用于标识系统处理的行为，这些统计特征轮廓按照各种算法进行计算，在用户行为模式下其使用方案可能会逐渐变化。这个特征轮廓可以按照固定或可变的进度表进行修补。

4. 将事件数据输入引擎中

在行为分析引擎建好后，就需要将预处理过的事件数据输入到引擎中。

对于误用检测，用预处理事件数据或攻击知识的内容，将收集到的对分析引擎有丰富意义的攻击数据输入到误用检测器中。

对于异常检测，通过运行异常检测器，将收集到的参考事件数据输入其中，并允许系统基于这些数据计算用户轮廓。由于输入到异常检测器的历史数据对入侵来说是不够的，通常假定没有任何协作证据，因此为异常检测器寻找合适的参考事件数据是非常重要的。

5. 保存已输入数据的模型

无论采用什么方法，输入数据的模型都应该被存储到预定的位置，例如，保存在知识库中，以备操作使用。在这种意义上，输入数据的模型包含了所有的分析标准，事实上也包含了分析引擎的实际核心。

4.4.2 分析数据

在对实际现场数据进行分析的阶段中，分析器需要分析现场实际数据，识别入侵和其他重要活动。

1. 输入事件记录

执行分析的第一步是收集信息源产生的事件记录，这样的信息源可能是网络数据包、操作系统审计记录或应用日志文件，并且这些信息源都必须是可靠的。

2. 事件预处理

与构造分析器一样，可能需要一些事件数据的预处理。预处理的确切性质依靠分析的性质。例如，从高级会话中抽出各种 TCP 消息，并且把来自操作系统的过程标识符构造成一棵高度集成的处理树。

对于误用检测，事件数据通常都转换成典型的表格，表格相应于攻击信号的结构。在一些方法中，事件数据被集成起来，例如，用户会话期、网络连接或其他高级事件构成一些重要的微时间片段。在其他方法中，可能会通过捆绑一些属性、完全删除其他属性和在其他数据上进行计算生成新的、条理紧凑的数据记录来精简数据。

在异常检测中，事件数据通常被精简成一个轮廓向量，行为属性用标识来表示。

3. 比较事件记录和知识库

对格式化的事件记录和知识库的内容进行比较。接下来的处理取决于比较的结果和对分析方案的质疑。如果记录指示一次入侵，那么就可以记入日志。如果记录没有指示，分析器就简单地接受下一个记录。

在误用检测中，预处理事件记录被提交给一个模式匹配引擎。如果模式匹配器在攻击信号和事件记录中找到一个匹配，则返回一个警告。在一些误用检测器中，如果找到一个部分匹配，如匹配一个指示可能攻击的模式，这种情况可能被记录或缓存在内存中，等待进一步的信息以便作出更明确的决定。

在异常检测中，比较用户会话行为轮廓内容与其历史轮廓，依靠分析方案进行判定。如果用户行为与历史行为是足够相关的，则指示不是一次攻击。如果判断用户行为是异常的，就返回一个警告。许多基于异常检测的入侵检测引擎可能也同时执行误用检测，所以在这些不同的方案中，它们可能相互组合在一起。

4. 产生响应

如果事件记录是相应于入侵或其他重要行为的，则需要返回一个响应。响应的性质依靠具体分析方法的性质。响应可以是一个警报、日志条目，或者是被入侵检测系统管理员指定的一些其他行为。

4.4.3 反馈和更新

反馈和更新是一个非常重要的过程。在误用检测系统中，反映这个阶段的主要功能是攻击信息的特征数据库是否可以更新。每天都能够根据新攻击方式的出现来更新攻击信息特征数据库是非常重要的。许多优化的信号引擎能够在系统正在监控事件数据，没有中断分析过程的同时，由系统操作员来更新信号数据库。

大多数基于误用检测的分析方案都有一些关于最大时间间隔的主张，以便在这段时间内匹配一次攻击事件。

在每一个事件中，因为要保存状态信息需要一个大容量的内存，尤其是在比较忙的系统上，有多个用户、进程和网络连接时，状态信息的积极管理是系统稳定性的关键。在基于网络的入侵检测系统中能够看到这方面的影响。

在异常检测系统中，依靠执行异常检测的类型，定时更新历史统计特征轮廓。例如，在入侵检测系统 IDES 中，每天都进行特征轮廓的更新。每个用户的摘要资料被加入知识库中，并且删除最老的资料。

对于其余的统计资料，可以给它们乘以一个老化因子。通过这种方法，最近的行为能够更有效地影响正常活动的决策。

4.5　入侵检测的分析方法

入侵检测的分析方法主要包括误用检测和异常检测。本节将对这两类分析方法中的具体方法进行介绍。

4.5.1　误用检测

误用检测对于系统事件提出的问题是：这个活动是恶意的吗？误用检测涉及对入侵指示器已知的具体行为的描述信息，然后为这些指示器过滤事件数据。

误用入侵检测根据已知的入侵模式来检测入侵。入侵者常常利用系统和应用软件中的弱点来实施攻击，而这些弱点易编成某种模式，如果入侵者的攻击方式正好匹配上检测系统中的模式库，则就认为有入侵行为发生。其模型如图 4.2 所示。

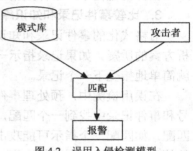

图 4.2　误用入侵检测模型

显然，要想执行误用检测，需要有一个对误用行为构成的良好理解，误用入侵检测依赖于模式库，如果没有构造好模式库，则 IDS 就不能检测到入侵行为。例如，Internet 蠕虫攻击使用了 fingered 和 sendmail 错误，可以使用误用检测。

误用入侵检测的主要假设是具有能够精确地按某种方式编码的攻击。通过捕获攻击及重新整理，可确认入侵活动是基于同一弱点进行攻击的入侵方法的变种。从理论上来说，以某种编码能够有效地捕获独特的入侵不是都有可能。某些模式的估算具有固定的不准确性，这样就会造成 IDS 的误报警和漏报警。误用入侵检测的主要局限性是适用于已知使用模式的可靠检测，但仅能检测到已知的入侵方式。

1. 模式匹配方法

基于模式匹配的误用入侵检测方法是最基本的误用入侵检测方法，该方法将已知的入侵特征转换成模式，存放于模式数据库中。在检测过程中，模式匹配模型将到来的事件与入侵模式数据库中的入侵模式进行匹配，如果匹配成功，则认为有入侵行为发生。

2. 专家系统方法

基于专家系统的误用入侵检测方法是最传统、最通用的误用入侵检测方法。在诸如 MIDAS、IDES、下一代 IDES（NIDES）、DIDS 和 CMDS 中都使用了这种方法。在 MIDAS、IDES 和 NIDES 中，应用的产品系统是 P-BEST，该产品由 Alan Whithurst 设计。而 DIDS 和 CMDS，使用的是 CLIPS 系统，是由美国国家航空和宇航局开发的系统。

使用专家系统的好处是把系统的控制推理从问题的描述中分离出去。这个特性允许用户像 if-then 规则一样输入攻击信息，然后以审计事件的形式输出事实，系统根据输入的信息评估这些事实。这个过程不需要用户理解专家系统的内部功能。在专家系统之前，用户必须在客户端编写决定引擎和规则的代码，这是一个困难且耗时的任务。

输入的攻击信息使用 if-then 语法。指示入侵的条件被放在规则的左边（if 端）。当满足这些规则时，规则执行右边（then 端）的动作。

入侵检测专家系统的缺点主要如下。

（1）不适于处理大批量的数据。由于专家系统中使用的说明性表达一般用来解释系统实现，解释器总是比编译器慢。

（2）没有提供对连续有序数据的任何处理。

（3）不能处理不确定性。

考虑到在知识系统中由于其他规则的变化影响而必须改变规则时，维护规则系统也是一个很具挑战性的问题。

3. 状态转换方法

执行误用检测的状态转换方法允许使用最优模式匹配技巧来结构化误用检测问题。它们的速度和灵活性使它们具有强有力的入侵检测能力。

状态转换方法使用系统状态和状态转换表达式来描述和检测已知入侵。实现入侵检测状态转换有很多种方法。其中最主要的方法是状态转换分析和有色 Petri 网。

（1）状态转换分析

状态转换分析是一种方法，它使用高级状态转换图表来体现和检测已知的入侵攻击方式。

这种方法首先在 STAR 系统中进行研究，并且扩展到 UNIX 网络环境 USTAT 中。这两个系统都是由 California 大学开发的。

图 4.3　状态转换图表

状态转换图表是贯穿模型的图形化表示。图 4.3 显示了一个状态转换图表的组成以及如何使用它们来代表一个序列。节点代表状态，弧代表转换。在状态转换表格中，表达入侵的基本思想是：所有入侵者都是从拥有有限的权限出发，并且利用系统脆弱性来获取一些成果。开始点的有限特权和成功的入侵都能作为系统状态来表达。

在使用状态转换图表来表示入侵序列时，系统自身仅限于表示导致一次状态改变的关键活动。初始和入侵状态之间的路径可能是相当主观的。因此，两个人能拿出两个完全不同的代表同样攻击概要的状态转换图表。每一个状态由一个或多个状态声明组成（也表示在图 4.3 中）。

状态转换分析系统利用有限状态机图表模拟入侵。入侵由从系统初始状态到入侵状态的一系列动作组成，初始状态代表入侵执行前的状态，入侵状态代表入侵完成时的状态。系统状态根据系统属性进行描述。转换由一个用户动作驱动。状态转换引擎保存着一套状态转换图表。在一个给定时间内，假定一系列动作驱动系统到图表中某个特定的状态。当一个新的动作发生时，引擎拿它与每一个图表对比，看是否能驱动到下一个状态。如果这个动作驱动到结束状态，指示一次入侵，则以前的转换信息被送到决定引擎，它向安全人员发出入侵存在的警报。

状态转换方法的优点如下。

● 状态转换图表提供了一个直接的、高级的、与审计记录独立的概要描述。

● 转换允许一个人去描绘构成攻击概要的部分顺序信号动作。

● 当攻击成功时，状态转换必须使用最小可能的信号动作子集。因此，检测器能归纳出相同的攻击。

- 系统保存的硬连接信息使它更容易表示攻击情景。
- 系统能检测出协同的缓慢攻击。

状态转换方法的缺点如下。

- 状态声明和信号动作的列表是手工编码的。
- 状态声明和信号可能不能充分表达更复杂的攻击情景。
- 某个状态评估可能要求推论引擎从目标系统获取额外信息。这个处理会导致性能下降。
- 系统不能检测出许多常见攻击，因此必须与其他检测器协作使用。
- 基于该方法的原型系统与其他基于状态转换方法的系统相比效率较低。

（2）有色 Petri 网

优化误用检测的另一个基于状态转换的方法是有色 Petri 网方法，由 Purdue 大学研制。这个方法在 IDIOT 系统中实现。

IDIOT 使用一种 CP-Net 的变种来表示和检测入侵模式。在这种模式下，一个入侵被表示为一个 CP-Net。CP-Net 中通过令牌颜色服务来模拟事件上下文。通过审计记录驱动信号匹配，并通过从起始状态到结束状态逐步移动令牌来指示一个入侵或攻击，并且当模式匹配时动作被执行。

表面上看，这种方法似乎与 STAT 的状态转换分析方法一样。然而，它们之间有显著的不同。首先，在 STAT 中入侵通过作用在系统状态上的效果（也就是入侵的结果）进行检测。在 IDIOT 中，入侵是通过模式匹配构成攻击的特征来进行检测。在 STAT 中是在状态中放置保护，而在 IDIOT 中保护合并在转换处理中。

在 IDIOT 中每一个入侵信号被表示为代表事件和它们上下文关系的一种模式。这种关系模式精确地代表了一次成功的入侵及其企图。CP-Net 图的顶点代表系统状态。入侵模式包括两部分，前面的部分是条件，后面的部分是相关的动作。

这个模式匹配模型由下面几部分组成。

- 一个上下文描述：允许匹配相关的构成入侵信号的各种事件。
- 语义学：容纳了几种混杂在同一事件流中的入侵模式的可能性。
- 一个动作规格：当模式匹配时，提供某种动作的执行。

图 4.4 显示了一个 TCP/IP 连接的 CP-Net 模式。

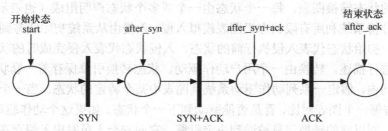

图 4.4　TCP/IP 连接的 CP-Net 模式

用此方法进行误用检测有许多优点，具体如下。

- 速度非常快。在一个非优化 IDIOT 的实验中，每小时激烈活动（产生 C2 审计记录）中匹配 100 个入侵模式，检测器需要 135 秒。与 Sun SPARC 平台每小时产生大约 6 兆审计数据相比，这个结果表明其处理负荷少于 5%。

- 模式匹配引擎独立于审计格式。这样它就能应用在 IP 包和其他问题检测中。
- 特征在跨越审计记录方面非常方便。因此它们能在不同系统中移动。
- 模式能根据需要进行匹配。
- 事件的顺序和其他排序约束条件可以直接体现出来。

4.5.2 异常检测

异常检测需要建立正常用户行为特征轮廓，然后将实际用户行为和这些轮廓相比较，并标识正常的偏离。也就是说，异常检测是根据系统或用户的非正常行为和使用计算机资源的非正常情况来检测入侵行为，如图 4.5 所示。

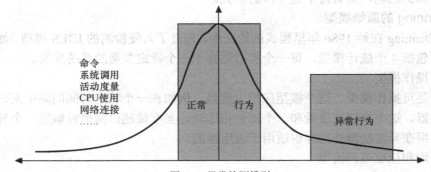

图 4.5 异常检测模型

异常检测依靠一个假定：用户表现为可预测的、一致的系统使用模式。例如，如果用户 A 仅仅在上午 9 点钟到下午 5 点钟之间在办公室使用计算机，则用户 A 在晚上的活动是异常的，就有可能是入侵。异常检测试图用定量方式描述常规的或可接受的行为，以标记非常规的、潜在的入侵行为。Anderson 做了如何通过识别"异常"行为来检测入侵的早期工作报告。Anderson 在报告中提出了一个威胁模型，将威胁分为外部闯入、内部渗透和不当行为三种类型。并使用这种分类方法开发了一个安全监视系统，可以检测用户的异常行为。外部闯入指的是未经授权计算机系统用户的入侵；内部渗透是指已授权的计算机系统用户访问未经授权的数据；不当行为指的是用户虽经授权，但对授权数据和资源的使用不合法或滥用授权。异常入侵检测的主要前提是入侵性活动作为异常活动的子集。考虑这样的情况，如果外部人闯入计算机系统，尽管没有危及用户资源使用的倾向和企图，可是这存在一种入侵的可能性，还是应该将它的行为当作异常处理。但是，入侵活动常常是由单个活动组合起来执行，单个活动却与异常性独立无关。理想的情况是，异常活动集同入侵活动集是一样的。这样，识别所有的异常活动恰恰正是识别了所有的入侵性活动，结果就不会造成错误的判断。可是，入侵性活动并不总是与异常活动相符合。这里存在以下 4 种可能性。

（1）入侵性而非异常。活动具有入侵性却因为不是异常而导致不能检测到，这时就造成漏检，结果就是 IDS 不报告入侵。

（2）非入侵性而却异常。活动不具有入侵性，而因为它是异常的，IDS 报告入侵，这时就造成误报。

（3）非入侵性也非异常。活动不具有入侵性，IDS 没有将活动报告为入侵，这属于正确的判断。

（4）入侵且异常。活动具有入侵性并因为活动是异常的，IDS 将其报告为入侵。

异常检测的基础是异常行为模式系统误用。轮廓定义成度量集，度量衡量用户特定方面的行为，每一个度量与一个阈值相联系。设置异常的阈值不当，往往会造成 IDS 出现许多误报警或漏检，漏检对于重要的安全系统来说是相当危险的，因为 IDS 给安全管理员造成了虚假的系统安全。同时，误报警会增添安全管理员的负担，也会导致 IDS 的异常检测器计算开销增大。

因此，异常检测的完成必须验证，因为没有人知道任何给定的度量集是否足够完备，并能表示所有的异常行为。因此，异常检测能否检测出所有感兴趣的情况，并体现出一种对系统的强壮的保护机制，仍有待于进一步的研究。

1. Denning 的原始模型

Dorty Denning 在她 1986 年里程式的论文中，列出了入侵检测的 IDES 模型。她主张在一个系统中可包括 4 个统计模型。每一个模型适合于一个特定类型的系统度量。

（1）可操作模型

第 1 个是可操作模型。这个模型应用于度量，例如在一个特定时间间隔中密码失败次数的事件记数器。这个模型把度量和一个阈值相比较，当度量超出阈值时触发一个异常。这个模型除了应用在异常检测外同样也适用于误用检测。

（2）平均和标准偏差模型

Denning 的第 2 个检测模型提出典型的数据平均和标准偏差描述。假定所有的分析器知道系统行为度量是平均和标准偏差。一个新的行为观察如果落在信任间隔之外将被定义为异常。信任间隔定义为一些参数的平均值的标准偏差（Denning 假定这种描述应用到事件记数器、间隔计时器和资源度量上。它也提及应给这些参与计算的数据分配权值，最近的数据应被赋予一个较大的权值）。

（3）多变量模型

Denning 检测模型的第 3 个是多变量模型。多变量模型是对平均和标准偏差模型的一个扩展，是基于两个或多个度量来执行的。因此，可以基于这个度量和相关的另一个度量进行异常检测，而并不是严格基于一个度量。所以，这样就可以不用单独基于一次会话的观察长度来检测一个异常，而是基于这次会话长度和使用的 CPU 周期数之间的关系进行检测。

（4）Markov 处理模型

Denning 模型最后一个，也是最复杂的部分是事件记数器。在这个模型中，检测器把审计事件的每个不同类型作为一个状态变量，并且使用一个状态转换矩阵来描述在不同状态间的转换频率。如果一个新观察事件的或然率太低，则被定义为异常。这就允许检测器识别不寻常的命令和事件序列，而不仅是单一事件。

2. 量化分析

最常用的异常检测方法是量化分析，其中，检测规则和属性以数值形式表示。Denning 在她的操作模型中包括这种度量。该技术采用计算形式来进行量化分析，包括简单的加法计算到比较复杂的密码学计算。这些技术的结果是误用检测信号和异常检测统计模型的基础。下面描述几个通常的量化分析并提供一个使用这些技术完成数据精简和入侵检测目标的可操作的系统的例子。

（1）阈值检测

最常见的量化分析形式是阈值检测。在阈值检测中，用户和系统行为根据某种属性计数进行描述，这些计数是有某种许可级别的。一个阈值的典型例子是一个系统允许有限的不成功注册次数。实际上每个早期的入侵检测系统都包含一个检测规则，根据这种度量定义一个入侵。

其他阈值包括一种特定类型的网络连接数、企图访问文件次数、访问文件或目录次数和访问网络系统次数等。在阈值检测中一个固有的假定是在一个特定的时间间隔内进行度量。这个间隔在时间上可以是固定的，例如，阈值在每天的特定时间重置为零。也可以在一个滑动窗口上运行，例如，每过 8 小时进行度量。

（2）启发式阈值检测

启发式阈值检测在简单阈值检测的基础上，进一步使它适合于观察层次。这个处理提高了检测的准确性，尤其当在一个非常宽的用户范围或目标环境中执行检测的时候。例如，可以采用有异常的失败注册次数时才触发一个警告的异常检测规则，而不是在 8 小时期间失败注册数超过 3 次时就触发一个警告的阈值检测规则。"异常"能通过各种公式定义，例如，采用高斯函数，先计算失败注册的平均数，随后将失败注册次数与附加一些标准偏差的平均值进行比较。

（3）基于目标的集成检查

另一个有价值的量化分析度量是基于目标的集成检查。这是对在一个系统客体中一次变化的检查，这个系统客体通常是不应发生不可预测的变化的。对于一个这样的集成检测，最常用的例子是使用一个消息函数计算可疑系统客体的加密校验和。在校验和被计算出来后将其保存在一个安全的地方，系统定期地重新计算校验和，并和储存的参考值进行比较。如果发现了不同，就发出一个警告。

（4）量化分析和数据精简

在早期入侵检测系统中，量化分析最有意义的一个用途是使用量化度量执行数据精简。数据精简是从庞大的事件信息中删除过剩或冗余信息的过程。这减少了系统存储负荷并优化了基于事件信息的处理。

NADIR 系统是一个使用量化方法支持有效数据精简的例子，该系统由 Los Alamos 国家实验室的计算和通信分公司开发。NADIR 使用数据特征轮廓，把用户活动从审计日志转化成量化的度量向量，它们大部分是线性类型或线性类型和顺序数据的结合。特征轮廓在时间（每周的总结）和系统（每个系统用户集合的视图）上集成。精简后的数据易于统计，也易于用专家系统来进行检测。

3. 统计度量

第 1 个成功的异常检测系统的例子是基于统计度量的。这些方法包括曾在前面提到的 IDES、下面的 NIDES 项目，还有 Haystack 系统中使用的方法。

（1）IDES/NIDES

IDES 和 NIDES 由 SRI International 公司的研究者开发，是早期最突出的两个入侵检测研究系统。它们都是混合系统，包含误用和异常检测特性，然而这里主要关注统计分析。

在 IDES 和 NIDES 中应用的统计分析技术支持为每个用户和系统主体建立和维护历史统

计特征轮廓。这些特征轮廓被定期更新，较老的数据被老化以便于特征轮廓适合反映用户行为在时间上的变化。

系统维护一个由特征轮廓组成的统计知识库。每一个特征轮廓根据一个度量集或度量表示每个用户的正常行为。每天一次，基于当天的用户活动，新的审计数据被加进知识库，并通过一个指数退化因子来老化旧向量。

IDES 每次产生一个审计记录，产生一个摘要测试统计结果。这个被称作 IDES 分数的统计结果通过下面公式计算：

$$IS = (S1，S2，S3，\cdots，Sn)C^{-1}（S1，S2，S3，\cdots，Sn）t；$$

在公式中，$(S\cdots)C^{-1}$ 是相关矩阵或向量的逆，$(S\cdots)t$ 是向量的转置。每一个 Sn 度量行为的某一方面，例如，文件访问、使用的终端和使用的 CPU 时间。

（2）Haystack

Haystack 是由美国空军开发的异常检测系统，使用两部分统计异常检测方法。第 1 个度量决定一个用户会话与一个已建立的入侵类型的相似程度。这个度量的计算如下。

① 系统维护一个用户行为度量向量。

② 对每一个入侵类型，系统将每个行为度量同一个权值相关联，反映度量与给定入侵类型的相关性。

③ 对每一个会话，计算用户行为度量向量并与域向量进行比较。

④ 注意超出域设置的这些行为度量。

⑤ 累加超出阈的度量相关的权值。

⑥ 基于对所有以前会话加权入侵分数分布，采用累加和给会话分配一个可疑系数的方法。

第 2 部分，互补统计方法检测用户会话活动与正常用户会话特征轮廓之间的偏差。这个方法查找显著偏离该用户正常历史统计特征轮廓的会话统计结果。

（3）统计分析的力度

统计异常检测分析起初是以伪装成一个合法用户的入侵者为目标。尽管统计分析也可检测采用以前未知脆弱性的入侵者，这种入侵不可能被任何其他方法检测到，但这种说法仍然没有在 IDS 系统的产品使用中得到证实。早期的研究者也假设统计异常检测能揭示有趣的、有时是可疑的，能导致发现安全漏洞的活动。这个说法至少在运行在 Los Alamos 国家实验室的 NADIR 中得到证实，该实验室的开发者曾报告说通过使用 NADIR 获得的一些信息发现了系统和安全处理错误，（还发现了可以改进 Los Alamos 的系统复杂性的一般方法）。统计分析的另一个优点是统计系统不像误用检测系统那样需要经常更新和维护，但它依靠几个因素，必须很好地选择度量，充分精细地区分用户行为，也就是说，用户行为的变化必须在相应的度量上产生一个经常的、显著的变化。如果条件满足，不需要对系统进行附带的更改，统计分析可靠地检测到重要行为的机会将是很大的。

（4）统计分析的不足

当然，统计分析系统也有显著的不足。首先，大部分设计用于执行批模式审计记录处理，没有执行自动响应以防止遭受损害的能力。由于早期系统的设计是从集中的主框架目标平台上监控审计跟踪，所以这种策略在系统提出时不是一个问题。尽管以后的系统企图实现审计数据的实时分析，但涉及使用和维护用户特征轮廓知识库的内存和处理负荷造成系统滞后于审计记录的产生。

第二个不足是影响统计分析描述的事件范围。统计分析的本质排除了考虑事件间顺序关系的能力。在大多数系统中，事件发生的确切顺序没有以一个属性形式提供。（换句话说，这些事件被限制在同一个层次。）由于许多指示攻击的异常依赖于这样的顺序事件关系，这种情况体现了这种方法的严重局限性。

在使用量化方法（Denning 的可操作模型）的情况下，选择合适的阈值和范围值也是困难的。

统计分析系统的错误警报率高，这会导致用户忽视或禁用系统。这些错误警报包括两种类型：类型 1（错误肯定）和类型 2（错误否定）。

4. 非参统计度量

由于早期的统计方法都使用参数方法描述用户和其他系统实体的行为模式，所以它们是相似的。参数方法是指分析方法假定了被分析数据的基本分布。例如，在 IDES MIDAS 的早期版本，用户使用模式的分布假定为高斯分布或正态分布。

当假定不正确时，通过这些假定研究的问题错误率高。当研究者开始搜集系统使用模式，包括诸如系统资源使用等属性的信息时，发现分布不是正常的，包括这些度量导致较高的错误率。

Tulane 大学提出一种克服这些问题的方法，就是使用非参技术来执行异常检测。使用该方法，系统可以容纳可预测性比较低的用户行为，并且可以引入那些在参数分析中无法引入的系统属性。

这种方法涉及非参数据区分技术，尤其是群集分析。在群集分析中，收集了大量的历史数据（一个样本集）并根据一些评估标准（也称为特性）组织成群。执行预处理后，与一特定事件流（经常映射成一具体用户）相关的特性被转化成向量表示（例如，$Xi=[f1, f2, \cdots, fn]$ 表示一个 n 维状态）。群集算法用来把向量分组成行为类，试图使每个类的成员尽可能紧密，而不同类的成员尽可能分离。

非参统计异常检测的前提是根据用户特性把表示的用户活动数据分成两个明显区别的群：一个指示异常活动，另一个指示正常活动。

各种群集算法均可采用。这些算法包括利用简单距离度量一个客体是否属于一个群，以及比较复杂的概念式度量，即根据一个条件集合对客体记分，并用这个分数来决定它是否属于某一个特定群。不同的群集算法通常服务于不同的数据集和分析目标。

Tulane 的研究者发现用资源利用值作为评估标准，达到这个目标最好的群集算法是 k 最临近算法。该算法用每个向量最邻近的 k 来分组每个向量。k 在样本集中是一个向量数的函数，而不是一个固定值。

使用该分析技术的实验结果显示哪种方式构成的群可以可靠地对相似系统操作分组，例如，编译或编辑文件。并且也能根据用户分组活动模式。

非参方法的优点还包括进行可靠精简事件数据的能力。文档中记录的精简效果有两个以上数量级的改进。其他优点是与参数统计分析相比，检测速度和准确性上的提高。缺点是涉及超出资源范围的扩展特性将会降低分析的效率和准确性。

5. 基于规则的方法

另一个异常检测的变体是基于规则的异常检测。这个方法的潜在假定与统计异常检测相关的假定是一样的。主要不同是基于规则的异常检测系统使用规则集来表示和存储使用模式。在本节包括两个这样的方法：Wisdom 方法和基于时间的引导机（TIM）。

（1）Wisdom and Sense

第一个基于规则的异常检测系统是由 Los Alamos 国家实验室和 Oak Ridge 国家实验室的研究者开发的 Wisdom and Sense（W&S）系统。W&S 能在多种系统平台上运行并能在操作系统和应用级描述活动。它提出两种移植规则库的方法：手工输入它们（反映一个策略陈述）和从历史审计记录中产生它们。规则是通过执行一个种类检查从历史审计记录中派生出来的，解释根据这些规则找到的模式。规则反映了系统主体和客体过去的行为保存在一个树结构中。在审计记录中具体的数据值被分组成线程类，通过线程类关联上操作或规则集合。

一个线程类的例子是"所有记录包含同样的用户文件字段值"。每当一个线程相关的活动发生时，在线程中规则就对数据起作用。当转换处理发生时，它们与匹配线程事件进行比较，决定事件是否匹配活动历史模式或代表一个异常，异常现象就是通过这种方式检测出来的。

（2）TIM

Teng、Chen 和 Lu 在数字设备公司工作时提出了 TIM 系统。TIM 使用一个引导方法动态产生定义入侵的规则。TIM 和其他异常检测系统不同的是，TIM 在事件顺序中查找模式，而不是在单个事件中查找模式。正如 Denning 在她的启蒙入侵检测著作中建议的一样，TIM 有效地实现了马尔可夫转换或然率模型。

TIM 观察历史事件记录顺序，描述事件特定顺序发生的或然率。其他异常检测系统度量单个事件发生是否体现了与正常活动模式的偏差。TIM 集中针对事件发生的顺序，检查一个事件链是否与基于历史事件顺序观察所预期的情况相一致。

例如，设想事件 E1、E2 和 E3 顺序地列在审计跟踪中。TIM 基于它在过去观察的历史顺序描述发生 E1 随后发生 E2，然后发生 E3 的或然率。当 TIM 分析历史事件数据时自动产生关于事件的顺序规则，然后在一个规则库中保存这些规则。由于 TIM 对事件顺序进行分组，规则库需要的空间比基于定位单个事件的系统（例如 W&S）需要的空间显著地减少。

如果一个事件顺序匹配了规则头，而下一个事件不在规则实体的预测事件集中，则被认为是异常的。系统通过从规则库中删除预测性很少的规则来提炼它的分析（如果规则 1 比规则 2 成功预测更多事件，那么规则 1 就比规则 2 更具有预测性）。

在与统计度量比较时，TIM 的优点是显著的。这种方法非常适合非用户对用户模式的环境，并且在这种环境下，每个用户在时间上表现出一致的行为。一个大公司可能会有这种环境，不同的用户负责记账、管理和编程，不同的职责很少交叉运作。这种方法也很适合威胁是与一些事件相关而不是与系统事件实现完全相关的环境。最后，这种方法没有与行为渐变相关的问题。行为渐变是一个与异常相关的失败策略，攻击者随着时间流逝逐渐改变其行为模式，直到训练系统把入侵行为作为正常行为接受。对行为渐变攻击的抵制是由于把语义体现到了检测规则中。

与其他方法相比，TIM 方法也有缺点。它遇到所有与基于学习方法相关的问题。在这方面，方法效率依赖于训练数据的质量。在基于学习的系统中，训练数据必须反映系统用户的正常活动。进一步来说，这种方法产生的规则不可能复杂到足够去反映所有可能的正常用户行为模式。尤其在系统运作的初期，这种弱点产生大量的错误。错误率高是由于如果一个事件不能匹配任何规则头，也就是说，系统不能在训练数据集中遇到该事件类型时，事件总是触发一个异常。

这个方法是 DEC 公司 Polycenter 入侵检测产品的基础，也是此后许多异常检测研究的基础。

6. 神经网络

神经网络使用可适应学习技术来描述异常行为。这种非参分析技术运作在历史训练数据集上。历史训练数据集假定是不包含任何指示入侵或其他不希望的用户行为。

神经网络由许多称为单元的简单处理元素组成。这些单元通过使用加权的连接相互作用。一个神经网络知识根据单元和它们权值间连接编码成网络结构。实际的学习过程是通过改变权值和加入或移去连接进行的。

神经网络处理涉及两个阶段。在第 1 阶段，一个代表用户行为的历史或其他样本数据集被移入网络。在第 2 阶段，网络接收事件数据并与历史行为参数比较，决定相似之处和不同之处。

网络通过改变单元状态来改变连接权值，通过加入或移去一个连接来指示一个事件异常。通过逐步修正，网络也更改它的关于构成一个正常事件的内容的定义。

神经网络方法需要通过大量假定来进行异常检测：由于它们不使用一个固定特性集来定义用户行为，特性选择是不相关的。神经网络在度量的预期统计分布没有作提前假定，因此这种方法与其他非参技术相关的典型统计分析相比保留了一些优点。

在使用神经网络进行入侵检测相关问题中，有一种形成不稳定配置的趋势。在这种配置中，网络由于非明显原因学习某些东西失败。无论怎样，使用神经网络进行入侵检测的主要不足是神经网络不能为它们找到的任何异常提供任何解释。这种情况妨碍了用户获得说明性资料或寻求入侵安全问题根源的能力。这使它很难满足安全管理的需要。尽管一些研究者已提出复合方法来解决这些问题，但发表的数据仍然没有说明神经网络方法的可行性。

4.5.3 其他检测方法

还有一些入侵检测方法既不是误用检测也不属异常检测的范围。这些方法可应用于上述两类检测。它们可以驱动或精练这两种检测形式的先行活动，或以不同于传统的观点影响检测策略方式。

1. 免疫系统方法

在一个创新的、有前途的研究项目中，New Mexico 大学的研究者对计算机安全有一个新的看法。研究者提出的问题是"一个人如何用保护自己的方式装配计算机系统？"在回答这个问题时，它们注意到在生理免疫系统和系统保护机制之间有显著的相似性。

上述两个系统运行正常的关键是执行"自我/非我"决定的能力，也就是说，一个组织的免疫系统决定哪种东西是无害实体，哪种是病菌和其他有害因素。由于免疫系统通过使用氨酸、短蛋白质片段做出判断，研究者决定集中在一些认为与氨酸相似的计算机属性上。

假设 UNIX 系统调用序列能满足这些要求。在决定把系统调用作为一个主要的信息源时，研究者考虑了数据的大量目标，包括数据量、可靠检测误用能力和以一种适合高级模式匹配技术编码的适合度。它们决定集中在短顺序的系统调用上，进一步忽略传递给调用的参数，而仅看它们的临时顺序。

系统首先被用来进行异常检测。系统按两个阶段对入侵检测分析处理，第 1 阶段建立一个形成正常行为特征轮廓的知识库。因为这里描述的行为不是以用户为中心的，而是以系统处理为中心的，因此这个特征轮廓与本章讨论的其他特征轮廓有一点不同。与这个特征轮廓的偏差被定义为异常。在检测系统的第 2 阶段，特征轮廓用于监控随后的异常系统行为。

源于调用特权程序的系统调用顺序随着时间的推移被收集。系统特征轮廓由长度为 10 的序列组成。使用 3 个度量描述正常行为的偏离。由于 3 个度量允许跨越几种历史上有问题的 UNIX 程序进行多种异常行为的检测，因此它是很有前景的。研究也显示执行顺序集是十分紧凑的。

随后的研究是对几种描述正常行为的不同方法进行比较。当研究监控更复杂的系统时，是否有更有力的数据模型方法，以显著改进这个方法的性能。有些令人意外的是，甚至有力的数据模型技术（例如，隐 Markov 模型，尽管计算量很大，但是十分可靠），也不能给出比基于时间的较简单的顺序模型明显好的效果。

尽管自我/非我技术出现并成为一个十分有力和有希望的方法，但它不是一个对入侵检测问题彻底的解决办法。一些攻击包括伪装和策略违背，不涉及特权处理的使用，使用这种方法不易检测出这些攻击。

2. 遗传算法

另一个比较复杂的执行异常检测的方法是使用遗传算法执行事件数据分析。

一个遗传算法是一类被称为进化算法的一个实例。进化算法吸收达尔文自然选择法则（适者生存）来解决问题。遗传算法用允许染色体的结合或突变以形成新个体的方法来使用已编码表格（也称为染色体）。这些算法在多维优化问题处理方面的能力已经得到认可。在多维最优化问题中，染色体由优化的变量编码值组成。

在研究入侵检测的遗传算法的研究者眼中，入侵检测处理包括为事件数据定义假设向量，向量指示一次入侵或指示不是一次入侵。然后测试假设是否是正确的，并基于测试结果尽力设计一个改进的假设。重复这个处理直至找到一个解决方法为止。

在这个处理中遗传算法的角色是设计改进的假设。遗传算法分析涉及两步。第 1 步包括用一个位串对问题的解决办法进行编码。第 2 步是与一些进化标准比较，找一个最合适的函数测试群体中的每个个体，例如，所有可能的问题解决办法。

在由 Supelec 和法国工程大学开发的 GASSATA 系统中，遗传算法使用一个假设向量集，n 维（n 是潜在的已知攻击数）的 H（每个重要事件流对应一个向量）被应用到区分系统事件问题上。如果 Hi 代表一次攻击则定义为 1，否则为 0。

最适合的函数有两部分。首先，一个特定攻击对系统的危险性乘以假设向量值。然后由一个二次消耗函数对结果调整，删除不实际的假设。处理的目标是优化分析的结果以至于一个已检测攻击是真实的（或然率接近于 1）和一个已检测攻击是错误的（或然率接近于 0）。

遗传算法对异常检测的实验结果是令人满意的。在实验操作中，正确肯定的平均或然率（现实攻击的准确检测）是 0.996，错误肯定的平均或然率（没有攻击的检测）是 0.0044。所需的构造过滤器的时间也是令人满意的。对于一个 200 次攻击的样本集，一般用户持续使用系统超过 30 分钟才能生成的审计记录，该系统只需 10 分 25 秒即可完成。

下面是用这种方法进行误用检测的不足。

（1）系统不能考虑由事件缺席描述的攻击（例如，"程序员不使用 cc 作为编译器"规则）。

（2）由于个别事件流用二进制表达形式，系统不能检测多个同时攻击。

（3）如果几个攻击有相同的事件或组事件，并且攻击者使用这个共性进行多个同时攻击，系统不能找到一个优化的假设向量。

（4）系统不能在审计跟踪中精确地定位攻击。因此，不会有临时性出现在检测器的结果中。

3. 基于代理的检测

基于代理的入侵检测方法就是基于在一个主机上执行某种安全监控功能的软件实体。它们自动运行，也就是说，它们仅由操作系统而不是其他进程控制。基于代理的方法连续运作，并且除了与其他相似的结构代理交流和协作外，还从经历中学习。

基于代理的检测方法是非常有力的。根据开发者的最初想法，一个代理可以是很简单的，例如，记录在一个特定时间间隔内一个特定命令触发的次数，也可以是很复杂的，例如，在一个特定环境中寻找一系列攻击的证据。

代理的能力范围允许基于代理的入侵检测系统提供一种异常检测和误用检测的混合能力。例如，一个代理可以设计成使它的检测能力适应本地环境变化。它也能在一个很长时间内监控非常不确定的模式，因此能检测缓慢攻击。最后，一个代理能对一个检测到的问题制订非常精细的响应，例如，改变一个进程的优先级，有效地使它慢下来。

（1）入侵检测的自动代理

一个基于代理的入侵检测系统原型是入侵检测的自动代理（AAFID），由 Purdue 大学的开发者研制。本节以它作为基于代理解决方法讨论的基础。

基于代理的入侵检测系统体系要求代理实现一个分层顺序控制和报告结构。一个主机上能驻留任意数量的代理。在一个特定主机上的所有代理向一个单独的入侵检测的自动代理报告它们的发现。收发器也对代理报告的信息进行数据精简并向一个或多个监控器、下一级分层报告结果。

可以是多层分层结构的监控器控制和合并来自多个接收器的信息。由于 AAFID 的体系结构允许冗余接收器汇报信息，一个监控器的失效不会危及入侵检测系统的操作。监控器有能力从整个网络访问数据，然后可以进行来自接收器结果的整合。这个特点使系统能检测多主机攻击。通过一个用户接口，系统用户输入命令控制监控器。反过来，它们基于这些用户命令控制接收器。

AAFID 和其他基于代理的方法相比优点如下。

● 它比其他入侵检测系统对插入和逃避攻击更具有抵御力。

● 需要时，体系结构提供加入新组件或替换旧组件的能力，更容易缩放。

● 在部署代理之前，能独立于整个系统进行测试。

● 因为代理能互相通信，因此能成组部署，每个代理执行不同的简单功能，但却为一个复杂结果服务。

下面是与 AAFID 体系相关的不足。

● 监控器是单独失效点。如果一个监控器停止工作，它控制的所有接收器停止产生有用信息。存在可能的解决策略，但它们仍然没有被测试。

● 如果备份监控器用于解决第一个问题，处理信息一致性和备份是很困难的。这种情形要求附加机制。

● 缺少允许不同用户对入侵检测采用不同访问模式的访问控制机制。这个显著缺陷存在于每一级体系中。

● 由于攻击者证据到达监控器有传播时间，这会导致发生问题。这个问题是所有分布入侵检测系统共有的。

● 与入侵检测其他部分一样，在设计入侵检测系统用户接口时需要更多的洞察力。这种洞察力涉及从演示方案到方针结构和具体方案。

（2）EMERLD

使用分布代理方法进行入侵检测的第 2 个体系是 EMERLD 系统，是由 SRI International 公司研究并开发出的原型系统。EMERLD 在一个框架中包括大量本地监控器，这个框架向一个全局检测器数组支持分布的本地结果，反过来，全局检测器数组确认警报和警告。

像 SRI International 公司以前的入侵检测系统 IDES 和 NIDES 一样，EMERLD 也是一个复合入侵检测器，使用特征分析和统计特征轮廓来检测安全问题。

值得注意的是由于 EMERLD 把分析语义从分析和响应逻辑中分离出来，因此在整个网络上更容易集成。EMERLD 也具有在不同抽象层进行分析的重要能力。进一步来说这种设计支持现代入侵检测系统中的另一个重要议题——协作性。

EMERLD 的中心组件是 EMERLD 服务监控器，它在形式和功能上和 AAFID 自动代理相似。服务监控器可编程执行任何功能并且可以部署在主机上。为支持分层数据精简，服务监控器进行分层，执行一些本地分析并向高级监控器报告结果和附加信息。这个系统也支持大范围的自动响应，对负责大规模网络的用户来说是非常重要的。

由于 EMERLD 是建立在 IDES 和 NIDES 之上的，因此，在保护大的分布式网络方面，它拥有美好的前景。

4. 数据挖掘

与一些基于规则的异常检测相似的方法是使用数据挖掘技术建立入侵检测模型。这个方法的目的是发现能用于描述程序和用户行为的系统特性一致使用模式。接下来，系统特性集由引导方法处理形成识别异常和误用的分类器，即检测引擎。

数据挖掘指从大量实体数据中抽出模型的处理。这些模型经常在数据中发现对其他检测方式不是很明显的事实。尽管有许多方法可用于数据挖掘，挖掘审计数据最有用的 3 种方法是：分类、关联分析和序列模式分析。

（1）分类给几个预定义种类中的一个种类赋一个数据条目。分类算法输出分类器，例如，判定树或规则。在入侵检测中，一个优化的分类器可靠地识别落入正常或异常种类的审计数据。

（2）关联分析识别数据实体中字段间的自相关和互相关。在入侵检测中，一个优化的关联分析算法识别最能揭示入侵的系统特性集。

（3）序列模式分析使序列模式模型化。这些模型能揭示哪些审计事件典型地发生在一起并且拥有扩展入侵检测模型，包括临时统计度量的密钥。这些度量能提供识别拒绝服务攻击的能力。

研究者已开发出标准数据挖掘算法扩展来适应一些审计和其他系统事件日志的特殊需求。使用现场数据实验初始结果是很有效的。

4.6　告警与响应

在完成系统安全状况分析并确定系统所存在的问题之后，就要让人们知道这些问题的存在，在某些情况下，还要另外采取行动。在入侵检测处理过程模型中，这个阶段称之为响应期。理想的情况下，系统的这一部分应该具有丰富的响应功能特性，并且这些响应特性在针对安全管理小组中的每一位成员进行裁剪后，能够为它们都提供服务。

本节将阐述入侵检测系统能够处理在分析阶段产生的分析结果的各种方法，并且概要描述对所检测出的问题做出响应的一些选择模式。这些选择模式包括被动响应和主动响应。被动响应就是系统仅仅简单地记录和报告所检测出的问题，而主动响应则是系统要为阻塞或影响进程而采取行动。

4.6.1　对响应的需求

在设计入侵检测系统的响应特性时，需要考虑各方面的因素。响应要设计得符合通用的安全管理或事件处理标准，或者要能够反映本地管理的关注点和策略。在为商业化产品设计响应特性时，应该给最终用户提供这样一种功能，即用户能够剪裁定制响应机制，以使其符合特定的需求环境。

在入侵检测系统研究和设计的早期，绝大多数设计人员把重点放在系统的监视和分析部分，而将响应部件留给用户自己去设计并嵌入。虽然对于在响应部件中什么是用户真正需要的问题有过大量的讨论，但没有人对可能要装载和使用入侵检测系统的操作环境是什么模式有一个非常清楚的认识。

一个很重要的问题就是术语"用户"的含义，也就是说，究竟谁是一个入侵检测系统的标准用户。

根据实际情况，可以把入侵检测系统的用户分成 3 类。第 1 类用户是网络安全专家或管理员。安全专家有时候仅是作为系统管理小组的咨询顾问。因为这些安全专家要与各种商业性的入侵检测系统打交道，它们非常熟悉各种入侵检测工具。然而这些安全专家并不总是熟悉它们正在监视测试的网络系统。

第 2 类用户是系统管理员，它们使用入侵检测系统来监控和保护它们所管理的系统。在某些情形下，它们是入侵检测系统的强有力的用户，因为它们对检测工具和保护的网络环境都有很好的技术性理解。系统管理员也是对入侵检测系统要求最高的用户，有时候它们所需求的特性很少被其他的产品用户所使用。

第 3 类用户是安全调查员，它们是系统审计小组或法律执行部门的成员，它们使用入侵检测产品来监视系统运行是否符合法规或者协助某一项调查。这些用户可能不具备理解入侵检测工具或正在运行的系统的技术理论基础。然而，它们对调查一个问题的过程非常熟悉，并且能够给入侵检测系统设计者们提供重要的知识来源。

在这里，分别相应地称这 3 类用户为：安全管理员、系统管理员和调查员，而术语"用户"一词则涉及所有这 3 类人员。

用户依靠入侵检测系统来对海量的系统事件记录数据进行复杂而准确的分析。最终，它们希望系统可靠而精确地运行，并且在相应的时刻直接将分析的结果以易于理解的术语形式传送给最需要它的有关人员。虽然对用户的需求可能要作各种各样的考虑，但系统目标总是一致的。

1. 操作环境

在设计一种响应机制时，首先要考虑入侵检测系统运行环境的特性，对于有很多控制台并直接连接于网络运行中心的入侵检测系统，其报警和通知要求很可能与安装在基于家庭办工的桌面系统的入侵检测系统有很大的不同。

作为通知的一部分，入侵检测系统所提供的信息形式也依赖其运行环境。网络运行中心的职员可能比较喜欢能提供底层网络流量详细资料（如分片包的内容）的产品。而一个安全管理员可能认为入侵检测系统能在适当的时刻给适当的人员提供一个告警信息就足够了，其他信息不会有什么价值。

当一个人要负责监视多个入侵检测系统时，非常适合安装声响告警器。而这种告警模式对于从单一控制台来管理一个复杂网络的多个操作而言就是一件很麻烦的事情。

对于全天候守在系统控制台前的操作员，安装可视化告警和行动图表会更有价值。当监视其他安全设施的部件在管理区域不可见时，这种可视化告警和行动图表也特别有帮助。

2. 系统目标和优先权

推动响应需求的另一个因素是所监控的系统功能。对为用户提供关键数据和业务的系统，需要部分地提供主动响应机制，对被确认为攻击源的用户能终止其网络连接。例如高流量、高交易收入的电子商务网站的 Web 服务器。在这类情形下，一次成功的拒绝服务攻击会造成灾难性影响。总的来说，始终保持系统服务的可用性所产生的价值远远超过在入侵检测系统中提供主动响应机制所造成的额外费用。

3. 规则或法令的需求

产生特殊响应性能的另一些因素可能是入侵检测方面的规章或法令的需求。在某些军事计算环境里，入侵检测系统需要这样一些性能，即能使某些类型的处理过程发生。例如，只有当入侵检测系统处在工作状态时，一个系统才被授权处理一定水平的敏感性的分类信息。在这些环境里，规则控制着入侵检测系统的操作，事件报告需求控制着入侵检测系统运行结果的表达格式和传送时间的安排。如果入侵检测系统不再运行，则规则规定指定秘密级别的信息不能在系统上运行。

在在线股票交易环境中，安全和交易代理要求交易系统在交易期间对客户是可接入的，任何接入的拒绝将使站点遭受罚款或赔偿。这种情形既要有自动响应机制使其能阻塞攻击，使正常客户服务工作良好；又要能对检测出的问题做出简要的解释说明，进而使灾难后恢复工作尽可能快地完成。

4. 给用户传授专业技术

入侵检测产品往往忽略的一种需求是随同检测响应或作为检测响应的一部分为用户提供指导。也就是说，无论何时，只要可能，系统就应该将检测结果连同解释说明和建议一起呈现给用户，以使用户采取适当的行动。正是在这方面，入侵检测产品之间具有巨大差异。一套设计良好的响应机制能构筑好信息和解释说明，指导用户进行一系列的决策，采用合适的命令，最终引导用户正确地解决问题。

这种响应机制也允许针对具有不同专业技术水平的用户对检测结果的表现形式进行剪裁。在对用户的分类描述时也应提到注释，不同的入侵检测系统用户具有不同的信息需求。

系统管理员可能能明白网络服务请求序列或原始数据包的含义，安全专家也许能理解"端口扫描"与"邮件发送缓冲区溢出"两者之间的区别。调查员可能需要这样一种功能：能追踪一个特别用户所操作的命令序列，以及这些操作给系统带来的影响。

入侵检测系统开发者应该能使其产品适应各种不同用户的能力和专业技术水平。在这样一个快速成长的市场里，专家型的用户可能会越来越少。

4.6.2　响应的类型

入侵检测系统的响应可分为主动响应和被动响应两种类型。在主动响应里，入侵检测系统应能阻塞或影响攻击进而改变攻击的进程。在被动响应里，入侵检测系统仅仅简单地报告和记录所检测出的问题。

主动响应和被动响应并不是相互排斥的。不管使用哪一种响应机制，作为任务的一个重要部分，入侵检测系统应该总能以日志的形式记录下检测结果。

在网络站点安全处理措施中，入侵检测的一个关键部分就是确定使用哪一种入侵检测响应方式以及根据响应结果来决定应该采取哪一种行动。

1．主动响应

主动响应注重检测到入侵后立即采取行动。对于主动响应，有多种选择方案，这些方案的绝大多数可归于下列范畴之一。

- 对入侵者采取反击行动。
- 修正系统环境。
- 收集尽可能多的信息。

虽然对入侵者采取反击行动在一些团体里特别流行，但它不是唯一的主动响应。进一步来讲，由于它还涉及重要法规和现实问题，所以这种响应也不应该成为用户最常用的主动响应。

（1）对入侵者采取反击行动

主动响应的第一种方案是对入侵者采取反击行动。许多信息仓库管理小组的成员都认为这种方案最主要的方式是：追踪入侵者的攻击来源，然后采取行动切断入侵者的机器或网络的连接。那些长期受到安全困惑的安全管理员往往会面对很多黑客的拒绝服务式攻击，这种方法对它们也是很有吸引力的。

但是，这个方案本身也会引出一个很大的安全纰漏。对攻击者的反击带来的危险性包括如下几个方面。

- 根据网络黑客最常用的攻击方法，被确认为攻击你的系统的源头系统很可能是黑客的另一个牺牲品。黑客先成功地黑掉一个系统，然后使用它作为攻击另一个系统的平台，这种网络接力是普通的做法。如果你瞄准这个攻击源头系统，那么很可能在反击一个无辜的同伴。
- 即使攻击者确实来自一个其合法控制的系统，但攻击源的 IP 地址欺骗也是常有的事。所以，看起来在攻击你的系统的源头 IP 地址实际上可能是从另一个无辜牺牲者"借"来的。
- 有时候，简单的反击会惹起对手更大的攻击。攻击开始时可能只是对你的系统进行常规的监视或扫描，有可能发展成为全范围的敌意攻击，使你的系统资源的可用性处于危险之中。
- 在许多情况下，反击会使你自己冒违法犯罪的风险，如果你的行为攻击了一个无辜的一方，该方可能要控告你，并要求赔偿其损失。更进一步，你的反击本身可能违反了计算机法令法规，因此可能要吃官司。最后，如果你在政府部门或军事组织工作，你可能在违反策略，并且会受到纪律处分或被解雇。执法部门的官员们建议，碰到此类事情，要与权威部门联系，以求得它们的帮助，来对付和处理攻击者。

对入侵者采取反击行动也可以以温和的方式进行。例如，入侵检测系统可以简单地通过重新安排 TCP 连接来终止双方网络会话。系统也可以设置防火墙或路由器阻塞来自看起来像是入侵来源的 IP 地址的数据包。

另一种响应方式是自动地向入侵者可能来自的系统的管理员发 E-mail，并且请求协助确认入侵者和处理相关问题。当黑客通过拨号连接进入系统时，这种响应方式还能产生多种用途。随着整个通信基础设施中跟踪能力的不断增强，该响应可以使用电话系统的特性（例如呼叫者标识或陷阱和跟踪）来协助建立入侵者的档案。

一般来说，主动采取反击行动有两种形式：一种是由用户驱动的，一种是由系统本身自动执行的。

① 基于用户驱动的响应

许多主动响应性能源自超级安全管理者手忙脚乱地执行响应的时候。虽然响应中的系统能实时地自动处理攻击，但并不意味着这是一种可取的方式。

例如，假设攻击者发现你的系统对拒绝服务式攻击的自动响应是避开表面的攻击源，即终止目前的连接并拒绝以后该源 IP 地址的 TCP 连接，但是这样的话，攻击者可以使用 IP 地址欺骗工具来对你的系统进行拒绝服务式攻击，攻击好像来自你一些最重要的客户，从而导致那些客户被拒绝访问你的关键资源。更糟糕的是，严格地来讲是你的入侵检测系统使系统拒绝服务。

② 自动执行响应

另一方面，由于攻击进行的速度很快，因此使一些基本的主动响应自动执行是很有必要的。绝大多数来自 Internet 的攻击一般使用攻击软件和脚本。这些攻击以阻止手工干预的步调来进行。入侵检测的设计者们应该考虑单独一个主动响应能否用手工处理。如果干预必须自动进行，应该采取衡量措施以使主动响应机制对付攻击带来的风险最小。

（2）修正系统环境

主动响应的第二种方案是修正系统环境。虽然这种响应没有其他方法来得直接，但它经常是最佳的响应方案，特别是与提供调查支持的响应结合在一起的时候。修正系统环境以堵住导致入侵发生的漏洞的概念与许多研究者所提出的关键系统耦合的观点是相一致的。例如，"自愈"系统，它装备着类似于人体免疫系统的防卫设备，该设备能识别出问题所在，能隔离产生问题的因素，并对处理该问题产生一个适当的响应。

在一些入侵检测系统中，这类响应也许通过增加敏感水平来改变分析引擎的操作特征。它也能通过规则提高对某些攻击的怀疑水平或增加监视范围，以比通常更好的采样间隔收集信息。这种策略类似于实时过程控制系统反馈机制，即目前系统处理过程的输出将用来调整和优化下一个处理过程。

（3）收集额外信息

主动响应的第三种方案是收集额外信息。当被保护的系统非常重要并且系统的主人想进行法则矫正时，这种方案特别有用。有时候，这种日志响应是和一个特殊的服务器相结合配套使用的，该服务器用来营造环境使入侵者能被转向。这种服务器有许多称呼，最常用的是"蜜罐（Honey Pots）"、"诱饵（Decoys）"和"玻璃鱼缸（Fishbowls）"。这些服务器装备着文件系统和其他带有欺骗性的系统属性，这些属性就是被设计用来模拟关键系统的外在表象和内容。

1992 年，Bill Cheswick 第一次探索"诱饵"服务器的具体步骤，一个攻击 Cheswick 系统的荷兰黑客就是被重定向进入该服务器的。Cliff Stoll 在他的经典著作里报道过"诱饵"服务器的使用情况。

"诱饵"服务器对那些正收集关于入侵者的威胁信息或收集对入侵者采取法律行动的证据的安全管理者来说是很有价值的。使用"诱饵"服务器使入侵的受害者在实际系统的内容没有毁坏或暴露风险的情况下可以确定入侵者的意图、记录下入侵者入侵行为的额外信息。这些信息也能用来构造用户检测信号。

以这种方式收集的信息对那些从事网络安全威胁趋势分析的人来说也是有价值的。这种信息对那些必须在有敌意威胁的环境里运行或易遭受大量攻击的系统特别重要。

2. 被动响应

被动响应就是那些只向用户提供信息而依靠用户去采取下一步行动的响应。在早期的入侵检测系统里，所有的响应都是被动的。然而，被动响应是很重要的，在一些情形下是系统唯一的响应形式。这里根据对危险程度的大小顺序列出各种被动响应，在告警机制和问题报告之间危险程度是完全不一样的。

（1）告警和通知

绝大多数入侵检测系统提供多种形式的告警生成方式以供选择。这种弹性允许用户裁剪告警以适合本组织的系统操作程序规范。

● 告警显示屏

入侵检测系统提供的最常用的告警和通知方式是屏幕告警或窗口告警消息出现在入侵检测系统控制台上，或出现在入侵检测系统安装时由用户配置的其他系统上。在告警消息方面，不同的系统提供的信息详实程度不同，范围从一个简单的"一个入侵已经发生"到列出此问题的表面源头、攻击的目标、入侵的本质以及攻击是否成功等广泛性记录。在一些系统里告警消息的内容也可以由用户定制。

● 告警和警报的远程通知

按时钟协调运行多系统的组织使用另一种告警、警报形式。在这些情形下，入侵检测系统能通过拨号寻呼或移动电话向系统管理员和安全工作人员发出告警和警报消息。E-mail 消息是另一种通知手段，虽然这种方法在攻击连续不断或持久的情况下是不主张使用的，因为攻击者可能会读取 E-mail 消息，更糟糕的是，它们可能会阻塞 E-mail 消息。在一些情形下，通知选项允许用户给相应单位配置附加信息或告警编码。

（2）SNMP Trap 和插件

一些入侵检测系统被设计成与网络管理工具一起使用。这些系统能使用网络管理基础设施来传送告警，并可在网络管理控制台显示告警和警报信息。一些产品就依附简单网络管理协议（SNMP）的消息或 SNMP Trap 作为一个告警选项。

在一些商业化产品里目前还提供有这个选项，但许多人相信入侵检测系统和网络管理系统能够更多更彻底地集成在一起。许多好处与这种集成相关，包括使用常用通信信道的能力，以及在考虑网络环境时对安全问题提供主动响应的能力。更进一步，SNMP Trap 允许用户将响应一个检测问题相关的处理负荷转移到接收该 Trap 并对其采取行动的系统中去运行。

4.6.3　按策略配置响应

一个成功的安全管理计划要有效地将策略和支持结合在一起。为优化入侵检测系统的使用，应该把组织的安全策略和程序考虑进去。着手此项工作的一种方法是提供详细清单说明哪一种行动对应着哪一种被检测出的入侵或安全破坏。这些行动按其响应发生时间和紧急程度顺序分为下列 4 类：立即行动、适时行动、本地的长期行动和全局的长期行动。

1．立即行动

立即行动要求系统管理员立即跟踪一个入侵或攻击。这些行动包括如下 4 个方面。

（1）初始化事件处理进程。

（2）执行损失控制和侵入围堵。

（3）通知执法部门或其他组织。

（4）恢复受害系统服务。

关于立即行动的响应时间跨度可能取决于本地的策略，并且能够随着攻击的激烈程度进一步改进。

2．适时行动

适时行动要求系统安全管理员跟踪检测到的攻击或安全破坏。距离问题出现时刻的时间范围可以从几个小时到几天，并且这些行动通常紧随于立即行动之后。应该适时发生的行动包括如下 7 个方面。

（1）人工调查非常规的系统使用模式。

（2）调查和隔离检测到的问题的根源。

（3）若有可能，通过向开发商申请补丁或重新配置系统来改正或纠正这些问题。

（4）向适当的权威组织报告事故的详细细节。

（5）在入侵检测系统中改变或修正检测信号。

（6）通过法律手段对付入侵者。

（7）处理与攻击相关的公共问题，并且把此事通知股东、规则制订者和其他有合法报告需求的人员。

3．本地的长期行动

本地的长期行动涉及的问题虽然没有立即行动和适时行动那么紧急，但对安全管理过程来说一直是很重要的系统管理行动。这些行动的影响对本组织来讲是局部的或本地的。这些行动可能会作为规则调整的一部分。

这类行动包括如下两个方面。

（1）编制统计报表并进行趋势分析。

（2）追踪发生过的入侵模式。

应该对这些入侵和安全破坏的模式进行评估以确定它们需要修改或改进的程度。例如，许多以已经被修改过的脆弱性为目标的攻击可能会导致的安全策略需求是：系统软件应该定期修补。许多的错误告警可能表明需要重新评估入侵检测系统的检测信号或配置，或者寻找另一个可替代的入侵检测产品。最后，由于用户的错误而导致的大量问题则表明需要对用户进行额外的培训。

4. 全局的长期行动

全局的长期行动涉及那些对整个社会的安全状态虽不关键但也很重要的系统管理行动。这些行动的影响不仅仅局限于本组织。这些行动很可能要由一个组织或社团协调一致地指导进行。

这类行动包括如下 3 个方面。

（1）要让商家知道由于它们产品中的安全问题而使本组织遭受该问题的困扰。

（2）与立法者和政府部门沟通使之对系统安全威胁进行附加的法律修补。

（3）向执行部门或其他维护统计资料的组织报告关于安全事故的统计报表。

许多系统安全中的关键问题不可能在本地或局部就能简单地解决，而要靠全社会的行动和努力才能较好地解决这些问题。

4.6.4 联动响应机制

入侵检测的主要作用是通过检查主机日志或网络传输内容，发现潜在的网络攻击，但一般的入侵检测系统只能做简单的响应，如通过发 RST 包终止可疑的 TCP 连接。而对于大量的非法访问，如 DoS 类攻击，仅仅采用入侵检测系统本身去响应是远远不够的。因此，在响应机制中，需要发挥各种不同网络安全技术的特点，从而取得更好的网络安全防范效果。于是，入侵检测系统的联动响应机制应用而生。

目前，可以与入侵检测系统联动进行响应的安全技术包括防火墙、安全扫描器、防病毒系统、安全加密系统等。但其中最主要的是防火墙联动，即当入侵检测系统检测到潜在的网络攻击后，将相关信息传输给防火墙，由防火墙采取响应措施，从而更有效的保护网络信息系统的安全。

图 4.6 所示为一个基本的入侵检测联动响应框架。从图中可以看出，联动的基本过程是"报警-转换-响应"。入侵检测系统时刻监测网络的动态信息，一旦发现异常情况或攻击行为，通过联动代理将报警信息转换成为统一的安全报警编码，并通过加密、认证等手段安全传输到联动控制台，由联动控制台对报警信息进行分析处理后，根据网络安全设备的配置、具体的产品类型，向防火墙或其他安全产品发出响应命令，在攻击企图未能到达目的之前做出正确响应，阻止非法入侵行为。这样，入侵检测系统将自身的发现能力和其他安全产品的响应能力结合起来使用，有效地提高了网络安全水平。

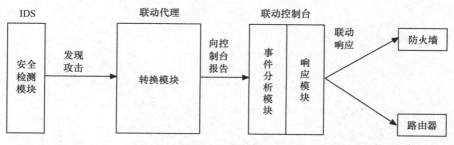

图 4.6 基本的入侵检测联动响应框架

从联动的角度出发，安全设备可以分为两大类：具有发现能力的设备和具有响应能力的设备。前者如入侵检测系统，它可以从网络中的若干关键点收集信息，并对其进行分析，从而检测网络流量中违反安全策略的行为。后者如防火墙，它提供的是静态防御，通过实现设置规则，防范可能的攻击。具有发现能力的安全产品，如入侵检测系统，一般是通过报警通知管理人员，它产生的事件称为报警事件。具有响应能力的产品，如防火墙、路由器等，可以通过更改配置来阻止攻击流量，它们对应的操作事件称为响应事件。因此，在联动响应系统中，要对报警事件进行分类，同时要对响应事件进行分类，并将报警事件分类结果与响应事件关联起来，这样才能进行报警与响应的联动。可见，对两类安全事件进行分类是联动响应系统的基础。

通过入侵检测系统的联动响应机制，可以发挥其他网络安全产品的优势，使入侵检测系统和其他安全产品协同工作，大大提高网络信息系统的整体防卫能力。

习　题

一、选择题

1. 入侵检测的过程不包括下列哪个阶段？（　　　）
   - A. 信息收集
   - B. 信息分析
   - C. 信息融合
   - D. 告警与响应

2. 在入侵分析模型中，第一阶段的任务是（　　　）。
   - A. 构造分析引擎
   - B. 进行数据分析
   - C. 反馈
   - D. 提炼

二、思考题

1. 入侵分析的目的是什么？
2. 入侵分析需要考虑哪些因素？
3. 告警与响应的作用是什么？
4. 联动响应机制的含义是什么？

## 第 5 章

基于主机的入侵检测技术

基于主机的入侵检测系统是早期的入侵检测系统结构，其检测的目标主要是主机系统和系统本地用户。它从单个主机上提取数据（如系统日志、应用程序日志等）作为入侵分析的数据源，检测可疑行为和攻击；同时它还监视关键的系统文件和可执行文件的完整性；监视各主机的端口活动，发现入侵。

基于主机的入侵检测系统适合于检测那些利用操作系统和应用程序运行特征采取的攻击手段，如利用后门进行的攻击等。该系统的优点是：通过日志记录，能够发现一个攻击的成功与失败；能够更加精确地监视主机系统中的各种活动，如对敏感文件、目录、程序或端口的存取；非常适用于加密和交换环境；不需要额外的硬件；能迅速并准确地定位入侵者并可以结合操作系统和应用程序的行为特征对入侵进行分析。存在的问题是：依赖于特定的操作系统和审计跟踪日志，系统的实现主要针对某种特定的系统平台，可扩展性、可移植性较差；如果入侵者修改系统核心，则可以骗过基于主机的入侵检测系统；不能通过分析主机的审计记录来检测网络攻击。

5.1 审计数据的获取

不同的 IDS 获取数据的方式不同，分布式 IDS 是在多个主机上获取和分析数据；与之相对应，集中式 IDS 的数据获取可以分布式进行，但是处理却是集中进行的。

通常在电子商务的服务器系统采用分布式的数据获取结构。因为电子商务的服务器一般都会对性能有很高的要求，尤其是当获取的数据量同时包括了基于主机的数据和基于网络的数据，会产生庞大的数据量，而且相应对数据源的入侵分析会有更复杂的规则，会占用大量的系统资源，所以采用分布式的结构，保证数据获取系统不会影响电子商务系统的正常反应，不能占用过多的资源。

根据下列定义，数据获取划分为直接监测和间接监测两种方法。

（1）直接监测。直接监测从数据产生或从属的对象直接获得数据。例如，为了直接监测主机 CPU 的负荷，必须直接从主机相应内核的结构获得数据。要监测 inetd 进程提供的网络访问服务，必须直接从 inetd 进程获得关于那些访问的数据；

（2）间接监测。从反映被监测对象行为的某个源获得数据。间接监测主机 CPU 的负荷可以通过读取一个记录 CPU 负荷的日志文件获得。间接监测访问网络服务可以通过读取 inetd 进程产生的日志文件或辅助程序获得。间接监测还可以通过查看发往主机的特定端口的网络数据包获得。

入侵检测时，直接监测要好于间接监测，原因如下。

（1）间接数据源（如审计跟踪）的数据可能在 IDS 使用这些数据之前被篡改。

（2）一些事件可能没有被间接数据源记录。例如，inetd 进程的每一个行为并不是都记录到日志文件，而且间接数据源并不能访问被监测对象的内部信息。如 TCP-Wrapper 就不能检查 inetd 进程的内部操作，而只是通过外部接口访问 inetd 进程的数据。

（3）使用间接监测，数据是通过某些机制产生的（例如写审计跟踪的代码），这些机制并不知道哪些数据是 IDS 真正需要的。因此，间接数据源通常含有大量数据。例如，Kumar 和 Spafford 提到一个 C2 级审计跟踪每天对每个用户可能产生 50K～500K 的记录。Mounji 指出，对于中等规模的用户群体，这相当于每天产生上百兆字节的审计记录。IDS 不得不耗费更多的资源过滤和减少数据，然后才能将处理后的数据用于检测目的。另外，直接监测方法仅获得那些需要的信息，结果只产生数量很少的数据。此外，监测部件本身可以分析数据，只在检测到相关事件时才产生结果，因此实际上不需要存储数据，除非是出于对发生事件进行事后调查的目的。

（4）间接数据源通常在数据产生时刻和 IDS 能够访问这些数据的时刻之间引入时延。而直接监测时延更短，确保 IDS 能更及时地做出反应。

5.1.1　系统日志与审计信息

Linux 与 UNIX 系统存在着许多日志文件和审计信息，这些日志与审计信息中包含了许多可以用于入侵检测的信息。

Linux 或 UNIX 的日志一般有以下一些。

- Acct 或 pacct：记录每个用户使用的命令记录。
- Aculog：保存着用户拨出去的 Modems 记录。
- Loginlog：记录一些不正常的 Login 记录。
- Wtmp：记录当前登录到系统中的所有用户，这个文件伴随着用户进入和离开系统而不断变化。
- Syslog：重要的日志文件，使用 syslogd 守护程序来获得日志信息。/dev/log：一个 UNIX 域套接字，接受在本地机器上运行的进程所产生的消息。/dev/klog：一个从 UNIX 内核接受消息的设备。514 端口：一个 Interent 套接字，接受其他机器通过 UDP 产生的 syslog 消息。
- Uucp：记录的 UUCP 的信息，可以被本地 UUCP 活动更新，也可由远程站点发起的动作修改，信息包括发出和接受的呼叫、发出的请求、发送者、发送时间和发送主机。
- Access_log：主要使用于运行了 NCSA HTTPD 的服务器，该记录文件记录有什么站点连接过该服务器。
- Lastlog：记录了用户最近的 Login 记录和每个用户的最初目的地，有时是最后不成功的 Login 的记录。
- Messages：记录输出到系统控制台的记录，另外的信息由 syslog 来生成。
- Sulog：记录使用 su 命令的记录。
- Utmp：记录用户登录和退出事件。
- ftp 日志：执行带-l 选项的 ftpd 能够获得记录功能。
- httpd 日志：HTTPD 服务器在日志中记录每一个 Web 访问记录。
- history 日志：这个文件保存了用户最近输入命令的记录。
- secure：记录一些使用远程登录及本地登录的事件。

在 Linux 和 UNIX 系统中也带有许多审计机制，并且还可以再配置审计工具，因此能够产生大量的审计数据。这些审计数据对于分析评价系统的安全性非常有价值。操作系统审计会记录以下类型的事件：使用识别与认识机制（如注册过程），将某个客体放入某个用户的地址空间（如打开文件），从用户地址空间中删除客体、计算机操作员、系统管理员和系统安全员进行的操作及其他所有与安全有关的操作。对于每个记录下来的事件，审计记录能够标识出事件发生的时间，触发这一事件的用户、事件的类型及事件成功与否等。对于识别与认证事件，审计记录能记录下事件发生的源地点（如终端标识符）；对于将某个客体引入某个用户的地址空间及从用户地址空间中删除客体的事件，审计记录能记录下客体名及客体的安全级等信息。

另外，还可以对系统另外配置一些其他的审计工具，如 TCP Wrapper、Sendmail、netlog 等。这些实用程序使用特定的日志文件产生它们的信息，可以收集这些实用程序的输出，结合其他日志描述出一幅系统的真实状态图。

5.1.2 数据获取系统结构设计

具有代表性的数据获取系统是 AAFID（Autonomous Agents for Intrusion Detection），是一个主机分布式监测的框架。它使用一种实体分层结构，在最低层，AAFID 代理在主机执行监测功能并向更高一层报告其发现，在更高一层处进行数据缩减。

借鉴 AAFID 设计数据获取系统，代理在每一台主机运行并从该主机上获取数据。为了获取数据，最好直接从每一台主机上获取，系统由过滤器、代理、数据源构成，大多数代理从日志文件获得所需数据。日志系统所提供的均为间接检测数据源，为了正确获取数据，必须有主机操作系统的支持。

不同实体连续运行，同时不断获得信息并寻找入侵或值得注意的事件。大多数 AAFID 代理的表现形式为：一些代理通过日志系统获得系统信息，一些代理通过网络接口捕获数据包。

数据获取系统的结构图如图 5.1 所示。

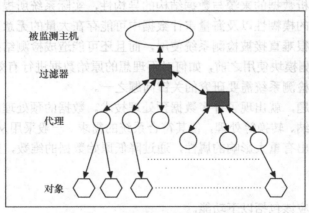

图 5.1 数据获取系统的结构图

系统的审计日志信息非常庞大，并存在杂乱性、重复性和不完整性等问题。由于原始数据是从各个代理服务器中采集后送到中心检测平台的，而各个代理服务器的审计机制的配置并不完全相同，所产生的审计日志信息存在一些差异，所以有些数据就显得杂乱无章。重复性指对于同一个客观事物在系统中存在其两个或两个以上完全相同的物理描述。在 Linux 操作系统中的审计日志信息存在许多重复和冗余现象。例如，在 Linux 系统中，记录用户登录的日志有 Lastlog、UTMP 和 WTMP。这 3 个日志记录的内容有所区别，Lastlog 是记录每个用户最近一次登录时间和每个用户的最初目的地，UTMP 记录以前登录到系统中的所有用户，而 WTMP 文件记录用户登录和退出事件。从这些可以看出，这 3 个日志文件中是存在许多相同项目的，这样就带来了数据的重复和冗余问题。不完整性是由于实际系统存在的缺陷以及一些人为因素所造成的数据记录中出现数据属性的值丢失或不确定的情况。黑客入侵后，为了隐藏其入侵的痕迹，经常会对一些审计日志文件进行修改，这样就会造成数据或数据的某个数据项的丢失。

因此，获取审计数据后，需要通过数据集成、数据清理、数据简化等几个方面对系统的审计日志信息进行预处理。

5.2 审计数据的预处理

原始审计数据必须经过预处理，才能用于实际的检测过程中，本节介绍审计数据的预处理。

1. 预处理概述

当今现实世界中的数据库极易受噪声数据、空缺数据和不一致性数据的侵扰。因此，就会出现许多问题，例如："如何预处理数据才能提高数据质量，从而提高挖掘结果的质量？""怎样预处理数据才能使得挖掘过程更加有效、更加容易？"。

存在不完整的、含噪声的和不一致的数据是大型的、现实世界数据库或数据仓库的共同特点。不完整数据的出现可能有多种原因。有些感兴趣的属性，并非总是可用的。其他数据没有包含在内，可能只是因为输入时认为是不重要的。相关数据没有记录是由于理解错误，或者因为设备故障。

入侵检测系统分析数据的来源与数据结构的异构性，实际系统所提供数据的不完全相关性、冗余性、概念上的模糊性以及海量审计数据中可能存在大量的无意义信息等问题，使得系统提供的原始信息很难直接被检测系统使用，而且还可能造成检测结果的偏差，降低系统的检测性能。在被检测模块使用之前，如何对不理想的原始数据进行有效的归纳、格式统一、转换和处理，是入侵检测系统需要研究的关键问题之一。

为了解决这些问题，就出现了许多数据预处理技术。数据的预处理就是对系统获取到的各种相关数据进行归纳、转换等处理，使其符合系统的需求。一般采用从大量的数据属性中，提取出部分对目标输出有重大影响的属性，通过降低原始数据的维数，来达到改善实例数据质量的目的。

2. 预处理功能

通常数据预处理应该包括以下功能。

（1）数据集成。

（2）数据清理。

（3）数据变换。

（4）数据简化。

（5）数据融合。

上述功能如图 5.2 所示。

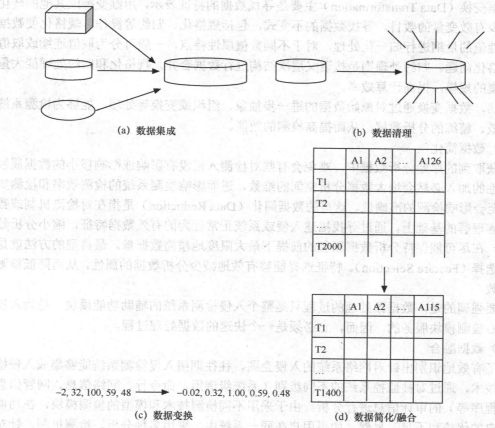

（a）数据集成

（b）数据清理

$-2, 32, 100, 59, 48 \longrightarrow -0.02, 0.32, 1.00, 0.59, 0.48$

（c）数据变换

（d）数据简化/融合

图 5.2　数据预处理功能

（1）数据集成

数据集成（Data Integration）主要是将来自不同探测器的结果或附加信息进行合并处理、解决语义的模糊性。该部分主要涉及数据的选择、数据的冲突以及数据的不一致问题的解决。在网络入侵检测系统中，可能存在多种不同的探测器，针对不同安全相关信息进行处理。需要为这些不同的探测器提供统一的数据接口，以使高层探测器能够汇总来自不同探测器的结果及其附加判断信息。另外，一个探测器也可能同时处理多个来自不同系统的审计数据源，这些数据源之间，可能会存在许多不一致的地方，如命名、结构、计量单位、含义等，这就涉及异构数据的格式转换问题。

总之，数据的集成并非是简单的数据合并，而是把数据进行统一化和规范化处理的复杂过程。它需要统一原始数据中的所有矛盾之处（如属性的同名异义、异名同义、单位的不统一、字长不一致等问题）。

（2）数据清理

数据清理（Data Cleaning）就是除去源数据集中的噪音数据和无关数据，处理遗漏数据和清洗脏数据，除去空白数据域，考虑时间顺序和数据的变化等情况。主要包括数据集中重复数据以及缺值数据的处理，并完成一些数据类型的转换。

（3）数据变换

数据变换（Data Transformation）主要是寻找数据的特征表示，用维变换或其他的转化方法来减少有效变量的数目，寻找数据的不变式，包括规格化、归约等操作。规格化使数据根据其属性值的量纲进行归一化处理，对于不同数值属性特点，一般可分为取值连续或取值离散的规格化问题。归约处理则是按语义层次结构进行数据合并。规格化和归约处理能大量减少数据集的规模，提高计算效率。

显然，数据变换通过对原始数据的进一步抽象、组织或变换等处理，能够为检测系统提供更有效、精练的分析数据，从而提高检测的效能。

（4）数据简化

在获取到的原始分析数据中，难免会有些对检测入侵没有影响或影响极小的数据属性，这些属性的加入必然会增大数据分析空间的维数，进而影响检测系统的检测效率和检测实时性，甚至会影响检测的准确性。这里的数据简化（Data Reduction）是指在对检测机制或数据本身内容理解的基础上，通过寻找描述入侵或系统正常行为的有效数据特征，缩小分析数据的规模，在尽可能保持分析数据原貌的前提下最大限度地精简数据量。最典型的方法就是采用特征选择（Feature Selection）。特征选择能够有效地减少分析数据的属性，从而降低检测空间的维数。

需要强调的是，数据预处理的过程只是整个入侵检测系统的辅助功能模块，是为入侵检测的核心检测模块服务的，因而，它必须是一个快速的数据处理过程。

（5）数据融合

为了有效地识别出针对网络系统的入侵企图，往往期望入侵检测系统能够集成入侵检测的多种技术，通过对被监控系统的不同级别（系统级调用、命令行、网络信息、网管信息以及应用程序等）的审计信息进行分析。由于采用不同检测技术和模型的检测模块，在功能上具有各自的优势和不足。显然，如果用户在同一系统中，采用多种分析、检测机制，针对系统中不同的安全信息进行分析，并把它们的结果进行融合和决策，必然会有效地提高系统的检测率、降低系统的虚警率。

虽然，入侵检测中的数据融合（Data Fusion）问题早已被人意识到，并且有一些组织在致力于这方面的研究。但目前大多数商用入侵检测系统还只是采用针对 IP 包头信息的签名匹配技术，就是那些同时支持主机和网络环境的入侵检测系统，也没有考虑不同检测模块检测结果的相关性，检测模块在检测时的不合作性，必然使那些具有分布性的多点攻击行为（例如，分布式拒绝服务（DDOS））能够成功地躲避开系统的检测机制。

在数据融合领域中，多传感器数据融合（Multisensor Data Fusion）和分布式探测是一种发展趋势，其研究的重点是：通过综合来自多个不同的传感器或数据源的数据，对有关事件、行为以及状态进行分析和推论。这类系统类似于人们的认知过程：我们的大脑综合来自各个感官的信息，根据发生的情况，做出决策并采取相应的行动。显然，在网络中我们可以通过配置各种功能的探测器，从不同的角度、不同的位置，获取反映网络系统状态的数据信息：网络数据包、系统日志文件、网管信息、用户行为特征轮廓数据、系统消息、已知攻击的知识和系统操作者发出的命令等。

然后，在对这些信息进行相应分析和结果融合的基础上，给出检测系统的判断结果和响应措施。对系统威胁源、恶意行为以及威胁的类型进行识别，并给出威胁程度的评估。

3. 预处理方法

数据预处理的方法很多，常用的有：基于粗糙集理论的约简法、基于粗糙集理论的属性离散化、属性的约简等。

（1）基于粗糙集理论的约简法

粗糙集理论（Rough Set）是由 Z. Pawlak 在 20 世纪 80 年代初针对 G.Frege 的边界线区域思想提出来的。粗糙集理论主要兴趣在于它恰好反映了人们用粗糙集方法处理不分明问题的常规性，即以不完全信息或知识去处理一些不分明现象的能力，或依据观察、度量到的某些不精确的结果而进行分类数据的能力。

（2）基于粗糙集理论的属性离散化

目前，大多数对连续属性的离散化方法采用的是领域知识，因而这类方法不具有普遍适应性。在处理关于入侵检测的数据时，如果要利用常规的离散化方法，就要知道许多有关于网络安全的知识，并且要对网络攻击有比较深刻的了解。因此，可以利用粗糙集理论的特性进行数据离散化。

在粗糙集理论和决策表相结合的离散化算法中，根据进行离散化处理时是否考虑到系统的具体的属性值，可把离散化算法分为如下两类。

- 非参照性的离散化算法。
- 参照性的离散化算法。

不同离散化的算法对于同一数据离散的效果和效率有着非常大的差别。所以要根据离散对象来选取合适的算法。入侵检测的数据集的特点是数据量比较大，属性比较多。所以，考虑到空间、时间的复杂度和其他因素，通常采用 Naïve Scaler 算法。还有一些利用粗糙集理论的离散方法，相对的实验效果不是很好。例如，布尔逻辑和粗糙集理论相结合的方法，由于运算的空间和时间复杂度非常大，所以对于入侵检测数据集不适合。

数据离散化完成后，要对数据集中的属性进行约简。去掉对决策不重要的属性，这样可以为以后的关联规则的挖掘、预测等打下一个基础。

（3）属性的约简

入侵检测通用的测试数据集往往使用 KDD-99 数据集，在 KDD-99 中描述一个网络连接的审计有 42 个属性，还有一个决策属性。这么多属性如果不进行约简的话，那么进行关联规则的挖掘效果就不好。所以，进行属性约简在数据预处理阶段是必不可少的，即通过一些算法删去许多不必要的属性，为以后的进一步处理和挖掘提供了方便。

注：KDD-99，这是第五届知识发现和数据挖掘国际会议为测试入侵检测系统所提供的数据。这些数据最初来自美国林肯实验室。在 1998 DARPA 的入侵检测系统的计划中，搭建了一个网络环境，模拟一个真实的美国空军（U.S. Air Force）用的局域网，用多种攻击方式对这个网络进行攻击，从中获取 TCP/IP 原始网络数据。这些数据被 DARPA 整理，用来进行知识发现和数据挖掘，被认为是评价入侵检测系统的标准数据。

5.3 基于统计模型的入侵检测技术

1. 统计模型的描述

异常检测模型是基于正常行为的统计，根据在过去一段时间内正常行为的观测，得到当前活动观测值的"可信区间"。这种模型可以通过不断学习使模型趋于精确、完善，相比于特权滥用检测模型，能在一定程度上识别未知类型的攻击及资源的非授权访问。异常检测模型正是利用此原理对计算机进行实时检测，是基于对已有信息的分析统计，得其特征，以此与当前信息的特征进行比较。当发现"偏差"超出一定的阈值时，检测系统将提交报告。阈值由特定的模型确定，也可由管理员依其他情况而定。

对于异常行为的检测，要确认异常行为，必须提供判别的依据，所以要先确定其差别的特征描述或规则。特征描述可以使用统计模型定义，表明在过去一段时间正常行为的统计特征。统计模型一般是基于对某一个随机变量 X，在给定的观测周期内的数值度量，可根据随机变量 X 的类型将其分为以下两种。

（1）事件记数，给定时间内某事件发生的次数。

（2）资源使用，给定时间或某一活动中所涉及使用到的资源数目。

在统计模型中，给定一随机变量 X 和若干个观测值 X_1，X_2，…，X_n，对于 X 统计模型是确定第 $n+1$ 个观测值与前面的 n 个观测值相比较是否有异常。

2. 统计分析方法的应用分析

统计方法是异常入侵检测中应用最早也是最多的一种方法，在应用中已经有比较成功的实用方法和系统。常规的方法是，首先入侵检测系统根据用户对象的活动为每个用户都建立一个用户特征轮廓表，通过比较当前特征与已建立的以前特征，从而判断当前行为是否异常。用户特征轮廓表需要根据审计记录情况不断地加以更新。特征轮廓表中包含许多衡量指标。例如，在 IDES 中包括活动强度指标、审计记录分布情况指标、类别指标和序数指标四类，具体有审计记录的产生频率、用户的文件存取与 I/O 活动的分布情况与频率以及 CPU 和 I/O 的使用量等，这些指标值可以根据经验值或一段时间内的统计值得到。

统计方法的典型应用主要是基于主机的入侵检测系统的审计记录，如 IDES。在 EMERALD 系统中采用了警报特征相似度的方法融合警报数据，也有系统采用关联分析方法汇聚警报，但都只是降低了警报数据的数量。此外，国内外很多研究机构研究和应用数据挖掘的方法，处理数据进行异常检测，但这一方法的实用性和实时性还没有很好地解决。在实际应用中，正常状况的数据是存在内在的统计规律的，可以应用统计方法进行异常检测。

统计方法最重要的步骤是异常特征值的选取。从理论上讲，异常特征值是在检测环境中最能够直接反映当前网络或系统的异常状况（即出现入侵行为）的特征数据。这些特征数据应是容易获取和计算的，并且要考虑除异常状况外影响特征数据变化的其他环境因素，从而使异常特征值对异常状况具有很高的灵敏度：即入侵行为是影响特征值变化的唯一的或主要的因素。

在检测系统中，从警报数据可获取的并能衡量异常发生的原始特征数据如下。

（1）客户网络发生的攻击数目总量。

（2）客户网络发起攻击和受攻击主机数目。

（3）边缘网络（Internet）的发起攻击和受攻击主机和网络数目。

（4）用户主机和网络被攻击的分布概率。

在异常情况下，上述的一项或多项特征数据就会发生变化。此外，影响这些数据发生变化的主要因素，除了发生入侵这一异常情况外，还有检测时间的变化和探测器的部署位置和数目的变化两个因素。对于"检测时间的变化"这个影响因素，在计算每个特征值时，可以进行详细的区分。"探测器的部署位置和数目变化"因素属于 IDS 系统配置方面的问题，而系统配置的改变，系统管理人员是可以明确知道的，因此可以通过过滤和分类等方法对原始数据加以修正，不影响特征数据的分析。

基于上述分析，异常分析的特征值如下。

（1）攻击强度特征值：基于攻击数目总量统计值的特征值。

（2）攻击实体量特征值：基于发起攻击和被攻击的主机数目总量的统计值的特征值。

（3）攻击分布特征值：基于攻击数目最大值的特征值。

根据这些特征值，异常判断方法概括如下。

（1）当攻击实体量在正常区间内，即检测环境中没有明显的变化，采用攻击强度判断当前状态是否异常。

（2）当攻击强度在正常区间内，即攻击强度表示没有明显变化，采用攻击实体量判断当前状态是否异常。

（3）当攻击强度和攻击实体量都不在正常区间，即表示两者都发生明显变化，采用比较两者的变化幅度的方法判断异常。

（4）对上述方法判断为正常的数据，采用离线计算攻击分布概率判断异常。

5.4 基于专家系统的入侵检测技术

在入侵检测系统中，算法是进行分析和判断攻击效果的决定性因素。算法的好坏直接决定了入侵检测判断结果的准确。目前，大部分入侵检测产品都是采用模式匹配的特征检测算法。特征检测的检测方法与计算机病毒的检测方式类似，只是规则的一些简单的模式匹配比较，没有较高的逻辑推理和判断能力，对一些稍有变化的攻击就无能为力。

统计模型常用于异常检测，最大的优点是它可以"学习"用户的使用习惯，但是它的"学习"能力也给入侵者以机会通过逐步"训练"使入侵事件符合正常操作的统计规律，从而透过入侵检测系统，增加了误报率。

本节介绍基于主机利用专家系统进行规则匹配的方法。系统既可发现网络中的攻击信息，也可从系统日志中发现异常情况。在入侵检测中采用专家系统的算法使得系统具有适应性强、持久性、可靠性强、响应快，特别是始终稳定、理智和完整的响应的优点，并能给出详细的解释和说明。

1. 基于规则的专家系统

专家系统可以认为是一种说明性程序语言，这是因为程序员不必说明如何完成目标的具体算法。有各种类型的专家系统，如基于框架的专家系统、基于推理网的专家系统等。而基于规则的专家系统，即任何一个规则，只要其左部与事实匹配，那它就可以被激活并被加入到议程中，规则的顺序并不影响到它们的激活。

从结构组成的角度来看，是由一个存放专门领域知识的知识库，以及一个能选择和运用知识的机构组成的计算机系统。具体由 5 部分组成：知识库、综合数据库、推理机、解释机制、知识获取。

（1）知识库主要用来存储和管理系统获取的知识。知识表示采用的方法是产生式规则。系统包含数百条规则，这些规则通过相连的链（推理链）联系起来形成规则网络，用这样的网络来表示知识实体。

（2）综合数据库用于存储领域内的初始数据、证据及推理过程中得到的中间结果等。所有这些内容表示了系统当前要处理对象的主要状态和特征。

（3）推理机实际上是一组程序，它用来协调控制整个系统以及决定如何使用知识库中的知识。在系统中实现了不精确的推理，能更好地表示现实世界中的知识。

（4）解释接口是一个人机交互程序。它用来对推理路线和提问的含义给出必要的、清晰的解释，为用户了解推理过程和系统维护提供方便的手段。

系统的工作原理主要是运用知识进行推理，从而解决问题。设计方法为：知识+推理=系统。在这里，知识库和推理机构成了系统的核心。

这里去掉知识获取和解释模块，将知识库、推理机和综合数据库连接起来，如图5.3所示，说明基于规则的专家系统的工作过程。

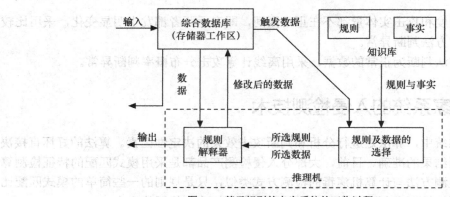

图5.3　基于规则的专家系统的工作过程

系统工作时，推理机首先根据综合数据库内容的触发数据和待求解问题的目标，以一定的策略，从知识库中选取相应的规则和事实，然后由规则解释器根据工作存储区数据对规则、事实、数据进行解释，按照规则的"行动"部分修改综合数据库的内容。一条规则被解释执行后，规则选择器再根据已变化的工作存储器内容选择新的规则和事实，再解释执行。如此反复，直至达到问题求解的目标。

采用基于规则的方法，主要具备以下几个优点。

（1）模块化特征。规则使得知识容易封装并不断扩充。

（2）解释机制。通过规则容易建立解释机，这是因为一个规则的前件指明了激活这个规则的条件。通过追踪已触发的规则，解释机可以得到推出某个结论的推理链。

（3）类似人类认知过程。规则似乎是模拟人类怎样解决问题的一个自然方法。规则的简单表示方法"if...then"使得容易解释知识的结构。

2. 基于专家系统的入侵检测系统结构

用专家系统对入侵进行检测，经常是针对有特征入侵行为。专家系统的建立依赖于知识库的完备性，知识库的完备性又取决于审计记录的完备性与实时性。入侵的特征抽取与表达，是入侵检测专家系统的关键。在系统实现中，将有关入侵的知识转化为if-then结构（也可以是复合结构），条件部分为入侵特征，then部分是系统防范措施。系统防范有特征入侵行为的有效性完全取决于知识库的完备性。

系统的能力不仅取决于它使用的形式推理方法，还取决于它所拥有的知识。所以采取适当的推理机制和建立合理的知识库（规则库）都是缺一不可的。

系统通过监测系统、事件、安全记录以及系统记录和原始 IP 数据包的截获来获取数据。当采集到的数据显示有可疑活动时，就会触发规则。当可疑度超过一定门限时，即判断发生了入侵行为。

应用人工智能的各种技术，将专家的知识和经验以适当的形式存入计算机，利用类似专家的思维规则，对事例的原始数据，进行逻辑或可能性的推理、演绎，并做出判断和决策。

基于专家系统进行规则匹配的入侵检测系统总体功能模块如图 5.4 所示。

其中网络数据包采集部分的主要构件是嗅探器（Sniffer），它是捕获网络报文的网络监听设备。它监视网络的状态、数据流动情况以及网络上传输的信息，并离散地采集网络数据包，解析数据包，统计网络流量，对数据进行初步分析。主机代理部分主要配合网络引擎，在截取数据包的同时，取主机的内存利用率等参数，联合数据报文的特征值量，送入数据融合模块作统一分析处理。

网络信息源数据的收集主要是通过分析基于 TCP/IP 的协议数据报文，提取相关的参数信

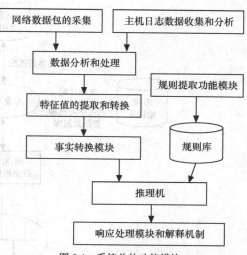

图 5.4　系统总体功能模块

息。主机代理监视系统的活动，当系统的活动发生改变时，可以根据其变化来判断是否受到了攻击。而系统的性能变化是其中一个重要的判断依据，包括 CPU 利用率和内存利用率的变化。为了更有效地检测到网络攻击，需要获取 CPU 利用率和内存利用率数据，以根据其变化情况及相关信息来判断是否受到了攻击。

数据包分析的主要功能是对暂存在原始数据缓冲区内的数据包原始数据进行分析，从中分离出例如 IP 地址、端口号等有用的信息，存入数据缓冲区内。

系统响应和解释机制等功能模块，是直接面对系统管理用户的一个工作平台。系统根据判别出的结果，进行相应的响应并能够给出详细的解释信息。再把每一组数据对应的响应结果存入数据库中，作为历史数据保存。

3. 基于专家系统的入侵检测技术的局限性

专家系统可有针对性地建立高效的入侵检测系统，检测准确度高。但在具体实现中，专家系统主要面临如下问题。

（1）专家知识获取问题，即由于专家系统的检测规则由安全专家用专家知识构造，因此难以科学地从各种入侵手段中抽象出全面的规则化知识。

（2）规则动态更新问题，用户行为模式的动态性要求入侵检测系统具有自学习、自适应的功能。

为解决专家系统设计中的问题而兴起的自适应专家系统的研究，其目标之一是能够实现知识的自动获取和规则的动态更新。

4. 自适应专家系统模型

基于规则的推理只能对事先预想到并提供了规则的事件进行推理，不能灵活适应外部情况的变化。另外，随着环境的不断变化，专家系统应能随着经验的积累而利用其自学习能力进行规则的补充和修正。为使专家系统具有较高的自适应性，以满足复杂问题求解的需要，出现了自适应专家系统模型。

自适应入侵检测专家系统的模型结构如图 5.5 所示。

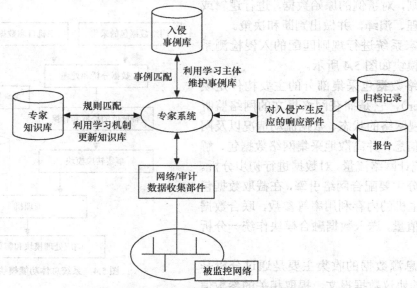

图 5.5   自适应入侵检测专家系统模型结构图

该模型具有如下优点。

（1）利用自适应模型的学习主体实现知识数据库的更新。学习主体根据评价结果一方面向事例库中存储新的实例，另一方面要更新知识库中的内容。知识库更新采用的是一种增强式学习的方法，其基本思想是对所希望的结果予以奖励，对不希望的结果予以惩罚，逐渐形成一种趋向于好的结果的学习方法。

（2）利用模型的学习机制使知识库和事例库得到不断完善。采用类比学习方法可使专家系统的背景知识得到丰富，事例库得到完备；采用基于解释的学习方法可利用专家系统丰富的背景知识来完善事例库；而采用人工神经网络学习方法则可以完备专家系统的知识库。

（3）通过有效性验证和存储新事例，事例库被不断地使用和更新，并使用传统的类似数据库管理系统的方法对事例库进行管理和维护。同时，使用统计质量控制技术来检查和控制事例的准确性和可用性。

自适应入侵检测专家系统模型不但可检测出当今大部分的入侵，还可检测出以前未出现过的网络攻击，可有效降低系统误报和漏报的可能性。

5.5   基于状态转移分析的入侵检测技术

当前的基于特征的检测方法过度依赖审计数据，而对 IP 欺骗攻击而言依赖审计数据的规则很难定义，状态分析法的基本思想是将攻击看成一个连续的、分步骤的并且各个步骤之间有一定关联的过程。其目的如下。

（1）在网络中发生入侵时及时阻断入侵行为。

（2）防范可能还会进一步发生的类似攻击行为。

Koral.I 和 Richard A.Kemmerer 等在 1995 年设计和实现了一种入侵检测系统 STAT。它通过分析系统的各种状态，及状态转移过程中的各种特征操作（Signature Action），制订各种基于状态转移的入侵规则，完成系统的入侵检测。

在状态转移分析方法中，一个渗透过程可以看作是由攻击者做出的一系列的行为而导致系统从某个初始状态转变为最终某种被危害了的状态。在这个状态转变过程，对应着系统的一连串行为，那些关键的行为就称为特征行为。

5.6 基于完整性检查的入侵检测技术

通常入侵者入侵时都会对一些文件进行改动，因此采用对文件系统进行完整性检验的入侵检测方式能够检测出对文件内容的非法更改，从而可判定入侵，与其他检测技术相结合将增强现有的入侵检测能力。

文件完整性检验根据用户定制的配置文件对需要校验的文件系统内容进行散列计算，将生成的散列值与文件完整性数据库中存储的预先计算好的文件内容的散列值进行比较。不一致则说明文件被非法更改，并可判定发生入侵。

1. 文件完整性校验

文件备份主机 B 上存储了主机 A 上的文件系统的备份。主机 A 上的文件完整性数据库存储的是需要被检测的文件的各种 inode 属性值和文件内容的散列值。检测时主机 A 首先与文件备份主机 B 认证，然后对 A 上的配置文件和预先生成的文件完整性数据库的内容分别进行散列计算，将生成的散列值传输给 B 进行校验。如果该散列值与 B 上存储的值不一致，则 B 将存储的配置文件和文件完整性数据库的备份加密传输给 A，进行文件恢复，然后再进行完整性校验。A 上的文件完整性检验系统循环地从配置文件中读取需要检验的文件（目录）名和选项掩码，采用先搜索的方式，递归地查找在目录下的所有文件和子目录，提取需要检测的文件（目录）的 inode，属性值和采用用户指定的散列算法计算后的文件内容的散列值，生成新的包含当前需要检验的文件（目录）的属性值和散列值的数据库。然后循环地将新生成的数据库中的每一项，应用选项掩码，用带有绝对路径的文件（目录）名作为索引与预先生成的文件完整性数据库中的对应项进行比较，如果找不到对应项或者有对应项但需要比较的数值不同，则表示文件系统被非法改动，此时根据该文件（目录）在配置文件、原始文件完整性数据库和新生成的散列数据库的存在情况即可准确地判定该文件（目录）是属于被非法增加的文件、删除的文件、改动的文件、增加的配置项、删除的配置项和更新的配置项中的哪一种。然后生成发生这几种情况的文件（目录）的检验报告，A 删除这些被非法更改、增加的文件，将检验报告加密传输给 B，然后将 B 传输过来的对应的备份文件解密并恢复 A 上的文件。

2. 散列算法和计算速度

常用的散列算法有 MD5、CRC16、CRC32、Snefru、MD4、MD2、SHA 和 Haval 等。散

列算法通常实现了将任意长度的消息 m 压缩成一固定长度的散列值 h，通过对散列值的校验能检测到对消息 m 的篡改、抵赖或伪造。它有下列特性。

（1）易用性：对任意长度的 m，计算 $h=H(m)$ 很容易。

（2）单向性：给定 h，计算 m，使得 $m=F(h)$ 很困难。

（3）无碰撞性：给定 m，要找到另一个消息 m'，满足 $H(m')=H(m)$ 很困难，这就保证了对原文有改动，但很难使文件内容的散列值保持不变。

散列值的位数越长，不同的文件内容的散列值的冲突概率越小。同一个文件产生的散列值是相同的，不同的文件的散列值很难相同，即使是文件内容的一个微小的改变，都将导致输出数据的显著变化。这样采用散列值比较法对于检验文件内容是否被更改在效果上就等同于用文件内容的比较。同时散列值的位数越长，采用穷举法寻找的搜索空间越大，对于采用 128bit 散列值的算法来说，要想在短时间内找到具有相同的散列值的两个文件在计算上是不可行的。这样就能够保证入侵者更改了文件内容后，但仍然想使文件的散列值与以前保持一致的企图不可行。在主机 A 的文件完整性校验中采用文件内容的散列值的比较方法来代替文件内容的比较，在存储上对应于每个文件只需存储几百 bit 的散列值，而不用再存储文件的备份，解决了备份文件对于存储空间大量需求的问题。

除了冲突性还需要兼顾散列算法的计算速度，力求能够在短的时间内完成散列计算，使整个文件完整性校验的周期缩短，减小从入侵发生到检测出入侵情况的间隔，这样就能将入侵者造成的危害也减到最小。

对于采用完整性检验的检测技术来说，它检测一遍文件系统的时间，取决于文件大小、文件数量和采用的散列算法的计算速度。文件数目越多、文件系统空间越大，检测一遍文件系统的时间也越长。采取优化的搜索和检测策略，将对检测时间的缩短大有帮助。

3. 基于文件完整性检验的检测技术的检测能力

攻击者采用针对何种漏洞的攻击方式，对基于文件完整性检验的检测技术来说是透明的，它只在一个重要的前提下才能够发挥作用，那就是入侵者在入侵时会对文件做一些非法的修改，这时基于文件完整性检验的检测技术才有用武之地。

通常入侵痕迹记录在日志文件中，但由于日志文件是动态增长的，无法用当前日志文件内容的散列值来判定是否被非法更改，因此日志文件并不在检验的范围内。对于利用网络协议的脆弱性对网络服务质量的攻击，基于文件完整性检验的检测技术很难发挥作用，因为这种攻击没有对文件系统（即文件完整性检验的数据来源）造成非法修改。例如，SYN 淹没攻击，攻击者根本不想完成 3 次握手过程建立起正常的连接，它的目的只是等待建立每一特定服务的连结数量超过系统的限制数量，使被攻击的系统无法建立关于该服务的新连接。类似的还有 ICMP 攻击、Teardrop、Land、IP 分段攻击。

另外基于文件完整性检验的检测技术并不具备对入侵行为检测的实时性，它检测一遍的时间与被检测的文件系统的空间大小。对文件进行合法的修改后只需要更新一下备份文件系统和文件完整性数据库即可。

尽管基于文件完整性检验的检测技术存在着一些缺点，但是大部分入侵都会对文件系统进行非法修改，这时它就会发挥作用。尤其是当误用检测和异常检测发生漏报的情况时，基于文件完整性检验的检测结果还为文件系统的自动恢复提供重要的依据。

5.7 基于智能体的入侵检测技术

1. 智能体的定义和特点

智能体又称智能代理，由英文单词 Agent 翻译而来，是人工智能研究的新成果，它是在用户没有明确具体要求的情况下，根据用户需要，能自动执行用户委托的任务的计算实体。像邮件过滤智能体、信息获取智能体、桌面自动智能体等，这将使 Web 站点、应用程序更加智能化和实用化。

从技术的角度看，智能体是由各种技术支撑着的许多实用的应用特性的集合，开发者正是使用这些应用特性来扩展应用的功能和价值，从而达到应用能自动执行用户委托的任务的目的。

智能体拥有如下的特点。

（1）智能性

具有丰富的知识和一定的推理能力，能揣测用户的意图，并能处理复杂的难度高的任务，对用户的需求能分析地接收，自动拒绝一些不合理或可能给用户带来危害的要求，而且具有从经验中不断学习的能力，适当地进行自我调节，提高处理问题能力。

（2）代理性

在功能上是用户的某种代理，它可以代替用户完成一些任务，并将结果主动反馈给用户。

（3）移动性

可以在网络上漫游到任何目标主机，并在目标主机上进行信息处理操作，最后将结果集中返回到起点，而且能随计算机用户的移动而移动。

（4）主动性

能根据用户的需求和环境的变化，主动向用户报告并提供服务。

（5）协作性

能通过各种通信协议和其他智能体进行信息交流，并可以相互协调共同完成复杂的任务。

2. 智能体的主要特征

智能体的两个主要特征是其智能性和智能体能力。

（1）智能性

指应用系统使用推理、学习和其他技术来分析解释它已接触过的或刚提交给它的各种信息和知识的能力。这个特征因素主要围绕着从边缘智能到高维智能的几个层次展开。

● 参数选择表示层。这个层次的主要内容是将需要的一个或一组应用系统的潜在复杂的行为表示成相对标准的形式。

● 提供推理能力层。在这一层次中，参数选择以一套标准的规则来表示，同时同推论或决策过程中的长期知识和短期知识结合，这种结合将产生某种特定的动作或至少将产生新的知识片。

● 学习层。以获取的新知识为基础来修改其推理行为的能力。

（2）智能体能力

指一个智能体感知其环境并执行相应动作的能力，这其实就是强调智能体的自治能力和感知能力。这个因素是围绕着从能自主地完成一个最小目标的独立的智能体应用到能向多组应用提供智能性和智能体能力的代理框架的几个层次而展开的。

● 智能体执行任务的异步性。智能体应用的异步能力就是应用同用户请求异步执行任务的能力，传统的应用系统基本上是同步于用户的请求而执行，用户和应用系统之间必须相互等待，同时应用系统没有自治能力。而具有异步执行能力的智能体和用户之间将无须相互等待。智能体应用的异步性的另一个好处是使用户不仅仅能够描述单一的一个任务，而且能够描述一系列相关的任务来共同协作完成一个更复杂或层次更高的目标，而这些相关的任务将由智能体应用来异步执行。

● 用户的描述能力层。

● 数据交互性。

● 应用交互性。

● 服务交互性。

● 智能体的交互性。

第二层及其之后的这些层次主要涉及的是智能体的交互能力。数据交互性是指智能体能够感知和存取其外部的数据。应用交互性是指智能体能对其他的本地应用做出响应和动作。服务交互性是指智能体能对组成一个服务的应用集合做出响应和动作。而智能体的交互性是指在各个独立的应用中，智能体能够相互通信和操作，通过这种形式，智能体从特定的应用中分离出来成为一个独立的实体，以子系统或资源的形式存在于支持智能体的应用中，被作为用户启动其他应用的异步工具。

3. 智能体中的关键技术

智能体中拥有很多的关键技术，虽然并不是每个智能体都必须使用所有的这些技术，但使用这些技术越多的智能体，将具有更多的智能体的特性——智能性和智能体能力。

通常可以将这些关键技术归纳为以下 4 类。

（1）机器技术。

（2）内容技术。

（3）访问技术。

（4）安全技术。

关于智能体的这些关键技术的介绍，不属于本书的介绍范围，感兴趣的读者可以参见相应的书籍。

4. 基于智能体的入侵检测技术

在入侵检测中，采用智能体采集和分析数据有以下主要特点。

（1）因为智能体是独立的运行实体，因此，不需改变其他的组件，即可向系统中增加或从系统中移走智能体。例如，假如我们要采集一组新数据，或想要检测一种新的攻击，不用影响已经运行的智能体，只需启动一个适当的新智能体即可。同样，不需重新启动 IDS，即可终止不再需要的智能体。或者通过适当的命令重新配置智能体，也可以按需要对智能体进行升级。只要保持它们的外部接口不变或使其向后兼容即可。这样，整个系统的升级就会变得比较容易。

（2）如果一个智能体由于某种原因（如下线维护）而停止了工作。那么，可能有以下一种或两种情况出现。

● 如果该智能体是完全独立的，那么只有它本身的结果会丢失，所有其他的智能体都会继续正常工作。

● 如果有其他智能体需要该智能体产生的数据，那么这个或这几个智能体的工作将不会正常。

无论哪种情况，损失只局限在有限的范围内，不会造成整个系统的瘫痪，这就保证了系统的连续运行。

（3）如果将智能体以分级结构的形式组织起来，可以使得系统的可伸缩性更好。

（4）系统开销小、智能体的编程可以很灵活。一个主机上完成不同任务的智能体，可以用最适合各自任务的语言进行编程，而且这些语言可以不同、设计合理的智能体可以利用最少的系统资源，而且，可以根据需要动态地启停智能体，这样也可以节省系统开销。

（5）自主智能体采集数据的方法很灵活。它可以从审计记录中获得数据，也可以通过运行命令来获得系统信息，或通过查看文件系统的状态（如检查文件属性或内容）来获得信息，也可以通过从网络上捕获数据包来探测所在系统，或者从其他任何适当数据源获取信息。因此，使用智能体采集数据的 IDS 跨越了基于主机和基于网络的传统界限，基于主机和基于网络的两种智能体协同操作，可以构造一个完整的网络防御体系，例如可以更好地防止插入和逃避攻击，将基于主机和基于网络的检测技术集成起来也是下一代 IDS 的发展方向。

基于智能体的入侵检测系统的典型结构是一个由智能体、过滤器、收发器、监控器和用户界面组成的分层体系。从左到右，下级受上级控制，并向上级汇报信息。网络中每个主机上可以安装任意数目的智能体和一个收发器，有些主机上装有一个监控器、主机上的所有智能体向收发器报告它们发现的异常或可疑事件。收发器将不同智能体发来的信息进行综合分析，就能描绘出整个主机的状况，然后向一个或多个监控器报告结果。之所以要向多个监控器报告，是为了提供冗余，以便即使有一个监控器有故障时，系统仍然能够正常工作。一个监控器可以监控几个收发器。另外，监控器也可以按分层结构组织，低层监控器向高层监控器提供信息，这样整个网络的情况就会被描绘出来。而且，假如一个监控器有了故障，上一级的监控器会马上发现，并启动一个新的监控器，来检查是什么原因造成了那个监控器的失灵，最后，由一个监控器负责向用户提供信息和接受用户的控制命令。

智能体技术不单用在基于主机的入侵检测技术中，针对网络入侵检测，智能体技术在原有技术的基础上，发展形成了移动智能体技术、多智能体技术等，在此不多介绍，感兴趣的读者可以参看相应的书籍。

5.8 系统配置分析技术

系统配置分析（又可称为静态分析）的技术目标是检查系统是否已经受到入侵活动的侵害，或者存在有可能被入侵的危险。静态分析技术通过检查系统的当前配置情况，例如，系统文件的内容以及相关的数据表等，来判断系统的当前安全状况。之所以称为"静态"分析，是因为该技术只检查系统的静态特性，并不分析系统的活动情况。配置分析技术的基本原理是基于如下两个观点。

（1）一次成功的入侵活动可能会在系统中留下痕迹，这可以通过检查系统当前的状态来发现。

（2）系统管理员和用户经常会错误地配置系统，从而给攻击者以入侵的可乘之机。

可以看出，配置分析技术既可以在入侵行为发生之前使用，作为一种防范性的安全措施。同样，也可以使用在潜在的攻击活动之后，以发现暗藏的入侵痕迹。

另外，文件完整性检查实质上也可以算作配置分析技术中的一个特定分支技术，是针对整个系统状态中特定文件系统的状态信息作为目标分析对象。

系统配置分析技术的一个最著名的实现工具是 COPS 系统（Computer Oracle and Password System）。COPS 是功能强大的系统安全检查工具，可检查系统的安全漏洞并以邮件或文件的形式报告给用户，还可以普通用户的身份运行一些常规检查。COPS 的检查方法为以后的许多系统安全扫描商业软件所借鉴。

5.9　检测实例分析

本节通过模拟实例来介绍一些在入侵发生时进行检测的技术，以及一些自我保护策略。有许多第三方应用程序能帮助用户实现入侵检测目的，但在这里的演示使用 Windows 系统的内置程序执行入侵检测。其实，本小结的目的是通过分析攻击者的行为方式，了解哪些技术对发现攻击最有效。

1．入侵行为 1 及应对措施

（1）入侵行为

现在假设黑客出于某种原因要侵入你的网络，他将从哪里开始呢？首先，黑客要尽可能地收集你的网络信息，这可以通过一系列程序完成，如 whois、dig、nslookup 和 tracert，还可以使用一些在 Internet 上公开的信息。假设通过这些操作，黑客发现你的网络中有一小部分没有被防火墙所保护。然后，通过执行端口扫描，黑客注意到有许多机器的 135、139、389 和 445 端口都是开放的。

445 端口是 Windows 系统的一个致命后门。在 Windows 系统中，SMB（Server Message Block，用于文件和打印共享服务）除了基于 NBT（NetBIOS over TCP/IP，使用端口 137，UDP 端口 138 和 TCP 端口 139 来实现基于 TCP/IP 的 NETBIOS 网际互联）的实现，还有直接通过 445 端口实现。如果 Windows 服务器允许 NBT，那么 UDP 端口 137 和 138，TCP 端口 139 和 445 将开放。如果 NBT 被禁止，那么只有 445 端口开放。445 端口的使用方式有以下 2 种。

● 当 Windows 在允许 NBT 情况下作为客户端连接 SMB 服务器时，它会同时尝试连接 139 和 445 端口。如果 445 端口有响应，那么就发送 TCP RST 包给 139 端口断开连接，以 445 端口通信来继续。当 445 端口无响应时，才使用 139 端口。

● 当 Windows 系统在禁止 NBT 情况下作为客户端来连接 SMB 服务器时，那么它只会尝试连接 445 端口。如果无响应，那么连接失败。

现在继续，经过上述步骤黑客还注意到许多机器的端口 80 和 443 也是开放的，这可能是一个 IIS Web 服务器。

（2）检测

黑客做了以上的窥视工作，你能检测到黑客的活动吗？下面来分析一下。首先，发生了端口扫描，在扫描的过程中，应该注意到网络的通信量有一个突然的增加。端口扫描通常表现为持续数分钟的稳定的通信量增加，时间的长短取决于扫描端口的多少。如何发现网络通信量的突然增加呢？有许多程序都可以完成这个功能，以下介绍 2 种 Windows 的内置方法。

方法一

在 Windows 系统中，可以启动"性能"程序，创建一个预设定流量限制的性能警报信息。例如，比较好的网络通信量指标包括 TCP 的 Segments/Sec 和 Network Interface 的 Packets/Sec，分别如图 5.6 和图 5.7 所示。

图 5.6　添加 TCP-Segments/Sec 计数器　　　图 5.7　添加 Network Interface-Packets/Sec 计数器

方法二

如果怀疑自己受到扫描，还可以使用 Windows 内置的命令行工具 netstat。输入以下命令：

Netstat -p tcp -n

如果目前正在被扫描，根据扫描所使用的工具，就会得到以下类似结果：

Active Connections

Proto Local Address Foreign Address State

TCP 127.13.18.201:2572 127.199.34.42:135 TIME_WAIT

TCP 127.13.18.201:2984 127.199.34.42:1027 TIME_WAIT

TCP 127.13.18.201:3106 127.199.34.42:1444 SYN_SENT

TCP 127.13.18.201:3107 127.199.34.42:1445 SYN_SENT

TCP 127.13.18.201:3108 127.199.34.42:1446 SYN_SENT

TCP 127.13.18.201:3109 127.199.34.42:1447 SYN_SENT

TCP 127.13.18.201:3110 127.199.34.42:1448 SYN_SENT

TCP 127.13.18.201:3111 127.199.34.42:1449 SYN_SENT

TCP 127.13.18.201:3112 127.199.34.42:1450 SYN_SENT

TCP 127.13.18.201:3113 127.199.34.42:1451 SYN_SENT

TCP 127.13.18.201:3114 127.199.34.42:1452 SYN_SENT

以上信息中，要重点注意在本地和外部地址上的连续端口以及大量的 SYN_SENT 信息。有些扫描工具还会显示 ESTABLISHED 或 TIME_WAIT 信息。总之，信息的关键在于连续的端口序列和来自同一主机的大量连接。

2. 入侵行为 2 及应对措施

（1）入侵行为

黑客在发现了一些机器没有被防火墙保护以及扫描到一些开放端口后，现在有几条路摆在他面前，其一便是寻找网络中的弱点。Windows 网络口令用于使用 Web 服务器上的 Web 服务，这些网络登录信息对黑客来说是最有用的，因此黑客很可能朝这个方向尝试。首先从一个机器下载账号名列表，从中选出一个很少使用的，如 guest 账号。黑客用这个账号尝试多次登录直到它被锁住，这样黑客就能推测设置的是什么账号锁住策略。然后黑客编写一个脚本对每个账号都尝试多次登录，但不触发锁住条件。当然，管理员账号一般是不会被锁住的。黑客进而启动脚本，并运行 Whisker 扫描器程序，来试探公共代理服务器信息。之后，黑客就可以坐等结果了。

（2）检测

在上述探测过程中，应该从一些关键入侵检测记数器指标中接收到许多警报信息。第一个应该是 Web Service 的 Connection Attempts/sec。Web Service 的 Connection Attempts/sec 指标能显示出 Web 信息量的突然增加。另一个非常重要的计数器是 Web Service 的 Not Found Errors/sec。

由于类似于 Whisker 的 Web 扫描器要检查指定 URL 的存在，因此以上性能记数器就会显示出通信量的急剧增长和 404 错误信息。因此，可以预先设定通信量的正常水平，然后一旦有针对你的扫描行为时，就会发出警报。

与此同时，在你的网络上也会有穷举法攻击（Brute-Force Attack）。在这种情况下，能够帮助你的两个性能记数器分别是 Server 的 Logon/sec 和 Server 的 ErrorsLogon。

对每秒两个以上的登录和 5 个以上的登录错误设置警报，这样就能知道是否有穷举攻击正在发生。同时，对安全事件日志进行检查，就能验证出大量的失败登录是否来自同一个计算机。

3. 入侵行为 3 及应对措施

（1）入侵行为

黑客发现用户的网络中一台计算机的系统管理员口令为空，这表明该系统刚刚安装不久，还没有来得及进行保护。黑客用管理员账号和空口令连接到那个机器上，将要做的第一件事就是上传一些木马类程序和运行状况检测程序，如 nc.exe、lsadump2.exe、tlist.exe 以及一些扫描脚本。当然，用户的系统上已经内置了黑客所需要的其他工具，如 nbtstat.exe。黑客启动服务器的定时服务，设定 nc.exe 在一分钟后运行，并将 cmd.exe 重新定向到一个端口，如 1234。一分钟后，黑客使用 nc.exe 从本地连接到远程计算机进入命令行状态，运行 tlist.exe 得到了当前程序列表，运行 lsadump2.exe 来查看存储的口令，或者浏览硬盘，得到想要的内容。

（2）检测

现在看看能对以上攻击有何察觉以及能够采取的措施。打开任务管理器，会注意到 cmd.exe，它有一个很高的程序 ID 值；还会注意到定时服务正在运行；在任务列表中有一个 nc.exe 程序；使用 Explorer 的查找功能，可以寻找最后一天中生成的所有文件，还会在 System32 目录中发现许多新的可执行文件，包括 nc.exe。当试图结束命令行操作时，却未被允许，这时就可以断定发生了一个侵入行为，马上可以开始收集证据了。现在关闭计算机告诫攻击者已经被发现，因为不应留给他进行实际攻击的时间。事件日志显示失败的登录尝试，最后也会将成功的登录显示出来。但是，事件日志中的条目没有显示另一端计算机的 IP 地址，只是显示了计算机的名字。为了确定其 IP 地址，可以输入以下命令：

```
netstat –a –n
```

从显示信息中找到与本地 TCP 端口 139、UDP 端口 137 以及端口 445 处于连接状态的 IP 地址信息，如图 5.8 所示。

将输出保存在一个文件中，然后使用 nbtstat 程序在那个 IP 地址上执行一个名字查找：

```
nbtstat -A
```

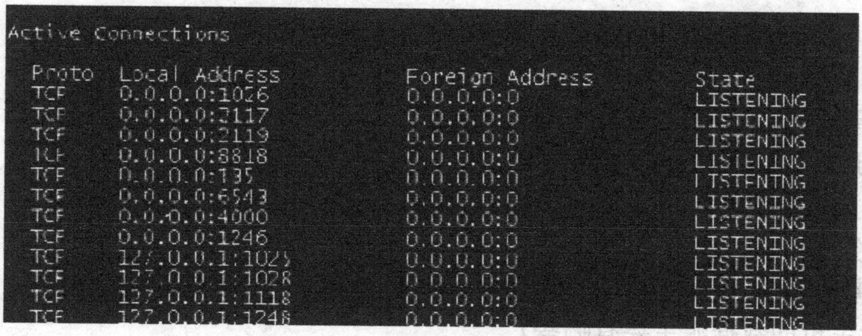
Active Connections

Proto	Local Address	Foreign Address	State
TCP	0.0.0.0:1026	0.0.0.0:0	LISTENING
TCP	0.0.0.0:2117	0.0.0.0:0	LISTENING
TCP	0.0.0.0:2119	0.0.0.0:0	LISTENING
TCP	0.0.0.0:8818	0.0.0.0:0	LISTENING
TCP	0.0.0.0:135	0.0.0.0:0	LISTENING
TCP	0.0.0.0:6543	0.0.0.0:0	LISTENING
TCP	0.0.0.0:4000	0.0.0.0:0	LISTENING
TCP	0.0.0.0:1246	0.0.0.0:0	LISTENING
TCP	127.0.0.1:1025	0.0.0.0:0	LISTENING
TCP	127.0.0.1:1028	0.0.0.0:0	LISTENING
TCP	127.0.0.1:1118	0.0.0.0:0	LISTENING
TCP	127.0.0.1:1248	0.0.0.0:0	LISTENING

图 5.8 运行结果

在 netstat 的输出中，还应该能注意到一个与 TCP 端口 1234 的连接，这属于 nc 进程。用户可能还会注意到许多与网络上其他计算机的 UDP137 和 138 的连接。

4. 入侵行为 4 及应对措施

（1）入侵行为

黑客还通过 nc 的远程命令行对你的内部网络中其他计算机进行了扫描，发现在一台名叫 FILESERVER 的计算机上有一个共享目录 PUBLIC。黑客将这个共享进行映射，并开始嗅探工作。

（2）检测

由于用户的网络中其他计算机存在 NetBIOS 连接，因此会怀疑这个计算机会被利用并危及内部网络的安全。在命令行中输入以下命令：

```
net view
```

可以从输出中观察到对内部文件服务器的驱动器映射情况。

在对硬盘浏览了一会儿之后，黑客再次运行 tlist.exe，注意到现在屏幕保护程序不再运行了，并且打开了一个命令行窗口。黑客还不能肯定用户是否发现了他，于是赶快对注册表的某些项目进行修改，以使计算机启动时再次运行 net cat，最后断开连接。等了大约 10 分钟，黑客再次 ping 这个计算机，得到了一个请求超时应答。显然，用户已经发现了他，于是黑客会放弃继续入侵的想法。

5. 小结

以上这些入侵行为虽然有点简单，但是它展示了攻击的许多要素，以及如何检测出这样的攻击。理论上而言，只要坚持跟踪以下信息，那么几乎所有的攻击都能被检测出来。

（1）网络上拥挤程度和网络连接。

（2）Web 拥挤程度和 "pages not found" 错误的发生次数。

（3）成功及失败的登录尝试。

（4）对文件系统所做的改变。

（5）当前运行的应用程序和服务。

（6）定时运行的应用程序或在启动时运行的应用程序。

通过对这些内容进行跟踪，不需要任何外来的入侵检测软件就能阻止许多破坏企图。当然，其他应用程序也会很有帮助，但管理员必须时刻牢记以上 6 条。

习　　题

一、选择题

以下属于数据预处理功能的是（　　　）。

　　A. 数据集成　　　　　　　　B. 数据清理

　　C. 数据变换　　　　　　　　D. 数据简化

二、思考题

1. 基于主机的数据源主要有哪些？

2. 获取审计数据后，为什么首先要对这些数据进行预处理？

3. 数据预处理的方法很多，常用的有哪几种？

4. 简述基于专家系统的入侵检测技术的局限性。

5. 配置分析技术的基本原理是基于哪两个观点？

## 第 6 章

基于网络的入侵检测技术

基于网络的入侵检测技术，其核心思想是在网络环境下，根据相应的网络协议和工作原理，实现对网络数据包的捕获和过滤，并进行入侵特征识别和协议分析，从而检测出网络中存在的入侵行为。

6.1 分层协议模型与 TCP/IP 协议簇

计算机网络的整套协议是一个庞大复杂的体系，为了便于对协议进行描述、设计和实现，现在都采用分层的体系结构，主要的分层模型有开放系统互连（OSI）参考模型和 TCP/IP 模型。OSI 参考模型是国际标准化组织（ISO）在 1978 年提出的一套非常重要的网络互连标准的建议。但目前使用最广泛的网络体系结构是以 TCP/IP 协议模型为基础的。本节主要介绍 TCP/IP 协议模型。

6.1.1 TCP/IP 协议模型

TCP/IP 是一种网际互连通信协议。运行 TCP/IP 的网络是一种采用包（或分组）交换的网络。

用 TCP/IP 实现各网络间连接的核心思想是把千差万别的低两层（物理层和数据链路层）有关的部分作为物理网络，而在传输层/网络层建立一个统一的虚拟的"逻辑网络"，以这样的方法来屏蔽所有物理网络的硬件差异。

TCP/IP 参考模型分为 4 层（如图 6.1 所示）：应用层（Application Layer），传输层（Transport Layer），网际层（Internet Layer），网络接口层（Host-to-network Layer）。

其中各层的功能分配如下。

1. 应用层

该层包括所有和应用程序协同工作，利用基础网络交换应用程序专用数据的协议，主要的协议如下。

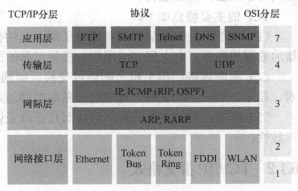

图 6.1 TCP/IP 分层结构

（1）HTTP（Hypertext Transfer Protocol，超文本传输协议）。

（2）HTTPS（Hypertext Transfer Protocol over Secure Socket Layer, or HTTP over SSL，安全超文本传输协议）。

（3）Telnet（Teletype over the Network，远程登录协议）（运行在TCP上）。

（4）FTP（File Transfer Protocol，文件传输协议）（运行在TCP上）。

（5）SMTP（Simple Mail Transfer Protocol，简单邮件传输协议）（运行在TCP上）。

（6）DNS（Domain Name Service，域名服务）（运行在TCP和UDP上）。

（7）NTP（Network Time Protocol，网络时间协议）（运行在UDP上）。

（8）SNMP（Simple Network Management Protocol，简单网络管理协议）。

2. 传输层

该层提供端对端的通信，主要的协议如下。

（1）TCP（Transmission Control Protocol，传输控制协议）提供面向连接的、可靠的数据流传输。

（2）UDP（User Datagram Protocol，用户数据报协议）提供无连接的、不可靠的数据报文传输。

3. 网络层

该层负责数据转发和路由。该层往下可以认为是一个不可靠无连接的端对端的数据通路。最核心的协议是 IP，此外还有ICMP、RIP、OSPF、IS-IS、BGP、ARP和RARP等。

4. 物理网络接口层

该层负责对硬件的访问。

在整个 TCP/IP 协议簇中，有以下两个核心的协议。

（1）处于网络层的 IP（Internet Protocol）。提供数据报型服务，负责网际主机间无连接、不纠错的网际寻址及数据报传输。

IP 的主要功能是：IP 主要承担在网际进行数据报无连接的传送、数据报寻址和差错控制，通过向上层提供 IP 数据报和 IP 地址，并以此统一各种网络的差异性。

（2）处于传输层的 TCP（Transmission Control Protocol）。以建立虚电路方式提供主机之间可靠的面向连接服务。

TCP 的主要特点如下。

（1）功能：处于通信子网和通信子网之间的传输层，利用网络层提供的不可靠的、无连接的数据报服务，向上层（应用层）提供可靠的面向连接的服务。

（2）面向连接：指主机之间通过交换，即通过双方 TCP 发送的一串连接原语：连接请求、指示、响应、确认等，建立起一条临时信道，即临时虚电路。

（3）可靠：指报文按照顺序到达而且正确无误。TCP 采用确认应答和超时重发机制保证可靠性。

6.1.2　TCP/IP 报文格式

TCP/IP 采用分层结构，因此，数据报文也采用分层封装的方法。下面以应用最广泛的以太网为例说明其数据报文分层封装，如图 6.2 所示。

TCP/IP 采用分层模型，各层都有专用的报头，以下简单介绍以太网下 TCP/IP 各层报文格式。

以太网帧格式如图 6.3 所示。

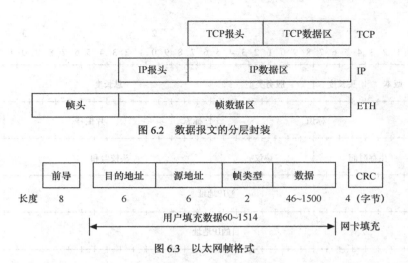

图 6.2　数据报文的分层封装

图 6.3　以太网帧格式

8 字节的前导用于帧同步，CRC 域用于帧校验。目的地址和源地址是指网卡的物理地址，即 MAC 地址，具有唯一性。帧类型或协议类型是指数据包的高级协议，如 0x0806 表示 ARP 协议，0x0800 表示 IP 等。

ARP/RARP（地址解析/反向地址解析）报文格式如图 6.4 所示。

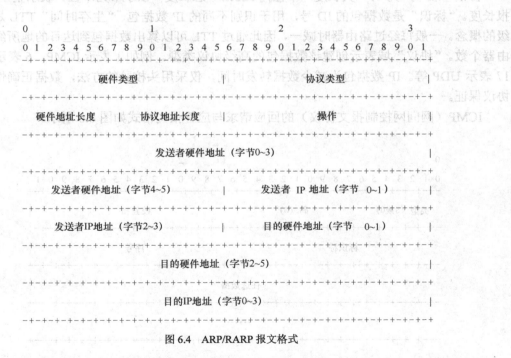

图 6.4　ARP/RARP 报文格式

"硬件类型"域指发送者本机网络接口类型（值"1"代表以太网）。"协议类型"域指发送者所提供/请求的高级协议地址类型（"0x0800"代表 IP）。"操作"域指出本报文的类型（"1"为 ARP 请求，"2"为 ARP 响应，"3"为 RARP 请求，"4"为 RARP 响应）。

IP 数据报头格式如图 6.5 所示。

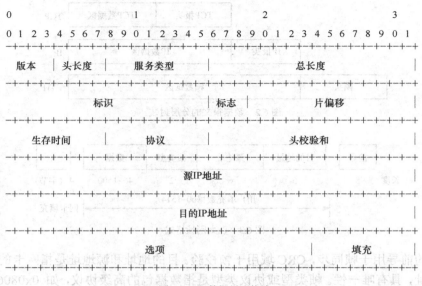

图 6.5　IP 数据报头格式

　　协议"版本"为 4，"头长度"单位为 32bit，"总长度"以字节为单位，表示整个 IP 数据报长度。"标识"是数据包的 ID 号，用于识别不同的 IP 数据包。"生存时间"TTL 是个数量级的概念。一般每经过路由器时减一，因此通过 TTL 可以算出数据包到达目的地所经过的路由器个数。"协议"域表示创建该数据包的高级协议类型。例如 1 表示 ICMP，6 表示 TCP，17 表示 UDP 等。IP 数据包为减少数据转发时间，仅采用头校验的方法，数据正确性由高层协议保证。

　　ICMP（网间网控制报文协议）的回应请求与应答报文格式如图 6.6 所示。

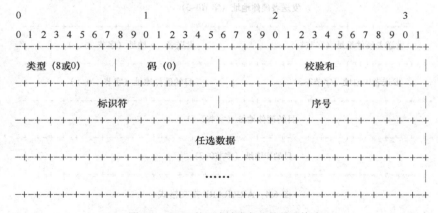

图 6.6　ICMP 的回应请求与应答报文格式

　　用户命令 ping 便是利用此报文来测试信宿机的可到达性。类型 0 为回应应答报文，8 为回应请求报文。整个数据包均参与校验。注意 ICMP 是封装在 IP 数据包里传送。

　　UDP 报文格式如图 6.7 所示。

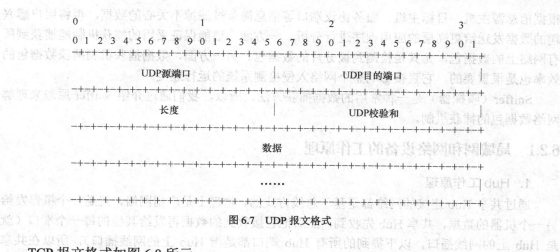

图 6.7 UDP 报文格式

TCP 报文格式如图 6.8 所示。

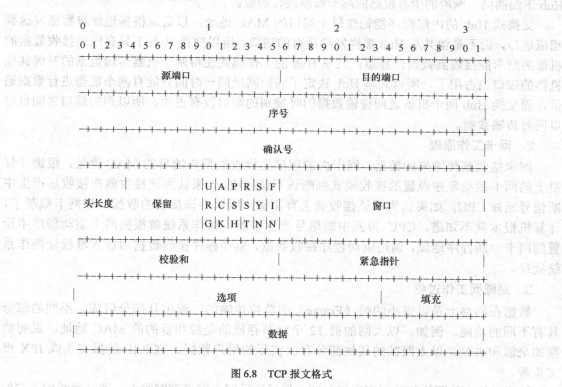

图 6.8 TCP 报文格式

"序号"指数据在发送端数据流中的位置。"确认号"指出本机希望下一个接收的字节的序号。

6.2 网络数据包的捕获

网络数据包捕获机制是网络入侵检测系统的基础。通过捕获整个网络的所有信息流量，根据信息源主机、目标主机、服务协议端口等信息简单过滤掉不关心的数据，再将用户感兴趣的数据发送给更高层的应用程序进行分析。一方面，要能保证采用的捕获机制能捕获到所有网络上的数据包，尤其是检测到被分片的数据包。另一方面，数据捕获机制捕获数据包的效率也是很重要的，它直接影响整个网络入侵检测系统的运行速度。

Sniffer（嗅探器）是一种常用的数据捕获方法，所以，我们通过介绍 Sniffer 原理来理解网络数据包的捕获机制。

6.2.1　局域网和网络设备的工作原理

1. Hub 工作原理

通过共享 Hub 连接的网络都是基于总线方式的，物理上是广播网络，就是一个机器发给另一个机器的数据，共享 Hub 先收到，然后把它接收到的数据再发给其他的每一个端口（就是 Hub 上的网线插口，以下提到的所有 Hub 端口都是指 Hub 上的网线插口），所以在共享Hub 下面的同一网段的所有机器的网卡都能接收到数据。

交换式 Hub 的内部程序能记住每个端口的 MAC 地址，以后就根据地址将数据发送到相应端口，而不是像共享 Hub 那样发给所有的端口，所以交换 Hub 下只有应该接收数据的机器的网卡能接收到数据。显然，共享 Hub 的工作模式使得两个机器传输数据的时候其他机器的端口也占用了，所以共享 Hub 决定了同一网段同一时间只能有两个机器进行数据通信，而交换 Hub 两个机器之间传输数据的时候别的端口没有占用，所以别的端口之间也可以同时传输数据。

2. 网卡工作原理

网卡接收到传输来的数据，网卡内的程序先接收数据头的目的 MAC 地址，根据计算机上的网卡驱动程序设置的接收模式判断该不该接收，如果认为该接收就在接收后产生中断信号通知 CPU；如果认为不该接收就丢弃不管，所以不该接收的数据就被网卡截断了，计算机根本就不知道。CPU 得到中断信号产生中断，操作系统就根据网卡驱动程序中设置的网卡中断程序地址，调用驱动程序接收数据，驱动程序接收数据后放入堆栈让操作系统处理。

3. 局域网工作过程

数据在网络上是以很小的帧（Frame）的单位传输的，帧由几部分组成，不同的部分具有不同的功能。例如，以太网的前 12 个字节存放的是源和目的的 MAC 地址，说明数据的来源和去处。以太网帧的其他部分存放实际的用户数据、TCP/IP 的报文头或 IPX 报文头等。

帧通过特定的网络驱动程序进行封装，然后通过网卡发送到网线上。通过网线到达它们的目的机器，在目的机器的一端执行相反的过程。接收端机器的以太网卡捕获到这些帧，并通知操作系统帧的到达，然后对其进行存储。就是在这个传输和接收的过程中，Sniffer 能获取网络数据。

通常在局域网中同一个网段的所有网络接口都有访问在物理媒体上传输的所有数据的能力，而每个网络接口都有一个硬件物理地址，该硬件地址不同于网络中存在的其他网络接口的硬件物理地址，同时，每个网络至少还有一个广播地址。在正常情况下，一个合法的网络接口应该只响应以下的两种数据帧。

（1）帧的目标域含有和本地网络接口相匹配的硬件地址。

（2）帧的目标域含有"广播地址"。

在接收到上面两种情况的数据包时，网卡通过 CPU 产生一个硬件中断，该中断使操作系统调用中断处理程序，将帧中所包含的数据传送给系统进一步处理。

当采用共享 Hub，用户发送一个报文时，这些报文就会发送到局域网上所有可用的机器。在一般情况下，网络上所有的机器都可以"听"到通过的流量，但对不属于自己的报文则不予响应。

如果局域网中某台机器的网络接口处于混杂（Promiscuous）模式，那么它就可以捕获网络上所有的报文和帧，如果一台机器被配置成这样的方式，它就成为了一个 Sniffer。

6.2.2 Sniffer 介绍

有人曾这样定义 Sniffer：Sniffer 是利用计算机的网络接口截获目的地为其他计算机的数据报文的一种工具。

1. Sniffer 工作原理

Sniffer 要捕获的东西必须是物理设备能收到的报文信息。所以，只要通知网卡接收其收到的所有包（该模式叫作混杂模式：指网络上的设备对总线上传送的所有数据进行侦听，并不仅仅是针对它们自己的数据），在共享 Hub 下就能接收到这个网段的所有数据包，但是在交换 Hub 下就只能接收自己的包和广播包。

要在交换 Hub 下接收别人的数据包，那就要让那些数据包发往你机器所在的端口。交换 Hub 通过接收来自每一个端口的数据并记住其源 MAC 地址，从而维护一个物理端口与 MAC 地址的对应表，就像一个机器的 IP 地址与 MAC 地址对应的 ARP 列表，所以可以欺骗交换 Hub。发一个数据包设置源 MAC 为想监听的那台机器的 MAC 地址，那么交换 Hub 就把机器的 Hub 端口与它的 MAC 地址对应起来，以后发给那个 MAC 地址的数据包就能发往你的 Hub 端口了，也就是你的网卡可以接收到了。但这 Hub 物理端口与 MAC 的对应表与机器的 ARP 表一样是动态刷新的，那台机器发包后交换 Hub 就又记住他的端口了，所以这只能应用在只要收听少量包就可以的场合。

因此，可以将一台计算机的网络连接设置为接收网络上所有的数据，从而实现 Sniffer。Sniffer 将本地网卡状态设成"混杂"模式，它对收到的每一个帧都产生一个硬件中断，以便提醒操作系统处理流经该物理媒体上的每一个报文包。

Sniffer 工作在网络环境中的底层，它拦截所有的正在网络上传送的数据，并且通过相应的软件处理，可以实时分析这些数据的内容，进而分析所处的网络状态和整体布局。嗅探器在功能和设计方面有很多不同，有些只能分析一种协议，而另一些可能能够分析几百种协议。一般情况下，大多数的嗅探器至少能够分析下面的协议：标准以太网、TCP/IP、IPX 和 DECNet。

2. Sniffer 的应用

Sniffer 的正当用处主要是分析网络的流量，以便找出所关心的网络中潜在的问题。例如，假设网络的某一段运行得不好，报文的发送比较慢，而我们又不知道问题出在什么地方，此时就可以用 Sniffer 来作出精确的问题判断。可以方便地确定出多少的通信量属于哪个网络协议、占主要通信协议的主机是哪一台、大多数通信目的地是哪台主机、报文发送占用多少时间、或者相互主机的报文传送间隔时间等，这些信息为管理员判断网络问题、管理网络区域提供了非常宝贵的信息。

由于 Snifffer 可以捕获网络上的报文数据，这些数据可以是普通的报文数据，也可以是用户的账号和密码，甚至是一些商用机密数据等。因此，Sniffer 也常被黑客作为一种网络监听工具。

Sniffer 作用在网络基础结构的底层。通常情况下， 用户并不直接和该层打交道，有些甚至不知道有这一层存在。所以，应该说 Sniffer 的危害是比较大的，可能造成如下的危害。

（1）嗅探器能够捕获口令。Sniffer 可以记录到明文传送的 userid 和 password。

（2）能够捕获专用的或者机密的信息。Sniffer 可以很轻松截获在网上传送的用户姓名、口令、信用卡号码、截止日期、账号和 pin。还可以偷窥机密或敏感的信息数据，通过拦截数据包，入侵者可以很方便记录别人之间敏感的信息传送，或者干脆拦截整个的 E-mail 会话过程。

（3）窥探低级的协议信息，用来获取更高级别的访问权限。通过对底层的信息协议记录，例如，记录两台主机之间的网络接口地址、远程网络接口 IP 地址、IP 路由信息和 TCP 连接的字节顺序号码等。这些信息由非法入侵的人掌握后将对网络安全构成极大的危害。

6.2.3 共享和交换网络环境下的数据捕获

如上所述，共享网段的数据传输是通过广播实现的。在通常情况下，网络通信的应用程序只能响应与自己硬件地址相匹配的或是以广播形式发出的数据帧，对于其他形式的数据帧比如已到达网络接口但却不是发给此地址的数据帧，网络接口在验证投递地址并非自身地址之后将不引起响应，也就是说应用程序无法收取与自己无关的数据包。

要想捕获流经网卡的但不属于自己主机的所有数据流，就必须绕开系统正常工作的处理机制，直接访问网络底层。首先需要将网卡的工作模式设置为混杂模式，使之可以接收目标地址不是自己的 MAC 地址的数据包，然后直接访问数据链路层，获取数据并由应用程序进行过滤处理。

在 UNIX 系统中可以用 Libpcap 包捕获函数库直接与内核驱动交互操作，实现对网络数据包的捕获。在 Win32 平台上可以使用 Winpcap，通过 VxD 虚拟设备驱动程序实现网络数据捕获的功能。

在使用交换 Hub 或者交换机连接的交换式网络环境中，处于监听状态下的网络设备，只能捕获到它所连接的交换 Hub 或者交换机端口上的数据，而无法监听其他端口和其他网段的数据。因此，实现交换网络的数据捕获要采用一些特殊的方法。通常可以采用如下的这些方法。

（1）将数据包捕获程序放在网关或代理服务器上，这样就可以捕获到整个局域网的数据包。

（2）对交换机实行端口映射，将所有端口的数据包全部映射到某个连接监控机器的端口上。

（3）在交换机和路由器之间连接一个 Hub，这样数据将以广播的方式发送。

　　（4）实行 ARP 欺骗，即在负责数据包捕获的机器上实现整个网络的数据包的转发，不过会降低整个局域网的效率。

6.3　包捕获机制与 BPF 模型

6.3.1　包捕获机制

　　从广义的角度上看，一个包捕获机制包含 3 个主要部分：最底层是针对特定操作系统的包捕获机制，最高层是针对用户程序的接口，中间部分是包过滤机制。

　　不同的操作系统实现的底层包捕获机制可能是不一样的，但从形式上看大同小异。数据包常规的传输路径依次为网卡、设备驱动层、数据链路层、IP 层、传输层，最后到达应用程序。而包捕获机制是在数据链路层增加一个旁路处理，对发送和接收到的数据包做过滤/缓冲等相关处理，最后直接传递到应用程序。值得注意的是，包捕获机制并不影响操作系统对数据包的网络栈处理。对用户程序而言，包捕获机制提供了一个统一的接口，使用户程序只需要简单的调用若干函数就能获得所期望的数据包。包过滤机制是对所捕获到的数据包根据用户的要求进行筛选，最终只把满足过滤条件的数据包传递给用户程序。

　　包过滤机制的引入就是为了便于用户程序只通过简单设置的一系列过滤条件，最终便能获得满足条件的数据包。包过滤操作可以在用户空间执行，也可以在内核空间执行，但必须注意到数据包从内核空间拷贝到用户空间的开销很大，所以如果能在内核空间进行过滤，会极大地提高捕获的效率。在理论研究和实际应用中，包捕获和包过滤从语意上并没有严格的区分，关键在于认识到捕获数据包必然有过滤操作。基本上可以认为，包过滤机制在包捕获机制中占中心地位。

　　包过滤机制实际上是针对数据包的布尔值操作函数，如果函数最终返回 true，则通过过滤，反之则被丢弃。形式上包过滤由一个或多个谓词判断的与操作（AND）和或操作（OR）构成，每一个谓词判断基本上对应了数据包的协议类型或某个特定值。例如，只需要 TCP 类型且端口为 110 的数据包或 ARP 类型的数据包。包过滤机制在具体的实现上与数据包的协议类型并无多少关系，它只是把数据包简单地看成一个字节数组，而谓词判断会根据具体的协议映射到数组特定位置的值。如判断 ARP 类型数据包，只需要判断数组中第 13、14 个字节是否为 0x0806。从理论研究的意思上看，包过滤机制是一个算法问题，其中心任务是如何使用最少的判断操作、最少的时间完成过滤处理，提高过滤效率。

　　Linux 系统为用户提供了一种工作在数据链路层的套接字 SOCK-PACKET，这种套接字绕过系统协议栈直接从网卡驱动程序读取数据，所以用这种套接字可以直接获取数据链路层的原始数据包。如果先用 Linux 下的设备管理函数 ioctl 把网卡设置成混杂模式，用户就能用此套接字捕获流经所在子网的所有数据包。这种方法缺点是效率较低。在其他操作系统上也有类似的工具，如在 SunOS 中有 NIT 接口、在 DEC 的 Ultrix 环境下有 Ultrix Packet Filter、在 SGI 的 IRIX 中有 SNOOP、另外还有 BSD 的 BPF（BSD Berkeley Packet Filter）。其中 BPF 是一种效率较高、应用广泛的包捕获工具。常用的包捕获机制如表 6.1 所示。

表 6.1   常用的包捕获机制

包捕获机制	系统平台	备注
BPF	BSD 系列	Berkeley Packet Filter
DLPI	Solaris，HP-UNIX， SCO UNIX	Data Link Provider Interface
NIT	SunOS 3	Network Interface Tap
SNOOP	IRIX	
SNIT	SunOS 4	Streams Network Interface Tap
SOCK_PACKET	Linux	
LSF	≥Linux 2.1.75	Linux Socket Filter
Drain	IRIX	

6.3.2   BPF 模型

    BPF 模型由劳伦斯伯克利实验室的研究人员 Stevern McCanne 和 Van Jacobson 于 1993 年提出，它可以在内核态处理数据包，提高了网络监控程序的运行性能。目前 UNIX 平台上多数嗅包工具（如 Tcpdump、Sniffit、NFR 等）都是基于 BPF 开发的。这主要是因为监听程序以用户级别进程工作，数据包的复制必须跨越内核/用户保护界限，这就需要使用数据包过滤器内核程序。BPF 过滤使用了新的基于寄存器的预过滤机制，它的缓存机制对整体效率提高有很大作用。

    BPF 主要由两部分组成：网络分接头（Network Tap）和数据包过滤器（Packet Filter）。网络分接头从网络设备驱动程序处收集数据包进行复制，并传递给正在捕获数据包的应用程序。过滤器决定某一数据包是被接受或者拒绝以及如果被接受，数据包的哪些部分会被复制给应用程序。BPF 的模型结构如图 6.9 所示。

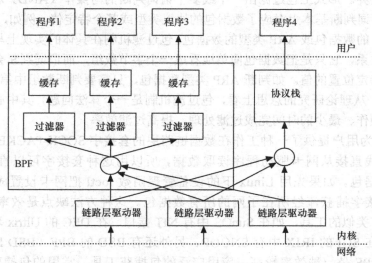

图 6.9   BPF 的模型及其接口

通常网卡驱动程序接收到一个数据包后，将其提交给系统的协议栈。如果有进程用 BPF 进行网络侦听，网卡驱动程序会先调用 BPF，复制一份数据给 BPF 的过滤器，过滤器则根据用户定义的规则决定是否接收此数据包。再判断这个数据包是否是发给本机的，如果不是发给本机的，则网卡驱动程序从中断返回，继续接收数据；如果这个数据包是发给本机的，驱动程序会再把它提交给系统的协议栈，然后返回。

BPF 在核心设置了过滤器，预先可对数据包进行过滤，并且只将用户需要的数据提交给用户进程。每个 BPF 都有一个缓冲区，如果过滤器判断接收某个包，BPF 就将它复制到相应的缓冲区中暂存起来，等收集到足够的数据后再一起提交给用户进程，提高了效率。

BPF 还改进了过滤方式。目前基本的过滤规则表达方式有两种：一种是布尔表达树，另一种是 BPF 使用的有向无圈控制流图（Directed Acyclic Control Flow Graph，CFG）。树型过滤器的设计是围绕一个基于栈的过滤求值程序，它把控制规则布尔表达式及相关数据先压入栈，再逐步弹出，并计算结果。而 BPF 使用基于寄存器的过滤求值程序，比树型过滤器的快 20 倍。

6.4 基于 Libpcap 库的数据捕获技术

6.4.1 Libpcap 介绍

Libpcap 的英文意思是 Packet Capture library，即数据包捕获函数库。它是劳伦斯伯克利国家实验室网络研究组开发的 UNIX 平台上的一个包捕获函数库，其源代码可从 ftp://ftp.ee.lbl.gov/libpcap.tar.z 获得。它是一个独立于系统的用户层包捕获的 API 接口，为底层网络监测提供了一个可移植的框架。该函数库支持 Linux、Solaris 和 BSD 系统平台。Libpcap 支持基于 BPF 体系的过滤机制，目前仅对 BPF 使用内核过滤，在没有 BPF 的系统中，所有的数据包都会被读入用户空间后，再在 Libpcap 库中进行过滤处理，这样会导致性能的下降。

1994 年 Libpcap 的第一个版本被发布，到现在已有 10 多年的历史，现在 Libpcap 被广泛的应用在各种网络监控软件中。Libpcap 最主要的优点在于平台无关性，用户程序几乎不需做任何改动就可移植到其他 UNIX 平台上。其次，Libpcap 也能适应各种过滤机制，对 BPF 的支持最好。

1. Libpcap 头文件定义（pcap.h）

数据流存储文件头的结构定义如下：

```
struct   pcap_file_header {
    bpf_u_int32   magic;
    u_short   version_major;
    u_short   version_minor;
    bpf_int32   thiszone;      /*gmt to local correction */
    bpf_u_int32   sigfigs;      /*accuracy of timestamps*/
    bpf_u_int32   snaplen;      /*max length saved portion of each* pkt*/
    bpf_u_int32   linktype;      /*data link type(LINKTYPE)*/
};
```

数据信息包的包头数据结构定义如下：

```
struct    pcap_pkthdr {
    struct timeval ts;          /*time stamp*/
    bpf_u_int32 caplen;    /*length of portion present */
    bpf_u_int32 len;          /*length of this packet */
};
```

2. Libpcap 库主要函数

（1）pcap_t *pcap_open_live(char *device, int snaplen,int promisc, int to_ms, char *ebuf)

获得用于捕获网络数据包的数据包捕获描述字。device 参数为指定打开的网络设备名。snaplen 参数定义捕获数据的最大字节数。promisc 指定是否将网络接口置于混杂模式。to_ms 参数指定超时时间（毫秒）。ebuf 参数则仅在 pcap_open_live()函数出错返回 NULL 时用于传递错误消息。

（2）pcap_t *pcap_open_offline(char *fname, char *ebuf)

打开以前保存捕获数据包的文件，用于读取。fname 参数指定打开的文件名。该文件中的数据格式与 tcpdump 和 tcpslice 兼容。“-”为标准输入。ebuf 参数则仅在 pcap_open_offline()函数出错返回 NULL 时用于传递错误消息。

（3）pcap_dumper_t *pcap_dump_open(pcap_t *p, char *fname)

打开用于保存捕获数据包的文件，用于写入。fname 参数为“-”时表示标准输出。出错时返回 NULL。p 参数为调用 pcap_open_offline()或 pcap_open_live()函数后返回的 pcap_t 结构指针。fname 参数指定打开的文件名。如果返回 NULL，则可调用 pcap_geterr()函数获取错误消息。

（4）char *pcap_lookupdev(char *errbuf)

用于返回可被 pcap_open_live()或 pcap_lookupnet()函数调用的网络设备名指针。如果函数出错，则返回 NULL，同时 errbuf 中存放相关的错误消息。

（5）int pcap_lookupnet(char *device, bpf_u_int32 *netp,bpf_u_int32 *maskp, char *errbuf)

获得指定网络设备的网络号和掩码。netp 参数和 maskp 参数都是 bpf_u_int32 指针。如果函数出错，则返回-1，同时 errbuf 中存放相关的错误消息。

（6）int pcap_dispatch(pcap_t *p, int cnt,pcap_handler callback, u_char *user)

捕获并处理数据包。cnt 参数指定函数返回前所处理数据包的最大值。cnt= -1 表示在一个缓冲区中处理所有的数据包。cnt=0 表示处理所有数据包，直到产生以下错误之一：读取到 EOF；超时读取。callback 参数指定一个带有 3 个参数的回调函数，这 3 个参数为：一个从 pcap_dispatch()函数传递过来的 u_char 指针，一个 pcap_pkthdr 结构的指针，和一个数据包大小的 u_char 指针。如果成功则返回读取到的字节数。读取到 EOF 时则返回零值。出错时则返回 -1，此时可调用 pcap_perror()或 pcap_geterr()函数获取错误消息。

（7）int pcap_loop(pcap_t *p, int cnt,pcap_handler callback, u_char *user)

功能基本与 pcap_dispatch()函数相同，只不过此函数在 cnt 个数据包被处理或出现错误时才返回，但读取超时不会返回。而如果为 pcap_open_live()函数指定了一个非零值的超时设置，然后调用 pcap_dispatch()函数，则当超时发生时 pcap_dispatch()函数会返回。cnt 参数为负值时 pcap_loop()函数将始终循环运行，除非出现错误。

（8）void pcap_dump(u_char *user, struct pcap_pkthdr *h,u_char *sp)

向调用 pcap_dump_open()函数打开的文件输出一个数据包。该函数可作为 pcap_dispatch()函数的回调函数。

（9）int pcap_compile(pcap_t *p, struct bpf_program *fp,char *str, int optimize, bpf_u_int32 netmask)

将 str 参数指定的字符串编译到过滤程序中。fp 是一个 bpf_program 结构的指针，在 pcap_compile()函数中被赋值。optimize 参数控制结果代码的优化。netmask 参数指定本地网络的网络掩码。

（10）int pcap_setfilter(pcap_t *p, struct bpf_program *fp)

指定一个过滤程序。fp 参数是 bpf_program 结构指针，通常取自 pcap_compile()函数调用。出错时返回 -1；成功时返回 0。

（11）u_char *pcap_next(pcap_t *p, struct pcap_pkthdr *h)

返回指向下一个数据包的 u_char 指针。

（12）int pcap_datalink(pcap_t *p)

返回数据链路层类型，如 DLT_EN10MB。

（13）int pcap_snapshot(pcap_t *p)

返回 pcap_open_live 被调用后的 snapshot 参数值。

（14）int pcap_is_swapped(pcap_t *p)

返回当前系统主机字节与被打开文件的字节顺序是否不同。

（15）int pcap_major_version(pcap_t *p)

返回写入被打开文件所使用的 pcap 函数的主版本号。

（16）int pcap_minor_version(pcap_t *p)

返回写入被打开文件所使用的 pcap 函数的辅版本号。

（17）int pcap_stats(pcap_t *p, struct pcap_stat *ps)

向 pcap_stat 结构赋值。成功时返回 0。这些数值包括了从开始捕获数据以来至今共捕获到的数据包统计。如果出错或不支持数据包统计，则返回 -1，且可调用 pcap_perror()或 pcap_geterr()函数来获取错误消息。

（18）FILE *pcap_file(pcap_t *p)

返回被打开文件的文件名。

（19）int pcap_fileno(pcap_t *p)

返回被打开文件的文件描述字号码。

（20）void pcap_perror(pcap_t *p, char *prefix)

在标准输出设备上显示最后一个 pcap 库错误消息。以 prefix 参数指定的字符串为消息头。

（21）char *pcap_geterr(pcap_t *p)

返回最后一个 pcap 库错误消息。

（22）char *pcap_strerror(int error)

如果 strerror()函数不可用，则可调用 pcap_strerror 函数替代。

（23）void pcap_close(pcap_t *p)

关闭 p 参数相应的文件，并释放资源。

（24）void pcap_dump_close(pcap_dumper_t *p)

关闭相应的被打开文件。

3. Libpcap 应用框架

Libpcap 提供了系统独立的用户级别网络数据包捕获接口，并充分考虑到应用程序的可移植性。Libpcap 应用程序从形式上看很简单，下面是一个简单的程序框架。

```
char * device; /* 用来捕获数据包的网络接口的名称 */
pcap_t * p; /* 捕获数据包句柄，最重要的数据结构 */
struct bpf_program fcode; /* BPF 过滤代码结构 */
/* 第一步：查找可以捕获数据包的设备 */
device = pcap_lookupdev(errbuf);
/* 第二步：创建捕获句柄，准备进行捕获 */
p = pcap_open_live(device, 8000, 1, 500, errbuf);
/* 第三步：如果用户设置了过滤条件，则编译和安装过滤代码 */
pcap_compile(p, &fcode, filter_string, 0, netmask);
pcap_setfilter(p, &fcode);
/* 第四步：进入（死）循环，反复捕获数据包 */
for( ; ; )
{
while((ptr = (char *)(pcap_next(p, &hdr))) == NULL);
/* 第五步：对捕获的数据进行类型转换，转化成以太数据包类型 */
eth = (struct libnet_ethernet_hdr *)ptr;
/* 第六步：对以太头部进行分析，判断所包含的数据包类型，做进一步的处理 */
if(eth->ether_type == ntohs(ETHERTYPE_IP))
……
if(eth->ether_type == ntohs(ETHERTYPE_ARP))
……
}
 /* 最后一步：关闭捕获句柄，一个简单技巧是在程序初始化时增加信号处理函数，以便在程序
退出前执行本条代码 */
pcap_close(p);
```

6.4.2 Windows 平台下的 Winpcap 库

1. Winpcap 库组成

Libpcap 过去只支持 UNIX 系统，现在已经可以支持 Win32 系统，这是通过在 Win32 系统中安装 Winpcap 来实现的，其官方网站是http://winpcap.polito.it/。

Winpcap 的主要功能在于独立于主机协议而发送和接收原始数据报，主要提供了以下四

大功能。

（1）捕获原始数据报，包括在共享网络上各主机发送/接收的以及相互之间交换的数据报。

（2）在数据报发往应用程序之前，按照自定义的规则将某些特殊的数据报过滤掉。

（3）在网络上发送原始的数据报。

（4）收集网络通信过程中的统计信息。

Winpcap 为应用程序提供了与数据包捕获有关的过程，包括两个不同层次的 API：Packet.dll、Wpcap.dll 和一个虚拟设备驱动程序 NPF.vxd，它们之间的调用关系如图 6.10 所示。

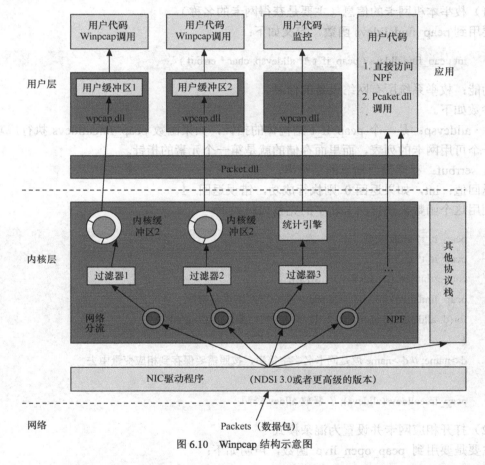

图 6.10 Winpcap 结构示意图

（1）NPF.vxd（Netgroup Packet Filter）是一个虚拟设备驱动程序文件。它工作在内核级，功能是过滤数据包，并把这些数据包原封不动地传给用户态模块，这个过程中包括了一些与操作系统相关的代码。

（2）Pcaket.dll，该动态链接库为 Win32 平台提供了一个公共接口。不同版本的 Windows 系统都有自己的内核模块和用户模块。Packet.dll 用于解决这些平台的差异性。调用 Packet.dll 的程序可以运行在不同版本的 Windows 平台上，而无需重新编译。

（3）Wpcap.dll，该动态链接库提供了一个不依赖于操作系统类型的高层接口库。它提供了更加高层、抽象的函数。

其中 Packet.dll 直接映射了内核的调用，而 Wpcap.dll 提供了更加友好、功能更加强大的函数调用。Winpcap 在安装的时候能够自动识别本机的操作系统，并据此安装不同版本的 NPF.vxd 和 Packet.dll，无需用户干预。

Winpcap 机制为 Windows 系统平台提供了一套标准的数据包截获接口，并与 Libpcap 库兼容，可使得原来许多 UNIX、Linux 平台下的网络分析工具能快速移植过来。除了与 Libpcap 兼容的功能外，Winpcap 还充分考虑了各种性能和效率的优化，包括 NPF 内核层次上的过滤器支持内核态的统计模式，提供了直接发送数据包的能力。

2. Winpcap 的基本使用步骤

（1）枚举本机网卡的信息（主要是获得网卡的名称）

要用到 pcap_findalldevs 函数，定义如下：

```
int pcap_findalldevs ( pcap_if_t ** alldevsp, char * errbuf )
```

功能：枚举系统所有网络设备的信息。

参数如下。

● alldevsp：是一个 pcap_if_t 结构体的指针，如果函数 pcap_findalldevs 执行成功，将获得一个可用网卡的列表，而里面存储的就是第一个元素的指针。

● errbuf：存储错误信息的字符串。

返回值：int，如果返回 0 则执行成功，错误返回 −1。

利用这个函数来获得网卡名字的完整代码如下：

```
pcap_if_t* alldevs;
pcap_if_t* d;
char errbuf[PCAP_ERRBUF_SIZE];
pcap_findalldevs(&alldevs,errbuf); // 获得网络设备指针
for(d=alldevs;d;d=d->next) // 枚举网卡然后添加到 ComboBox 中
{
d->name; // d->name 就是网卡名字字符串，按照需要保存到相应变量中去
}
pcap_freealldevs(alldevs); // 释放 alldev 资源
```

（2）打开相应网卡并设置为混杂模式

主要是要用到 pcap_open_live 函数，声明如下：

```
pcap_t* pcap_open_live ( char * device, int snaplen, int promisc, int to_ms, char * ebuf )
```

功能：根据网卡名字打开网卡，并设置为混杂模式，然后返回其句柄。

参数如下。

● device ：就是前面获得的网卡的名字。

● snaplen：从每个数据包里取得数据的长度，例如设置为 100，则每次只是获得每个数据包 100 个长度的数据，没有什么特殊需求的话就把它设置为 65535 最大值就可以了。

● promisc：这个参数设置是否把网卡设置为"混杂模式"，设置为 1 即可。

● to_ms：超时时间，单位为毫秒，一般设置为 1000 即可。

返回值：pcap_t，类似于一个网卡"句柄"之类的参数，这个参数是后面截获数据要用到的。

使用示例代码如下：

```
pcap_t* adhandle;
char errbuf[PCAP_ERRBUF_SIZE];
// 打开网卡，并且设置为混杂模式
// pCardName 是前面传来的网卡名字参数
adhandle = pcap_open_live(pCardName,65535,1,1000,errbuf);
```

（3）截获数据包并保存为文件

这个步骤中需要用到的函数说明如下。

① pcap_dumper_t* pcap_dump_open (pcap_t * p, const char * fname)

功能：建立或者打开存储数据包内容的文件，并返回其句柄。

参数如下。

● pcap_t * p ：前面打开的网卡句柄。

● const char * fname ：要保存的文件名字。

返回值：pcap_dumper_t*，保存文件的描述句柄。

② int pcap_next_ex (pcap_t * p, struct pcap_pkthdr ** pkt_header, u_char ** pkt_data)

功能：从网卡或者数据包文件中读取数据内容。

参数如下。

● pcap_t * p：网卡句柄。

● struct pcap_pkthdr ** pkt_header：并非是数据包的指针，只是与数据包捕获驱动有关的一个 Header。

● u_char ** pkt_data：指向数据包内容的指针，包括了协议头。

返回值如下。

1：如果成功读取数据包。

0：pcap_open_live()设定的超时时间之内没有读取到内容。

-1：出现错误。

-2：读文件时读到了末尾。

③ void pcap_dump (u_char * user, const struct pcap_pkthdr * h, const u_char * sp)

功能：将数据包内容依次写入 pcap_dump_open()指定的文件中。

参数如下。

● u_char * user：网卡句柄。

● const struct pcap_pkthdr * h：并非是数据包的指针，只是与数据包捕获驱动有关的一个 Header。

● const u_char * sp：数据包内容指针。

返回值：Void。

（4）捕获数据包的完整代码

下面给出一段完整的捕获数据包的代码，是在线程中写的，为了程序清晰，去掉了错误处理代码以及线程退出的代码。

参数 pParam 为用户选择的用来捕获数据的网卡的名字。

```
UINT CaptureThread(LPVOID pParam)
{
const char* pCardName=(char*)pParam; // 转换参数，获得网卡名字
pcap_t* adhandle;
char errbuf[PCAP_ERRBUF_SIZE];
// 打开网卡，并且设置为混杂模式
adhandle=pcap_open_live(pCardName,65535,1,1000,errbuf);    {
pcap_dumper_t* dumpfile;
// 建立存储截获数据包的文件
dumpfile=pcap_dump_open(adhandle, "Packet.dat");
int re;
pcap_pkthdr* header; // Header
u_char* pkt_data; // 数据包内容指针
// 从网卡或者文件中不停读取数据包信息
while((re=pcap_next_ex(adhandle,&header,(const u_char**)&pkt_data))>=0)
{
// 将捕获的数据包存入文件
pcap_dump((unsigned char*)dumpfile,header,pkt_data);
}
return 0;
}
```

将这个线程加入到程序里面启动，用类似如下的代码就可以。

```
::AfxBeginThread(CaptureThread,chNIC); // chNIC 是网卡的名字，char* 类型
```

启动线程一段时间以后，可以看到数据包已经被成功的截获下来，并存储到程序目录下的 Packet.dat 文件中。

6.5 检测引擎的设计

网络检测引擎必须获取和分析网络上传输的数据包，才能得到可能入侵的信息。因此，检测引擎首先需要利用数据包截获机制，截获引擎所在网络中的数据包。然后，经过过滤后，引擎需要采用一定的技术对数据包进行处理和分析，从而发现数据流中存在的入侵事件和行为。所以，有效的处理和分析技术是检测引擎的重要组成部分。检测引擎主要的分析技术有模式匹配技术和协议分析技术等。

6.5.1 模式匹配技术

模式匹配是使用基于攻击特征的网络数据包分析技术。它的分析速度快、误报率小等优点是其他分析方法不可比拟的。传统的模式匹配方法分析网络上的每一个数据包是否具有某种攻击特征。工作过程如下。

（1）从网络数据包的包头开始和攻击特征比较。

（2）如果比较结果相同，则检测到一个可能的攻击。

（3）如果比较结果不同，从网络数据包中下一个位置重新开始比较。

（4）直到检测到攻击或网络数据包中的所有字节匹配完毕，一个攻击特征匹配结束。

（5）对于每一个攻击特征，重复第（1）～（4）步的操作。

（6）直到每一个攻击特征匹配完毕，对给定数据包的匹配完毕。

下面给出一个例子可以说明其工作原理。

AF7*Hy289s820800B9v5yt$0611tbhk76500801293ugdB2%00397e39123456789012345678901234567890123456789012345678901234567890123456

为监听到的网络数据包，对于攻击模式 "GET /cgi-bin/./phf"，首先从数据包头部开始比较：

GET /cgi-bin/./phf---

AF7*Hy289s820800B9v5yt$0611tbhk76500801293ugdB2%00397e39123456789012345678901234567890123456789012345678901234567890123456

比较不成功，移动一个字节重新比较。

传统的模式匹配的方法有很大的弊端：计算量很大，只能检测特定类型的攻击，对攻击特征微小的变形都将使得检测失败，而影响检测准确性。

6.5.2 协议分析技术

传统的模式匹配检测方法的问题根本是把网络数据包看作是无序的随意的字节流。可是网络通信协议是一个高度格式化的、具有明确含义和取值的数据流，如果将协议分析和模式匹配方法结合起来，可以获得更好的效率、更精确的结果。

协议分析的功能是辨别数据包的协议类型，以便使用相应的数据分析程序来检测数据包。可以把所有的协议构成一棵协议树，一个特定的协议是该树结构中的一个节点，可以用一棵二叉树来表示。一个网络数据包的分析就是一条从根到某个叶子的路径。在程序中动态地维护和配置此树结构即可实现非常灵活的协议分析功能。

在该树结构中可以加入自定义的协议节点，如在 HTTP 中可以把请求 URL 列入该树中作为一个节点，再将 URL 中不同的方法作为子节点，这样可以细化分析数据，提高检测效率。

树的节点数据结构中应包含以下信息：该协议的特征、协议名称、协议代号、下级协议代号、协议对应的数据分析函数链表。协议名称是该协议的唯一标志。协议代号是为了提高分析速度用的编号。下级协议代号是在协议树中其父节点的编号，如 TCP 的下级协议是 IP。协议特征是用于判定一个数据包是否为该协议的特征数据，这是协议分析模块判断该数据包的协议类型的主要依据。数据分析函数链表是包含对该协议进行检测的所有函数的链表。该链表的每一节点包含可配置的数据，例如是否启动该检测函数等。

协议分析有效利用了网络协议的层次性和相关协议的知识快速地判断攻击特征是否存在。他的高效使得匹配的计算量大幅度减小。

下面分析基于协议分析的入侵检测系统如何处理上面例子中的数据包：

AF7*Hy289s820800B9v5yt$0611tbhk76500801293ugdB2%00397e391234567890123456789
0123456789012345678901234567890123456

协议规范指出以太网络数据包中第 13 字节处包含了两个字节的第三层协议标识。基于协议分析的检测引擎利用这个知识开始第一步检测：跳过前面 12 个字节，读取 13 字节处的 2 字节协议标识（0800）。根据协议规范可以判断这个网络数据包是 IP 包。

IP 规定 IP 包的第 24 字节处有一个 1 字节的第四层协议标识。因此检测引擎跳过的 15～24 字节直接读取第四层协议标识（06），这个数据包是 TCP。

TCP 在第 35 字节处有一个 2 字节的应用层协议标识（端口号）。于是检测引擎跳过第 25～34 字节直接读取第 35 字节的端口号（80）。该数据包是一个 HTTP 的数据包。

HTTP 规定第 55 字节是 URL 开始处，我们要检测给定特征"GET /cgi-bin/./phf"，因此要仔细检测这个 URL。

可以看出，利用协议分析可以大大减小模式匹配的计算量，提高匹配的精确度，减少误报率。

6.6　网络入侵特征实例分析

网络检测引擎利用数据包截获机制，截获网络中的数据包，经过过滤后，如前所述，根据入侵行为的基本特征，来发现数据流中存在的入侵事件和行为。所以，必须建立一个准确丰富的入侵行为特征数据库，这就如同公安部门必须拥有健全的罪犯信息库一样。

6.6.1　特征（Signature）的基本概念

IDS 中的特征就是指用于判别通信信息种类的样板数据，通常分为多种，以下是一些典型情况及识别方法。

（1）来自保留 IP 地址的连接企图：可通过检查 IP 报头的来源地址识别。

（2）带有非法 TCP 标志组合的数据包：可通过对比 TCP 报头中的标志集与已知正确和错误标记组合的不同点来识别。

（3）含有特殊病毒信息的 E-mail：可通过对比每封 E-mail 的主题信息和病态 E-mail 的主题信息来识别，或者通过搜索特定名字的附近区域来识别。

（4）查询负载中的 DNS 缓冲区溢出企图：可通过解析 DNS 域及检查每个域的长度来识别利用 DNS 域的缓冲区溢出企图。还有另外一个识别方法是：在负载中搜索"壳代码利用"（Exploit Shellcode）的序列代码组合。

（5）通过对 POP3 服务器发出上千次同一命令而导致的 DoS 攻击：通过跟踪记录某个命令连续发出的次数，看看是否超过了预设上限，而发出报警信息。

（6）未登录情况下使用文件和目录命令对 FTP 服务器的文件访问攻击：通过创建具备状态跟踪的特征样板以监视成功登录的 FTP 对话、发现未经验证却发命令的入侵企图。

从以上分类可以看出特征的涵盖范围很广，有简单的报头域数值，有高度复杂的连接状态跟踪，有扩展的协议分析。以下从最简单的特征入手进行分析。

6.6.2 典型特征——报头值

报头值（Header Values）的结构比较简单，而且可以很清楚地识别出异常报头信息，因此，特征数据的首席候选就是它。一个经典的例子是：明显违背 RFC793 中规定的 TCP 标准、设置了 SYN 和 FIN 标记的 TCP 数据包。这种数据包被许多入侵软件采用，向防火墙、路由器以及 IDS 系统发起攻击。

一般情况下，异常报头值的来源有以下几种。

（1）因为大多数操作系统和应用软件都是在假定 RFC 被严格遵守的情况下编写的，没有添加针对异常数据的错误处理程序，所以许多包含报头值漏洞利用的入侵数据都会故意违反 RFC 的标准定义。

（2）许多包含错误代码的不完善软件也会产生违反 RFC 定义的报头值数据。

（3）并非所有的操作系统和应用程序都能全面拥护 RFC 定义。

（4）随着时间推移，执行新功能的协议可能不被包含于现有 RFC 中。

由于以上几种情况，严格基于 RFC 的 IDS 特征数据就有可能产生漏报或误报效果。

非法报头值是特征数据的一个非常基础的部分，合法但可疑的报头值也同等重要。例如，如果存在到端口 31337 或 27374 的可疑连接，就可报警说可能有特洛伊木马在活动，再附加上其他更详细地探测信息，就能够进一步地分析和判断。

6.6.3 候选特征

为了更好地理解基于报头值的特征数据，下面来分析一个实例。

Synscan 是一个流行的用于扫描和探测系统的工具，Synscan 的执行行为很具典型性，它发出的信息包具有多种可分辨的特性，包括以下内容。

（1）不同的来源 IP 地址信息。

（2）TCP 来源端口 21，目标端口 21。

（3）服务类型 0。

（4）IP 标识号码（IP Identification Number）39426。

（5）设置 SYN 和 FIN 标志位。

（6）不同的序列号集合（Sequence Numbers Set）。

（7）不同的确认号码集合（Acknowledgment Numbers Set）。

（8）TCP 窗口尺寸 1028。

下面对以上这些数据进行筛选，看看哪个比较合适做特征数据。我们要寻找的是：非法、异常或可疑数据，大多数情况下，这都反映出攻击者利用的漏洞或者它们使用的特殊技术。以下是特征数据的候选对象。

（1）只具有 SYN 和 FIN 标志集的数据包，这是公认的恶意行为迹象。

（2）没有设置 ACK 标志，却具有不同确认号码数值的数据包，而正常情况应该是 0。

（3）来源端口和目标端口都被设置为 21 的数据包，经常与 FTP 服务器关联。这种端口相同的情况一般被称为"反身"（Reflexive），除了个别时候如进行一些特别 NetBIOS 通信外，正常情况下不应该出现这种现象。"反身"端口本身并不违反 TCP 标准，但大多数情况下它们并非预期数值。例如，在一个正常的 FTP 对话中，目标端口一般是 21，而来源端口通常都高于 1023。

（4）TCP 窗口尺寸为 1028，IP 标识号码在所有数据包中为 39426。根据 IP RFC 的定义，这 2 类数值应在不同数据包间有所不同，因此，如果持续不变，就表明可疑。

6.6.4　最佳特征

从以上 4 个候选特征中，可以单独选出一项作为基于报头的特征数据，也可以选出多项组合作为特征数据。

选择一项数据作为特征有很大的局限性。例如，一个简单的特征可以是只具有 SYN 和 FIN 标志的数据包，虽然这可以很好地提示：可能有一个可疑的行为发生，但却不能给出为什么会发生的更多信息。SYN 和 FIN 通常联合在一起攻击防火墙和其他设备，只要它们出现，就预示着扫描正在发生、信息正在收集、攻击将要开始。

选择以上 4 项数据联合作为特征也不现实，因为这显得有些太特殊了。尽管能够精确地提供行为信息，但会缺乏效率。实际上，特征定义永远要在效率和精确度间取得折中。大多数情况下，简单特征比复杂特征更倾向于误报（False Positives），因为前者很普遍。复杂特征比简单特征更倾向于漏报（False Negatives），因为前者太过全面。攻击软件的某个特征会随着时间的推进而变化。

除了 SYN 和 FIN 标志以外，还需要什么其他属性？"反身"端口虽然可疑，但是许多工具都使用到它，而且一些正常通信也有此现象，因此不适宜选为特征。TCP 窗口尺寸 1028 尽管有一点可疑，但也会自然的发生。IP 标识号码 39426 也一样。没有 ACK 标志的 ACK 数值很明显是非法的，因此非常适于作为特征数据。

接下来创建一个特征，用于寻找并确定 Synscan 发出的每个 TCP 信息包中的以下属性。

（1）只设置了 SYN 和 FIN 标志。

（2）IP 鉴定号码为 39426。

（3）TCP 窗口尺寸为 1028。

第一个项目太普遍，第二个和第三个项目联合出现在同一数据包的情况不很多，因此，将这 3 个项目组合起来就可以定义一个详细的特征了。再加上其他的 Synscan 属性不会显著地提高特征的精确度，只能增加资源的耗费。因此，判别 Synscan 软件的特征就是上述 3 个项目组合。

6.6.5　通用特征

以上创建的特征可以满足对标准 Synscan 软件的探测了。但 Synscan 可能存在多种"变脸"，而其他工具也可能是"变化多端"的，这样，上述建立的特征不能将它们一一识别。这时就需要结合使用特殊特征和通用特征，才能创建一个更好、更全面的解决方案。

首先看一个"变脸"Synscan 所发出的如下数据信息特征。

（1）只设置了 SYN 标志，这属于正常的 TCP 数据包"长相"。

（2）TCP 窗口尺寸总是 40 而不是 1028。40 是初始 SYN 信息包中一个罕见的小窗口尺寸，比正常的数值 1028 少见得多。

（3）"反身"端口数值为 53 而不是 21。老版本的 BIND 使用"反身"端口用于特殊操作，新版本 BIND 则不再使用它。

以上 3 种数据与标准 Synscan 产生的数据有很多相似处，因此可以初步推断产生它的工具或者是 Synscan 的不同版本，或者是其他基于 Synscan 代码的工具。显然，前面定义的特征已经不能将这个"变脸"识别出来，因为 3 个特征项目已经面目全非。这时，可以采取以下 3 种方法。

（1）再单独创建一个匹配这些内容的特殊特征。

（2）调整探测目标，创建识别普通异常行为的通用特征。

（3）特殊特征和通用特征都创建。

通用特征可以创建如下。

（1）没有设置确认标志，但是确认数值却非 0 的 TCP 数据包。

（2）只设置了 SYN 和 FIN 标志的 TCP 数据包。

（3）初始 TCP 窗口尺寸低于一定数值的 TCP 数据包。

使用以上的通用特征，上面提到过的两种异常数据包都可以有效地识别出来。当然，如果需要更加详细地探测，再在这些通用特征的基础上添加一些个性数据就可以创建出一个特殊特征来。

6.6.6 报头值关键元素

从上述分析中，可以得到可用于创建 IDS 特征的多种报头值信息。通常，最有可能用于生成报头相关特征的元素为以下几种。

（1）IP 地址，特别保留地址、非路由地址、广播地址。

（2）不应被使用的端口号，特别是众所周知的协议端口号和木马端口号。

（3）异常信息包片断。

（4）特殊 TCP 标志组合值。

（5）不应该经常出现的 ICMP 字节或代码。

使用基于报头的特征数据，还需要确定检查何种信息包。确定的标准是根据实际需求而定。因为 ICMP 和 UDP 信息包是无状态的，所以大多数情况下，需要对它们的每一个"属下"都进行检查。而 TCP 信息包是有连接状态的，因此，有时候可以只检查连接中的第一个信息包。例如，像 IP 地址和端口这样的特征在连接的所有数据包中保持不变，只对它们检查一次即可。其他特征如 TCP 标志会在对话过程的不同数据包中有所不同，如果要查找特殊的标志组合值，就需要对每一个数据包进行检查。

此外，关注 TCP、UDP 或者 ICMP 的报头信息要比关注 DNS 报头信息更方便。因为 TCP、UDP 以及 ICMP 都属于 IP，它们的报头信息和载荷信息都位于 IP 数据包的 payload 部分，比如要获取 TCP 报头数值，首先解析 IP 报头，然后就可以判断出这个载荷的所有者是 TCP。而像 DNS 这样的协议，它又包含在 UDP 和 TCP 数据包的载荷中，如果要获取 DNS 的信息，就必须深入两层才能看到真面目。而且，解析此类协议还需要更多更复杂的编程代码。实际上，这个解析操作也正是区分不同协议的关键所在，评价 IDS 系统的好坏也体现在是否能够很好地分析更多的协议。

6.7 检测实例分析

通过在局域网中部署网络入侵检测系统 Snort，得到如下的检测实例。

6.7.1 数据包捕获

当 Snort 的嗅探器捕获网络中的数据包后，显示结果如图 6.11 所示。

```
08/19-10:35:22.409202 192.168.0.4:137 -> 192.168.0.255:137
UDP TTL:128 TOS:0x0 ID:19775 IpLen:20 DgmLen:78
Len: 50
=+=+=+=+=+=+=+=+=+=+=+=+=+=+=+=+=+=+=+=+=+=+=+=+=+=+=+=+=+=+=+=+=+
08/19-10:35:23.152199 192.168.0.1:137 -> 192.168.0.255:137
UDP TTL:128 TOS:0x0 ID:19776 IpLen:20 DgmLen:78
Len: 50
=+=+=+=+=+=+=+=+=+=+=+=+=+=+=+=+=+=+=+=+=+=+=+=+=+=+=+=+=+=+=+=+=+
08/19-10:35:32.467024 192.168.0.2:1221 -> 61.135.153.190:80
TCP TTL:128 TOS:0x0 ID:4643 IpLen:20 DgmLen:48
******S* Seq: 0x811D5ED1  Ack: 0x0  Win: 0xFFFF  TcpLen: 28
TCP Options (4) => MSS: 1460 NOP NOP SackOK
=+=+=+=+=+=+=+=+=+=+=+=+=+=+=+=+=+=+=+=+=+=+=+=+=+=+=+=+=+=+=+=+=+
                               ............
```

图 6.11　Snort 嗅探器捕获网络数据包后显示的结果

6.7.2 端口扫描的检测

检测引擎检测到主机 192.168.0.5 与主机 192.168.0.4 在短时间内建立了大量的连接，符合阈值要求，所以已被认定为端口扫描，如图 6.12 所示。

```
[**] [1:382:4] ICMP PING Windows [**]
[Classification: Misc activity] [Priority: 3]
08/19-16:49:27.620681 192.168.0.5 -> 192.168.0.4
ICMP TTL:128 TOS:0x0 ID:4858 IpLen:20 DgmLen:60
Type:8  Code:0  ID:512    Seq:21505  ECHO
[Xref => arachnids 169]

[**] [100:1:1] spp_portscan: PORTSCAN DETECTED from 192.168.0.5 (THRESHOLD 4
connections exceeded in 0 seconds) [**]
08/19-16:52:24.351000

[**] [100:2:1] spp_portscan: portscan status from 192.168.0.5: 82 connections
across 1 hosts: TCP(82), UDP(0) [**]
08/19-16:52:27.355000

[**] [100:2:1] spp_portscan: portscan status from 192.168.0.5: 3 connections
across 1 hosts: TCP(3), UDP(0) [**]
08/19-16:52:35.367000
```

图 6.12　端口扫描的检测结果

6.7.3 拒绝服务攻击的检测

检测引擎检测出了 IGMP 的 DoS 攻击，检测结果如图 6.13 所示。

```
[**] [1:273:2] DOS IGMP dos attack [**]
[Classification: Attempted Denial of Service] [Priority: 2]
08/20-13:25:53.290266 192.168.0.5 -> 192.168.0.4
PROTO002 TTL:128 TOS:0x0 ID:57481 IpLen:20 DgmLen:1500 MF
Frag Offset: 0x073A   Frag Size: 0x05C8

[**] [1:273:2] DOS IGMP dos attack [**]
[Classification: Attempted Denial of Service] [Priority: 2]
08/20-13:25:53.290404 192.168.0.5 -> 192.168.0.4
PROTO002 TTL:128 TOS:0x0 ID:57481 IpLen:20 DgmLen:1500 MF
Frag Offset: 0x07F3   Frag Size: 0x05C8

[**] [1:273:2] DOS IGMP dos attack [**]
[Classification: Attempted Denial of Service] [Priority: 2]
08/20-13:25:53.290542 192.168.0.5 -> 192.168.0.4
PROTO002 TTL:128 TOS:0x0 ID:57481 IpLen:20 DgmLen:1500 MF
Frag Offset: 0x08AC   Frag Size: 0x05C8

[**] [1:273:2] DOS IGMP dos attack [**]
[Classification: Attempted Denial of Service] [Priority: 2]
08/20-13:25:53.290678 192.168.0.5 -> 192.168.0.4
PROTO002 TTL:128 TOS:0x0 ID:57481 IpLen:20 DgmLen:1500 MF
Frag Offset: 0x0965   Frag Size: 0x05C8
```

图 6.13　拒绝服务攻击的检测结果

习　题

一、思考题

1. 简述交换网络环境下的数据捕获方法。
2. 简述包捕获机制 BPF 的原理。
3. 简述协议分析的原理。
4. 举例说明如何检测端口扫描。
5. 举例说明如何检测拒绝服务攻击。

## 第 7 章

基于存储的入侵检测技术

存储级入侵检测是入侵检测体系的重要组成部分之一，它通过收集计算机存储器的操作数据，尽可能实时地发现非法入侵。

在存储领域，随着技术的发展，存储设备的功能已今非夕比。过去 50 年，作为存储设备主力军的硬盘一直显得比较笨拙，仅仅用于块数据存储。第一代的硬盘和冰箱体积相仿，却只能存储很少的数据。如今，一般的存储设备就可以存储超过 TB 级的数据资料。传统磁盘的访问接口主要是集成磁盘电路（Integrated Drive Electronics，IDE）和小型计算机系统接口（Small Computer System Interface，SCSI），以块为基本访问单位。磁盘完全信任主机，完成主机的任何读写请求，在系统中作为一个被动的存储设备。而现代智能存储设备却是一个完整的嵌入式系统，在磁盘内部有 CPU、内存、固件程序等，完全可以在存储节点上提供计算能力，实现主动存储。自从 1992 年以来，存储设备的容量正在以每年 60%的速度快速增长，近几年更高达 100%。这个速度已经远远超过了摩尔定律所定义的每 18 个月翻一番的速度。智能存储设备的出现将使得计算机系统更加安全，从而减少由于内部因素和外部入侵带来的损失。

在存储系统中实现入侵检测具有其特有的优势。入侵者的入侵目标通常是系统中存储的数据信息，入侵行为还伴随着一系列存储操作，因此基于存储的 IDS 能够检测出入侵行为。另一方面，存储设备内部的 IDS 具有独立性，入侵者无法干预其运行，在主机被攻破的情况下仍然具有防护能力。

7.1 主动存储设备

传统存储器架构和主动存储器架构对比如图 7.1 所示。在一个传统的 RAID 服务器上搜索数据效率是很低的。为了找到包含有指定关键字的数据记录，存储设备需要在整个磁盘上搜索，并且不断地把整个数据项内容发送到主机 CPU 进行检验和处理，从而会导致出现混杂数据链中的数据拥塞问题，如图 7.1（a）所示。主动存储设备则能够自主地搜索关键字，并异步地把这些数据记录反馈给主机，从而使得搜索效率更高、拥塞更少。

HP 公司和卡内基梅隆大学的 Active Disks 在存储设备端分担计算结点的计算任务，将主结点上的代码下载到磁盘设备端执行。除了利用存储设备的计算能力之外，主动存储的另一个发展方向是改变传统的访问接口方式，采用一种基于对象数据的访问接口，增加了对应用级对象的底层支持。

如果底层的存储设备能够理解主机的文件操作等高层语义，它就可以优化文件在磁盘上的分布，透明地提高磁盘设备的访问性能。威斯康星大学在块接口上分析文件系统对磁盘的访问，提取文件在磁盘上的数据组织信息，能识别出主机的文件创建、删除操作等，适用于 NetBSD FFS 文件系统及类似的 Linux ext2、ext3 文件系统。

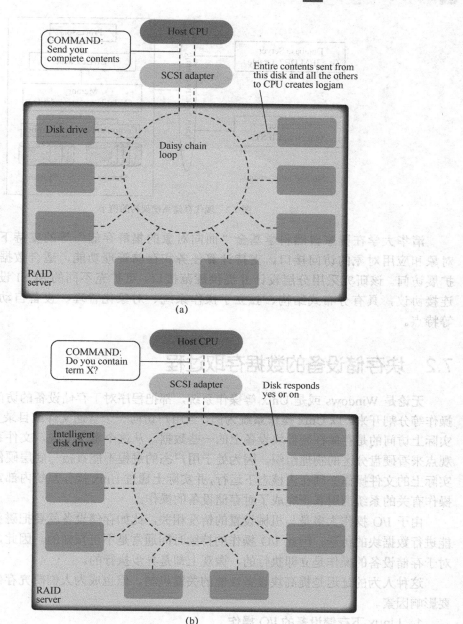

图 7.1 传统存储器架构和主动存储器架构对比

　　为了给存储系统提供安全保护，现代的存储系统正变得越发具有智能。比如，IBM 的存储罐系统（Storage Tank System）就是由一系列的存储节点聚簇，并连接成为一个大型的存储区域网络。每个存储节点都包括处理器、内存和磁盘阵列。一个 EMC 平衡服务器（Symmetric Server）包含有 80 个 333 MHz 微处理器和 4～64 GB 的内存作为存储缓存。图 7.2 给出了一个现代存储系统架构的例子。还有许多存储系统提供了虚拟存储能力，从而使得磁盘层和相关配置对于存储客户透明。

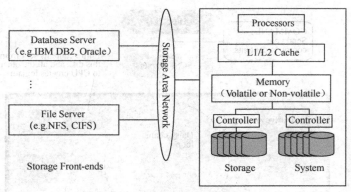

图 7.2　现代存储系统架构的例子

清华大学在国家自然科学基金"面向对象的集群存储"等的支持下，通过集合存储对象和应用对象的访问接口，支持计算任务和存储管理功能，适合数据敏感性应用的可扩展访问。该研究采用分层设计并提供规范接口，可扩充不同的 SCSI 设备以及多种网络连接协议，具有分布式结构、独立于操作系统、对象化管理、设备自动发现、访问控制等特点。

7.2　块存储设备的数据存取过程

无论是 Windows 或是 Unix 等操作系统，都把程序对于存储设备的访问和存储设备寻道操作等分割开来。以 Unix 操作系统为例，当用户访问一个普通文件或目录文件的内容时，他实际上访问的是存储在硬件块设备上的一些数据。从这个意义上说，文件系统是从用户级的观点来看硬盘分区的物理组织。因为处于用户态的进程不能直接与底层硬件交互，所以每个实际上的文件操作必须在内核态下运行，并实际上通过 Unix 操作系统内部定义的几个与文件操作有关的系统调用真正完成了对存储设备的操作。

由于 I/O 操作大多是与机械设置的情况相关，比如存储设备就要把磁头转到指定位置才能进行数据块的传送，因此 I/O 操作的持续时间通常是不可预知的。因此，宏观上程序进程对于存储设备的操作是立即执行的，微观上却是异步执行的。

这种人为的延迟是提高块设备性能的关键机制，但也成为人们研究存储级入侵检测的重要影响因素。

1. Linux 下存储设备的 I/O 操作

块设备的每次数据传送操作作用于一组称之为扇区的相邻字节。在大部分磁盘存储设备中，扇区的大小是 512 字节，但是现在新出现的一些设备使用更大的扇区（1024 字节和 2048 字节）。但是，扇区始终是数据传送的基本字节，不允许传送少于一个扇区的数据。而大部分磁盘设备都可以并发传送几个相邻的扇区。

虽然块设备驱动程序可以一次传送一个单独的数据块，但是内核并不会为磁盘上每个被访问的数据块都单独执行一次 I/O 操作。这会严重影响磁盘的性能，因为确定磁盘表面的物理位置是相当费时的。取而代之的是，只要可能，内核就会试图把几个数据块访问合并在一起，作为一个整体来处理，从而大大减少磁头的平均移动时间。

当进程、文件系统或任何其他的内核成分要读或写一个磁盘块时，实际上是创建了一个块设备操作请求。从本质上说，该请求描述的是所请求的磁盘块以及要对它进行的操作类型（读或写）。然而，并不是请求一发出，内核就立刻满足它，I/O 操作仅仅被调度，执行会向后推迟。当请求传送一个新的数据块时，内核检查能否通过稍微扩展前一个一直处于等待状态的请求而满足新请求，即能否不用进一步的寻道就能满足新请求。由于磁盘的访问大多是顺序的，因此这种简单机制是非常高效的。

延迟请求复杂化了块设备的处理。例如，假设某个进程打开了一个普通文件，然后，文件系统的驱动程序就要从磁盘读取相应的索引节点。块设备驱动程序把这个请求加入到一个请求等待队列，并将该进程挂起，直到存放索引节点的块被传送到了指定的位置。然而，块设备驱动程序本身并不会被阻塞，因为其他试图访问同一磁盘的进程也可能被阻塞。

为了防止块设备驱动程序被挂起，每个 I/O 操作都是异步处理的。因此，没有任何内核控制路径被强制等到数据传送完成后才能进行。特别是块设备驱动程序是中断驱动的。高级驱动程序产生一个新的块设备请求或者扩展一个已有的块设备请求，然后终止。随后激活的低级驱动程序会调用一个所谓的策略例程，后者从一个队列中取得请求，并向磁盘控制器发出一条适当的命令来满足这个请求。当 I/O 操作终止时，磁盘控制器就产生一个中断，如果需要，相应的中断处理程序可以调用策略例程去处理队列中的另一个请求。

每个块设备驱动程序都维持着自己的请求队列。每个物理设备应当有一个请求队列，所以请求可以以提高磁盘性能的方式进行排序。策略例程因此可以顺序地扫描队列，并以最少的磁盘移动来为所有请求服务。

2. Windows 下存储设备的 I/O 操作

与 Linux 操作系统下的块设备处理机制类似，Windows 操作系统也具备这种延迟操作的块设备访存机制。Windows 内核模式开发的标准做法是采用 IRP 作为基本的与驱动程序通信的手段，它的优点是 IRP 封装了上下文所需的详细操作并且允许从驱动程序的众多操作细节中分离出来。这个方法在 Windows 的分层设备体系中非常通用，有相当多的上层操作请求需要快速响应，在这种情况下，上层操作生成 IRP 决定了整个操作的成本并会导致系统性能的下降。鉴于此，Windows 系统引入了 Fast I/O 的概念。这种方法被用于文件系统驱动，如 NTFS、HPFS、FAT 和 CDFS 以及被 WinSock 使用的传输驱动 AFD。

Windows 系统下存储设备的所有读写操作也都是经过文件系统进行的。而文件系统需要分别处理用户进程发送来的 Fast I/O 操作请求和缓冲管理器发送来的 IRP 操作请求。Windows 设有一个缓冲管理器，和文件系统是相互调用、双向沟通的关系。如果文件系统希望实现缓冲读写，则需要调用缓冲管理器来实现数据的缓冲。随后，缓冲管理器会给文件系统发出 IRP 请求，最终还是要通过文件系统来实际读写磁盘。Fast I/O 用于处理快速的、同步的 I/O 操作，而 IRP 用于处理异步的、带缓存的操作。

对于存储设备的 I/O 操作，IRP 机制是最基本、默认的处理机制。IRP 机制可以用于同步的、异步的、带缓存的或不带缓存的 I/O 操作。当遇到缺页中断时，Memory Manager 也会通过发送相应的 IRP 包给文件系统来进行处理。

而 Fast I/O 的设计初衷则是用来处理快速的、同步的、并且"On Cached Files"的 I/O 操作。当进行 Fast I/O 操作时，所需处理的数据是直接在用户缓存和系统缓存中进行传输的，而不是通过文件系统和存储器驱动栈（Storage Driver Stack）。事实上，存储器驱动并不使用

Fast I/O 机制。I/O 管理器在必要的时候负责调用 Fast I/O 接口。Fast I/O 调用返回 TRUE 或 FALSE 表示 Fast I/O 操作是否完成。当需要处理的数据已经存在于系统缓存，则采用 Fast I/O 机制的读写操作立刻就可以完成。否则，系统会产生一个缺页中断。通常，当系统产生一个缺页中断的时候（即所需的数据不在系统缓存的情况），Fast I/O 函数会返回 FALSE，这时调用者必须创建相应的 IRP 操作进行相应的处理，一直等到缺页中断响应函数把所需的数据加载到系统缓存中。

对比 Fast I/O 和 IRP 机制，可以发现 Fast I/O 机制相当于系统缓存，而 IRP 机制相当于物理内存，两者的目的都是为了提高操作系统的处理效率。但是，Fast I/O 只涉及到系统缓存，不涉及 IRP 操作请求。

文件系统需要支持 IRP 机制，但并不一定需要支持 Fast I/O 机制。当 I/O Manager 收到文件同步 I/O 操作请求时，它首先检查目标设备对象的驱动程序是否提供了相应的 Fast I/O 处理函数。如果有，I/O Manager 就调用它；如果没有，I/O Manager 就通过发送相应的 IRP 包来完成该操作。文件系统过滤驱动程序的控制设备对象（Control Device Object, CDO）并不一定需要处理 I/O 操作。过滤器设备对象（Filter Device Object, FiDO）则会将所有不能识别的 IRP 包都传递到自己下层的驱动程序。

Fast I/O 操作请求和 IRP 操作请求可以进一步细分，如表 7.1 所示。

表 7.1   **IRP 操作请求和 Fast I/O 操作请求细分**

	操作集划分
	IRP_MJ_CLEANUP
	IRP_MJ_CLOSE
	IRP_MJ_CREATE
	IRP_MJ_DEVICE_CONTROL
	IRP_MJ_DIRECTORY_CONTROL
	IRP_MJ_FILE_SYSTEM_CONTROL
	IRP_MJ_FLUSH_BUFFERS
	IRP_MJ_INTERNAL_DEVICE_CONTROL
	IRP_MJ_LOCK_CONTROL
	IRP_MJ_PNP
	IRP_MJ_QUERY_EA
IRP 操作请求	IRP_MJ_QUERY_INFORMATION
	IRP_MJ_QUERY_QUOTA
	IRP_MJ_QUERY_SECURITY
	IRP_MJ_QUERY_VOLUME_INFORMATION
	IRP_MJ_READ
	IRP_MJ_SET_EA
	IRP_MJ_SET_INFORMATION
	IRP_MJ_SET_QUOTA
	IRP_MJ_SET_SECURITY
	IRP_MJ_SET_VOLUME_INFORMATION
	IRP_MJ_SHUTDOWN
	IRP_MJ_WRITE

续表

	操作集划分
FastIO 操作请求	FASTIO_CHECK_IF_POSSIBLE
	FASTIO_LOCK
	FASTIO_QUERY_BASIC_INFO
	FASTIO_QUERY_STANDARD_INFO
	FASTIO_QUERY_OPEN
	FASTIO_READ
	FASTIO_UNLOCK

7.3 存储级入侵检测研究现状

马里兰大学的研究项目利用 PCI 扩展卡上的程序读取磁盘中的文件系统，执行完整性检测程序以确定文件是否被修改，能识别出入侵行为。

卡内基梅隆大学将一台计算机和硬盘模拟成一个 SCSI 硬盘，由这台计算机上运行的程序监控来自主机的块（Block-Level）读写请求。之后，它们还在基于文件层次（File-Level）的文件服务器上实现了类似的存储检测功能，如图 7.3 所示。

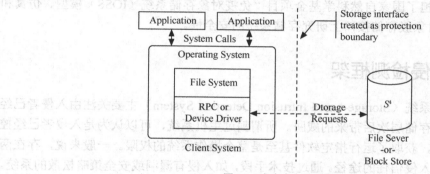

图 7.3　自安全存储系统

它们所开发的存储级 IDS 可以被嵌入到各种存储器中。主动存储设备（文件服务器、磁盘阵列控制器和其他一些具有块接口的存储设备）所提供的额外计算处理能力和存储空间，为存储级 IDS 提供了应用的空间。存储设备和主机系统直接关联，通过一个加密的管道使得管理员可以安全地管理一个存储级 IDS。这个管道通过非信任主机系统来传递管理控制的命令和告警，如图 7.4 所示。

IBM 研究中心也发表了类似的研究成果。在 SAN 存储控制器（SAN Volume Controller, SVC）上实现了块接口上的实时检测和文件接口上的周期性检测，分别检测主机的读写操作是否违反了安全规则，以及在上一个检测周期内是否发生了非法文件写入操作。

伊力诺依大学研究的 C-Miner 利用了数据挖掘的思想，从主机的块操作访问序列提取出各个数据块之间的相关性，它的局限在于没有区分读、写操作，也没有考虑数据块的属性和连续性。

密歇根大学构造了一个文件系统 SVFS，由专门的一个虚拟机完成对敏感文件的访问，以提供对这些敏感文件的保护。

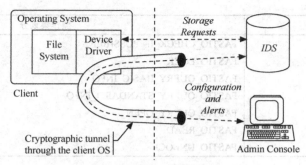

图 7.4　贯通客户主机的管道式管理

罗格斯大学和 EMC 公司的 Paladin 在宿主虚拟机中实时地检测和清除 root kit 程序，虚拟机检查进程的文件读写操作，如果一个进程违反了安全规则，与之相关的进程被自动中止。

维吉尼亚大学提出在硬盘内部实现反病毒引擎，由硬盘自身扫描文件中的病毒特征码，以降低主机 CPU 的运行开销和总线的传输开销。

国内在存储级 IDS 方面的研究较少，清华大学在 QEMU 虚拟机上构造了一个基于块接口的入侵检测系统，在块接口上理解 FAT32 文件系统的操作。

华中科技大学承担了国家自然科学基金项目"免疫对象存储系统（IOSS）模型、仿真和实现技术研究"，在对象级存储接口上研究存储系统的安全性。

7.4　存储级入侵检测框架

存储级入侵检测系统（Storage-based Intrusion Detection System）主要关注由入侵者已经骗过主机系统，深入存储层次后带来的威胁。所谓骗过主机系统，可以认为是入侵者已经控制了主机的软件系统，获取了运行指定软件甚至是整个操作系统的权限。一般来说，存在两种获得这种主机对于入侵信任的途径。通过技术手段，如入侵有漏洞或安全策略松散的系统。通过非技术手段，主要包括社会工程学和行贿等手段。管理员当然希望能及时地发现和制止这些入侵者，但并不容易。另一方面，入侵者也会尽力隐藏自己的存在并保留后门。

不幸的是，一旦入侵者骗过主机系统，传统方式的入侵检测手段将变得非常困难。主机型 IDS 可能被入侵者的软件终止或破坏，或收集到误导的数据和信息。网络型 IDS 对于发现潜在的攻击和入侵有着良好的效果，但是对于已经存在的入侵很难发挥作用。作为最底层的防护和检测手段，存储级 IDS 可以独立实施检测策略，进而可以引诱入侵者显露出更多的可疑行为。存储级 IDS 运行在存储设备上，虽然视野有限但可以轻松地监控到全部的磁盘读写操作，为网络型和主机型入侵检测系统提供了有力的补充。

由于存储级 IDS 不受网络型 IDS、主机型 IDS 或主机所控制（通常和后者协同工作），在各种监测系统都失效的情况下，存储级 IDS 仍将继续工作。当入侵者骗过网络型 IDS 侵入主机并让主机型 IDS 失效后，试图在主机上植入木马、修改日志文件痕迹、修改启动脚本等磁盘操作，仍将被存储级 IDS 所检测到。

存储级入侵检测研究框架如图 7.5 所示，这个框架明确了存储级 IDS 的权责、地位和协作关系。

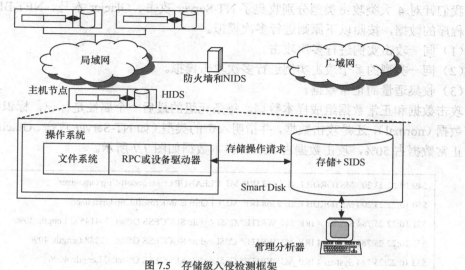

图 7.5　存储级入侵检测框架

7.4.1　数据采集

存储级入侵检测系统从存储设备的操作过程中收集与主机数据操作相关的状态和行为信息，信息量十分庞大。在海量的信息中大部分是正常的，只有少量信息可以表征入侵行为。样本数据是存储级入侵检测研究的基础，直接影响到后续一系列工作的实施和精确性。因此样本数据的收集十分重要，采集过程如图 7.6 所示。

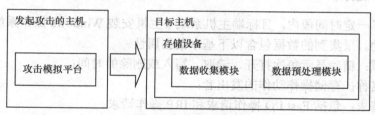

图 7.6　样本数据的收集

要得到能够准确反映攻击特征的存储攻击模型，就必须在数据收集的时候，收集到可以准确反映攻击特征的数据。根据经验，我们总结出数据收集需要注意以下问题。

（1）保证数据收集的纯净性。尽可能只收集攻击过程对应的数据，才能准确反映攻击特征。

（2）对于某类攻击，收集的数据要注意多样性，要用多个实例进行模拟攻击以便于抽取此类攻击的共性。

（3）除了收集攻击数据，还需要收集适量的正常样本数据。正常数据在整个样本数据集合中所占比例，对于所生成模型的误报率，有较大的影响。

例如，可以通过攻击模拟平台模拟攻击，收集攻击对应的数据作为训练数据，作为后期存储级入侵检测研究的数据源。并对数据进行初步分析和处理。

攻击端负责向目标端发起进攻，由 Sensor 收集攻击过程对应的存储操作数据。

我们针对 4 大类攻击类型分别收集了 NT-Server 攻击、Glacier 木马、NET-BIOS 和 TCP 攻击程序的数据，按照以下原则进行多次模拟。

（1）同一攻击实例进行多次攻击。

（2）同一类型的多个攻击实例进行多次攻击模拟。

（3）收集适量的正常数据。

攻击数据和正常数据组成样本数据。每条元组的最后一个属性是标记，标识该条数据是正常数据（normal），还是攻击数据，并指明攻击的类型（如 NT-Server 攻击、Glacier 木马等）。其中正常数据占 50%，攻击数据占 50%。样本数据如图 7.7 所示。

```
549 10:22:23.200 MSTORDB.EXE:2368 IRP_MJ_CLEANUP C:\Microsoft\Clip Organizer\

550 10:22:23.200 MSTORDB.EXE:2368 IRP_MJ_CLOSE C:\Microsoft\Clip Organizer\

551 10:22:25.784 System:4 IRP_MJ_WRITE* C:\$LogFile SUCCESS Offset: 34414592 Length: 4096

552 10:22:25.784 System:4 IRP_MJ_WRITE* C:\$LogFile SUCCESS Offset: 12288 Length: 4096

553 10:22:25.784 System:4 IRP_MJ_WRITE* C:\$LogFile SUCCESS Offset: 0 Length: 4096

554 10:22:30.090 Filemon.exe:1728 FASTIO_QUERY_OPEN C:\WINDOWS\system32\browseui.dll

SUCCESS Attributes: A

555 10:22:30.090 Filemon.exe:1728 IRP_MJ_CREATE C:\WINDOWS\system32\browseui.dll SUCCESS

Options: Open Access: 00100020
```

图 7.7   攻击模拟平台收集的样本数据

7.4.2   数据特征分析

我们采集了一定时间段内，目标端主机系统（主机安装 Windows 操作系统）所进行的各种存储操作活动。采集到的数据包含以下基本数据属性。

（1）时间戳：精确显示每次打开、读取、写入或删除的时间；

（2）进程名称：存储操作动作的发出者；

（3）操作请求：包括 Fast I/O 操作请求和 IRP 操作请求；

（4）被操作的文件路径：存储操作响应的接受者；

（5）操作结果状态：显示操作的最终结果；

（6）具体读写信息：提供了与读写相关的数据长度和偏移量等。

我们使用的训练数据集 T 中含有 4 种攻击类型的数据：NT-Server 攻击、Glacier 木马、NET-BIOS 和 TCP 攻击，其余的数据为正常数据 normal。通过对训练数据集进行初步处理，获取算法易于使用的数据模式，利用这些模式为连续记录构造了附加特征，通过训练、评估和反馈的不断循环，得到了良好的分类效果，确定了最终使用的特征集合，该特征集合如表 7.2 所示。

表 7.2   特征集合

特　　　征	类　　型	说　　　　明
Time	连续	时间戳（精确到 0.001 秒）
Process_Name	离散	进程名称（存储操作动作的发出者）

续表

特　征	类　型	说　明
Process_ID	连续	进程号（由操作系统给进程指定的唯一标号）
Operation_Name	离散	被执行的读写操作请求（包括读写操作）
Operation_Direction	离散	被操作的文件路径（存储操作响应的接受者）
Flag	离散	操作结果状态（显示操作的结果）
Attributes	离散	操作结果的特征属性
Offset	连续	存储操作的磁盘偏移量
Length	连续	存储操作的数据长度

7.4.3　数据预处理和规约

实验中处理的数据是从存储设备上截获的存储操作数据集。但该数据不能直接用于各种分析和建模方法，首先需要对其进行预处理，从中提取有意义的特征。

1. 数据预处理

未处理的存储操作数据存在以下问题。

（1）某些正常和异常数据具有相同的取值特征，对于区分攻击类型起不到直接的作用。

（2）某些数据属性的表达方式不适合直接输入算法进行处理。

（3）对比网络数据和存储数据发现：网络数据产生于 ISO 模型的网络层或传输层，可靠性较高；而存储层次的数据质量相对较低，冗余操作、低信息量和错误数据充斥在正常操作的数据集里。

为了提高后期分析、统计算法的效率，可以去除数据项中的一些不易提取的属性和数据。首先需要对原始数据进行数据变换。数据变换主要是寻找数据的特征表示，通过变换或其他的转化方法来减少变量的数目，寻找数据的不变式，包括规格化、规约等操作。规范化是数据根据属性值的量纲进行归一化的处理。对于不同数值属性特点，一般可分为取值连续和取值离散的规格化问题。规约处理是根据语义层次结构进行数据合并。规格化和规约处理等可以大大减少数据集的规模，从而提高算法的计算效率。

2. 信息增益规约公式

为了减少信息增益的计算量，可以用一个简单有效的方法来规约数据。首先扫描数据源文件，统计各属性的取值及出现频率，取各个属性出现频率最高的值。

采用信息增益公式：

$$Gain(A) = I(s_1, s_2, \cdots, s_m) - E(A)$$

其中：$I(s_1, s_2, \cdots, s_m) = -\sum_{i=1}^{m} \frac{s_i}{s} \log_2 \frac{s_i}{s}$

$$E(A) = \sum_{j=1}^{v} \frac{s_{1j} + \cdots + s_{mj}}{s} I(s_{1j} + \cdots + s_{mj})$$

A 代表某属性。S 是数据集。S 包含 S_i 个 C_i 类样本，$i = 1,2,\cdots,m$。$I(S_1, S_2, \cdots, S_m)$ 是对于一个给定的样本分类所需的期望信息。$E(A)$ 是根据属性 A 的取值来划分的期望。$Gain(A)$ 是从属性 A 上该划分获得的信息增益。

尽管根据基于信息增益的规约原理能够进行有效的规约，但是计算过于复杂，我们对这一过程进行简化。

$$f_1(a_j = VALUE) = \frac{DataSet 中 a_j = VALUE 的元组数}{DataSet 的总元组数} \times 100\%$$

表示数据集 *DataSet* 中，属性 a_j 取特定值 *VALUE* 元组在整个数据集中的出现频率。

具体的方法是在进行数据维规约之前，先扫描数据集，计算 $\max f_1(a_j)$ 的值，如果 $\max f_1(a_j)=1$，则从 *DataSet* 中去掉该数据项。因为如果 $\max f_1(a_j)=1$，则说明属性 a_j 对于区分攻击类型和正常数据起不到任何作用。在此基础上，再做进一步的规约处理。

7.5　基于数据挖掘的攻击模式自动生成

目前大部分入侵检测系统采用误用检测方法，它们由安全专家预先定义出一系列攻击模式特征来识别入侵。同时，入侵检测系统需要不断更新自己的模式库，以跟上入侵技术发展的步伐。这样的入侵检测方法有很多缺陷，入侵数据会随着用户应用的变化而变化，而误用检测是基于预先定义好的模式。这就意味着它不可能根据应用数据的变化而自适应地修改攻击检测模式。对于现有的攻击手段的简单变种，误用检测就显得无能为力了，更不用说对于新的攻击技术了。

同时，攻击检测模型的更新需要依靠安全专家手工完成，而面对日益增加的大量网络数据流，仅仅依靠安全专家用肉眼去发现所有的攻击模式是不现实的。不能及时更新模式库，势必导致入侵检测的误报率明显增加，因此，需要有自动化的工具来发现攻击模式。

鉴于此，本节结合异常检测与误用检测，提出了一种采用数据挖掘技术自动生成攻击模式的方法。该方法能够针对历史存储数据流，半自动地提取能够表征入侵行为的特征，然后利用这些特征对磁盘存储操作数据进行分类，从而检测出入侵行为。

7.5.1　基于判定树分类的攻击模式自动生成

ID 模型是 IDS 的核心要素之一，对于 IDS 的性能具有决定作用。目前，ID 模型的适应性、可扩展性和鲁棒性等尚存在欠缺，影响了 IDS 的整体性能。目前有各种 ID 模型，如统计模型、专家系统模型、软计算模型等。这些模型在其使用的领域中，具有一定的优势，同时也有不足。比如，误报率较高、检测率不能达到满意的要求；建立的攻击模型不能重用；当有新的攻击出现时，很难自动地给出相应的检测模型等。由于数据挖掘技术具有从大量数据中提取人们感兴趣的知识的特点，因此把数据挖掘和入侵检测技术进行结合，可以实现 ID 模型的自动生成。

由于存储操作数据中有较强的相关性，为了从完整的入侵行为存储操作数据中找到这些相关性强的基本序列，可以使用数据挖掘中的分类分析方法。在分类分析方法中，需要分析由属性描述的训练数据库元组从而构造学习模型。通常，学习模型用分类规则、判定树或数学公式等形式表示。各种攻击模型化方法各具特点，其中判定树分类方法具有便于重用等优点。

1. 判定树分类方法模型简介

判定树分类方法是攻击模型化的一种方法。判定树分类能够反映攻击步骤，并且描述各个步骤之间的关系。另外，可以通过给结点添加属性、给属性赋值的方法，计算攻击获得成功的可能性和代价等。

判定树的根结点代表攻击的最终目标，而中间结点代表子目标，叶结点代表攻击的分解步骤，实现攻击的各个步骤被组织成一棵树。当叶结点所代表的攻击步骤被实现，该叶结点为真，否则为假。非叶结点可以分为两类：与结点、或结点，如图 7.8 所示。与结点：当其所有子结点为真，该结点为真。或结点：当其任一个子结点为真，该结点为真。在图 7.8 中，所有的非叶结点中，只有处于第四层的"Eavesdrop"结点是与结点，其余均为或结点。

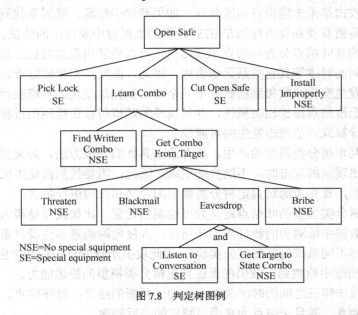

图 7.8 判定树图例

结点可以有多个属性，包括可能性或代价等，属性可以被赋值，这样就可以计算出最有可能的攻击步骤路径。如图 7.9 所示，根据深度优先策略能够得到相应的攻击场景。

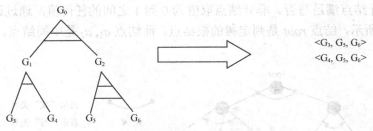

图 7.9 判定树转化为计算机可理解的形式

判定树模型可以很好地刻画攻击，能够准确反映各种攻击特征，此外还具有良好的结构性，能够实现攻击模式的重用，Carnegie Mellon 大学的软件工程研究所（The Software Engineering Institute）进一步研究了基于判定树分类的攻击模型化，主要目的是希望重用已经开发出来的攻击模式。有研究者用手工方法构造判定树，实验证明判定树在描述攻击方面是很有效的。

2. 判定树模型的扩展

判定树分类研究的重点在于描述攻击步骤，力图准确地描述攻击行为。我们希望借助判定树的这个优点，建立有效的存储级攻击模式生成方法。基于判定树分类的攻击模型在有效性、可重用性等方面具有优势，在适应性、可扩展性和鲁棒性方面需要进一步细化和扩展，以便满足 IDS 的要求。

如何既保证判定树分类模型的描述能力，同时又使攻击模型满足适应性、可扩展性等要求？为此需要解决以下几个问题。

（1）判定树分类模型主要是从攻击描述的角度出发，同时也考虑了一些攻击的结果。因此，攻击行为与攻击结果未能很好地区分开。如果要便于检测，就需要找到攻击行为对应的攻击结果。也就是需要找到攻击行为在 IDS 分析的数据源中映像出的特征。

（2）判定树的非叶结点分为与结点和或结点，可以表述出攻击特征之间的与、或关系，对于攻击特征之间的时序等其它关系无法表述。因此，需要扩充相应结点。

（3）当攻击发生变化或收集到的数据不完全时，根据深度优先策略获得的相应的攻击场景效果较差。考虑给结点添加相关属性，并且属性的赋值可以在检测的过程中动态获取，根据一定的策略，计算或评估攻击发生的可能性。

（4）此外，判定树分类模型的产生，没有给出具体的生成方法，如果只由专家总结，效率较低，而且在出现新的攻击时，不能自动生成。因此，需要找到自动生成的方法。

针对这些问题，首先考虑对判定树分类模型的定义和结构进行扩展。

（1）将判定树分类模型的叶结点定义为可检测的元素。比如在存储级入侵检测系统中，可以以存储操作数据中检测到的特征作为叶结点。入侵检测的基本假设"系统的正常或异常行为可以通过选择不同系统特征测度来实现"，因此攻击步骤或攻击行为产生的结果，都可以在 IDS 分析的数据源中检测到，故仍能保证判定树分类模型的描述能力。

（2）为表述攻击特征之间的时序关系，增加一种新的结点：时序结点。它为真的条件是其子结点必须都为真，并且子结点为真满足特定的先后顺序。

（3）为每个结点附增加一个属性：检测估计权值 $\mu_{a_i}(i \in N), \mu_{a_i} \in [0,1]$。表示该结点在动态检测过程中的满足程度、攻击可能性、代价等。其中叶结点取值 1 或 0，分别表示在动态检测过程中，叶结点满足与否。非叶结点取值为 0 到 1 之间的任何值，通过计算得出。

如图 7.10 所示，结点 $root$ 是判定树的根结点，而结点 a_1, a_2 是中间结点，a_3, a_4, a_5, a_6, a_7，是叶结点。

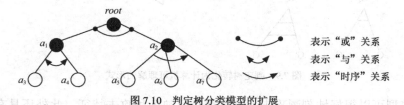

图 7.10　判定树分类模型的扩展

我们从几个方面扩展了判定树分类模型的定义。

（1）所有的叶结点均是可以检测到的。每个叶结点由检测特征和特征取值组成。例如：*operation= write*等。

（2）在原有的与结点（例如结点 a_1）和或结点（例如结点 $root$）的基础上，扩展时序结点（例如结点 a_2）。时序结点为真，当且仅当其所有子结点都为真，而且是按照从左到右的顺序为真。

（3）为每个结点增加一个属性：检测估计权值 $\mu_{a_i}(i \in N), \mu_{a_i} \in [0,1]$，表示该结点在动态检测过程中的满足程度、攻击可能性、代价等。

通过以上扩展，在保证判定树分类模型描述能力的情况下，为自动生成判定树提供了有利的条件，并且使生成的判定树是面向检测的。

经过扩展后的判定树模型，具有以下优点。

（1）保持判定树分类模型较强的攻击描述能力，能保证攻击模型的有效性。

（2）具有良好的适应性。对于攻击的微小变化能通过属性 $\mu_{a_i}(i \in N), \mu_{a_i} \in [0,1]$ 的计算识别出。

（3）可扩展性好。当有新的攻击出现时，可以通过攻击模拟等方法，基于生成算法获得相应的判定树分类。

（4）鲁棒性好。当数据不完全时，能根据已有的数据进行推测，并可以预警。当攻击出现新的变种的时候，还能够通过模型的计算，给出推理结论。

（5）可以重用。在不同的 IDS 中，模型的表述语法和形式有很大差别。因此，在一个 IDS 的开发中总结出的模式不能方便地被其它系统所用。难以实现重用。判定树分类模型可以重用，为信息安全共享提供有力的基础。

（6）结构性良好，便于自动生成。

7.5.2 判定树分类生成算法

判定树分类生成算法的目标是以 IDS 分析的数据源为输入，生成能够反映攻击特征的判定树分类。IDS 分析的数据源为存储器操作数据。当有新的攻击出现时，通过对样本数据进行数据挖掘，使用判定树分类生成算法可以得到对应的判定树，不需要专家来手工总结，并可以重用。

1. 判定树分类生成算法描述

基本思想描述：以样本数据作为输入，通过判定树分类生成算法，生成判定树。

不妨将样本数据表示为：$Data = \{A_1, A_2, \ldots A_n, Q\}, n \in \{1, 2, \ldots N\}$

其中 $A_i (i \in \{1, 2, \ldots n\})$，表示各种类型的攻击数据，$Q$ 表示所有正常数据的集合。如下所示：

$$\left. \begin{array}{l} a_{11}, a_{12}, \ldots a_{1m}, Attack\_type_1 \\ a_{21}, a_{22}, \ldots a_{2m}, Attack\_type_1 \\ \cdots \end{array} \right\} A_1$$

$$\cdots \cdots \cdots$$

$$\left. \begin{array}{l} a_{j1}, a_{j2}, \ldots a_{jm}, Attack\_type_n \\ \cdots \end{array} \right\} A_n$$

$$\left. \begin{array}{l} \cdots \cdots, \qquad Normal \end{array} \right\} Q$$

其中，$a_{i1}, a_{i2}, \ldots a_{im}$ 表示从 IDS 数据源中获得的各项数据。

在存储级入侵检测系统中，如时间戳、进程名称和 ID、操作请求、被操作的文件路径等，

被记为元组 $(a_{i1}, a_{i2}, \ldots a_{im}, Attack\_type)$ 。 $Attack\_type$ 表示攻击的类型。

算法的基本步骤描述如下：

Step 1 生成只包含根结点的判定树。

Step 2 找到叶结点的候选集合，实际上是计算出攻击发生的必要条件集合。

Step 3 生成判定树的与结点集合 $AndSet_k$，以及或结点集合 $OrSet_k$。

Step 4 生成判定树的时序结点集合 $SeqSet_k$。

Step 5 将得到的 $AndSet_k$、$OrSet_k$ 和 $SeqSet_k$ 的元素添加到判定树 $Attack\_type_k$ 中。多棵树可以组成判定树的集合 $DecisionTree\_set = \{DecisionTree_k \mid k = (1,2,\cdots,n), n \in N\}$。

算法的伪代码如图 7.11 所示。

输入：样本数据集 $DataSet$

输出：判定树 $DecisionTree_k$

Step1：以 $Attack\_type_k$ 为根结点，生成一棵只包含根结点的判定树 $DecisionTree_k$。

Step2：在数据集合 A_k 中，计算出集合 C_k，

$C_k = \{a_{ki} \ldots a_{kj}\}(i, j \in \{1, 2, \ldots, m\}$，且 $i < j)$。

C_k 中的所有元素（不妨记为 a_{ki}），满足以下关联规则的条件：

$a_{ki} \Rightarrow Attack\_type_k$ ($Support$=100%, $confidence$=100%)

其中： $Support$ $(a_{ki} \Rightarrow Attack\_type_k) = P(a_{ki} \Rightarrow Attack\_type_k)$

$Confidence$ $(a_{ki} \Rightarrow Attack\_type_k) = P(Attack\_type_k \mid a_{ki})$

Step3：对于 $C_k = \{a_{ki} \ldots a_{kj}\}$，取其非空子集，不妨设为 C_{kq}, $C_{kq} \subset C_k$, $q \in \{1, 2, \ldots, N\}$, C_{kq} 的元素个数记为 $|C_{kq}|$。对于每一个子集 C_{kq}，计算误报率和检测率。

1）在数据集 $DataSet = \{A_1, \ldots A_n, Q\}$，计算检测率 $P(Attack\_type_k \mid C_{kq})$

如果 $0.10 < P(Attack\_type_k \mid C_{kq}) < 1$，

则将该 C_{kq} 元素的属性及其取值作为候选或结点添加到或结点集合 $OrSet_k$ 中

（若 $|C_{kq}|$=1）；或作为候选与结点添加到与结点集合中（若 $|C_{kq}|$>1）。

2）在数据集 $DataSet = \{A_1, \ldots A_n, Q\}$ 计算误报率 $P(NORMAL \mid C_{kq})$。

若 $P(NORMAL \mid C_{kq})$<0.05，添加成功。

Step4：找时序结点，添加到时序结点集合 $SeqSet_k$ 中。若 $AndSet_k$=∅ 且 $OrSet_k$=∅ 且 $SeqrSet_k$=∅，转 Step6。

Step5：将 $AndSet_k$、$OrSet_k$ 和 $SeqrSet_k$ 中元素添加到判定树 $Attack\_type_k$ 上。

Step6：算法结束。

图 7.11　判定树分类生成算法的伪代码

2. 判定树分类集合生成算法

为了从样本数据中提取多棵判定树分类，组成判定树分类集合，算法伪代码描述如图 7.12 所示。

当判定树分类集合规模较大的时候，还需要考虑判定树求精问题。在真实的存储操作环境下，检测判定树的 RoC 曲线，若不满足要求，反馈需调整判定树分类的结构。

```
输入：样本数据集DataSet

输出：判定树分类集合DecisionTree_set={DecisionTree_k|k=(1,2...,n),n∈N}

Step1: For i=1 To n
            {
                    执行判定树分类生成算法
                    判定树分类求精
            }
Step1: 算法结束。
```

图7.12　判定树分类集合生成算法的伪代码

3. 算法正确性及复杂度分析

在实际操作中，可以将攻击行为分为两类：

第一类是可以从数据集 $DataSet$ 所包含的信息中检测到的攻击；

第二类是不能（或不便于）从数据集 $DataSet$ 所包含的信息中检测到的攻击。

因此，第一类攻击肯定可以在数据源 $DataSet$ 中，找到攻击发生的必要条件，即 $AndSet_k$、$OrSet_k$ 和 $SeqrSet_k$ 必有一个集合不为空。而第二类攻击则反之，$AndSet_k$、$OrSet_k$ 和 $SeqrSet_k$ 全部都为空。所以判定树分类算法是可以保证在有限时间内收敛的。

4. 基于判定树分类生成算法的攻击模式自动生成

生成的判定树分类可以转化成 IDS 可用的攻击模式。图 7.10 所示的判定树，可以转换成如下规则形式 $a_3 \cap a_4 \Rightarrow root, a_5 \cap a_6 \cap a_7 \Rightarrow root$ ($a_5 \cap a_6 \cap a_7$具有时序关系)。这个转化过程与具体的 IDS 有关，在此不做详细讨论。

7.6　存储级异常检测方法

迄今为止，提出的异常检测方法有概率统计分析方法、数据挖掘方法、神经网络方法、模糊数学理论、人工免疫方法、支持向量机方法等。每一种方法都各有优势，迄今还没有一种方法具有较强的通用性，能够占有绝对优势。随着研究的发展，我们相信还会有更多的方法出现。

基于概率统计分析的方法实现了大量能够应用于实时流量异常检测的系统，包括 DARPA 1999 年 IDS 评测优胜者 EMERALD 项目中的 eBayes 组件，以 Snort 的第三方异常检测插件发布的 Spade 等，但这些方法还存在着不足之处。首先，漏报率和误报率都还较高，EMERALD 结合了特征检测和异常检测两种方法，是 DARPA 1999 年评测的优胜者，但检测率仅达到了 50%；而 Spade 仅针对导致网络流量显著异常的扫描和洪水攻击，其误报率也较高。其次，虽然大部分方法使用多种特征来加大检测范围，但没有融合多个特征进行综合评判，或仅根据专家经验给出简单的特征组合公式，而没有任何理论根据。另外，大部分的方法需要干净的训练数据集，而这一前提在真实的网络环境中并不能够确保。最后，有些方法使用了数据包应用负载中的特征进行检测，虽然利用这些特征有助于提高检测率，但由于应用负载的数据量过大，使用这些特征往往导致检测算法不能够满足高速存储级异常检测的需求。

为了克服上述方法的缺点，本节重点研究主机系统中正常进程的存储操作行为模式，提出基于 D-S 证据理论的存储级异常检测方法。D-S 证据理论可以看作是有限域上对经典概率推理理论的一般化扩展，其主要特性是支持描述不同等级的精确度和直接引入了对未知不确定性的描述，这些特性在处理某些特征的差异不足以区分正常或攻击的情况时有着较大优势。

7.6.1　D-S 证据理论

1. D-S 证据理论简介

D-S 证据理论由 Dempster 于 1967 年提出，其学生 Shafer 将其发展并整理成一套完整的数学推理理论。D-S 证据理论可以看作是有限域上对经典概率推理理论的一般化扩展，从而支持描述不同等级的精确度，并直接引入了对未知不确定性的描述。D-S 证据理论可以支持概率推理、诊断、风险分析以及决策支持等，并在多传感器网络、医疗诊断等应用领域内得到了具体应用。

D-S 证据理论的主要特点是：满足比贝叶斯概率理论更弱的条件，具有直接表达"不确定"和"不知道"的能力。下面主要从基于 D-S 方法的融合模型、D-S 方法的算法实现，以及 D-S 方法的拓展等方面，进行比较全面的论述。

D-S 证据理论是建立在非空有限域 Θ 上的理论，Θ 称为辨识框架（Frame of Discernment，FOD），表示有限个系统状态 $\{\theta_1, \theta_2, \cdots, \theta_n\}$，而系统状态假设 H_i 为 Θ 的一个子集，即 Θ 的幂集 $P(\Theta)$ 的一个元素。D-S 证据理论的目标是仅根据一些对系统状态的观察 $E_1, E_2, \cdots, E_m$ 推测出当前系统所处的状态，这些观察并不能够唯一确定某些系统状态，而仅仅是系统状态的不确定性表现。作为 D-S 证据理论基础的概念，首先需要定义对某个证据支持一个系统状态的概率函数，称为信度分配函数（Basic Probability Assignment，BPA）。

为了描述问题，首先给出几个定义。

定义 1：信度分配函数定义为从 Θ 的幂集到[0,1]区间的映射。

$$m : P(\Theta) \to [0,1], \quad m(\Theta) = 0, \quad \sum_{A \in P(\Theta)} m(A) = 1$$

D-S 证据理论中还提出了对多个证据的组合规则，即 Dempster 规则。

定义 2：Dempster 规则形式化定义如下。

设 m_1 和 m_2 为两个证据的信度分配函数，则对这两个证据的组合得出组合证据的信度分配函数为：

$$m_1(A) \oplus m_2(A) = K^{-1} \sum_{B \cap C = A} m_1(B) m_2(C) \ when \ A \neq \phi$$

其中，K 为归一化因子，$K = \sum_{B \cap C \neq A} m_1(B) m_2(C)$

对 n 个证据进行组合的 Dempster 一般化规则为：

$$m_{1..n}(A) = K_n^{-1} \sum_{\cap_i A_i = A} m_1(A_1) m_2(A_2) \ldots m_n(A_n) \ when \ A \neq \phi$$

$$K_n = \sum_{\cap_i A_i \neq A} m_1(A_1) m_2(A_2) \ldots m_n(A_n)$$

2. 基于 D-S 证据理论的异常检测模型

基于 D-S 证据理论的思想，我们提出了一种融合多种特征的存储级异常检测方法。检测模型如图 7.13 所示，选取多个区分度较高且容易计算的存储操作流量特征，通过概率统计方法对这些特征的正常轮廓进行学习和维护。在检测阶段，首先根据当前流量的特征值与正常轮廓的偏差给出此特征值的信度。然后通过基于 D-S 证据理论的多特征融合方法对多个特征值的信度进行组合，给出这多个存储操作流特征对操作流量是否异常的综合信度，并最终做出当前存储操作流量是否异常的评判。

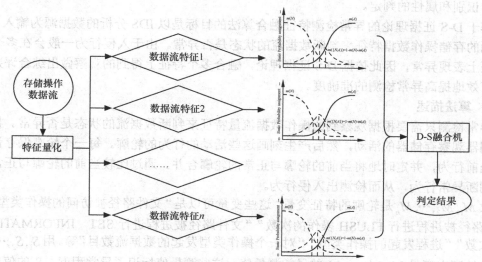

图 7.13 基于 D-S 证据理论的异常检测模型

3. 存储操作数据流特征的选择和量化

目前，异常检测中的特征选取一般都依赖于专家经验，选取的标准在于：选择的特征对正常及异常的区分度较高，且从存储操作流量中量化该特征值的计算量较小。我们提出的基于 D-S 证据理论的异常检测方法对选取特征无任何限制。根据存储操作数据流的源进程名称和 ID（存储操作动作的发出者）、目标被操作的文件路径（存储操作响应的接收者）、读写操作请求、操作结果的特征属性对数据流进行分类，以获取数据集的统计特征。

（1）对存储操作流量根据源进程 ID-目标操作的文件路径对进行分类，形成多个源-目标对节点。

（2）利用读写操作请求（包括读/写操作等）进行二级分类，对不同的读写操作请求分别建立对应的操作请求节点。

（3）第 3 层根据不同的源端口号将源-目标对之间属于同一读写操作请求的不同数据区分开。

（4）每个存储操作数据包括一个服务流和一个客户流，构成第 4 层。

每个层次上的节点都维护了不同层次关注的存储操作数据流特征。另外，我们维护了两张向量表——源层特征和目标层特征，分别用来记录属于同一源进程 ID 和操作同一目标的所有数据的统计特征。

当 IDS 检测到一个操作数据时，首先通过此分类模型逐层寻找对应的节点。若不存在，则新建节点并统计数据流特征；若存在，只需维护更新相关的特征。基于此存储操作数据流分类模型，可获得在各个层次上的数据流内部特征及统计特征的取值。

7.6.2　基于 D-S 证据理论的异常检测特征融合算法

D-S 证据理论直观性强，易于描述并能灵活处理未知及等概率方面的问题。在多特征数据融合系统中，各个独立特征所表征的信息是局部的、模糊的、甚至可能是矛盾的，包含了大量的不确定性。通过 D-S 证据理论可以依据综合这些不确定的信息实现推理，从而实现对目标的识别和属性的判定。

基于 D-S 证据理论的异常检测特征融合算法的目标是以 IDS 分析的数据源为输入，根据观察到的存储操作数据特征来判断数据流的状态是否异常。由于入侵行为一般会在多个不同的特征上表现异常，因此依据 D-S 证据理论，融合多个特征上得到的观察做出综合评判，将能够有效地提高异常检测的准确度。

1. 算法描述

异常检测只需要根据观察到的操作数据流量特征来判断数据流的状态是否异常。根据异常检测器观察存储器的活动，然后产生刻画这些活动的行为的轮廓。每一个轮廓保存记录存储器当前行为，并定时地将当前的轮廓与正常的轮廓合并。通过比较当前的轮廓与正常的轮廓来判断异常行为，从而检测出入侵行为。

设 $M_1, M_2, \cdots, M_n$ 是轮廓的特征变量，这些变量可以是"文件路径被访问的操作类型数量""文件路径被进程进行 FLUSH 操作的次数""文件路径被进程进行 SET INFORMATION 操作的次数""进程发起的操作类型""对一个操作类型发起的数据流数目"等。用 $S_1, S_2, \cdots, S_n$ 分别表示轮廓中变量 $M_1, M_2, \cdots, M_n$ 的异常测量值。这些测量值标识了异常程度。S_i 的值越高，则表示 M_i 异常性越大。采用 D-S 证据理论将这些异常测量特征进行融合，实现综合评判。

根据 D-S 证据理论，取辨识框架 Θ 为 $\{N, A\}$。其中，N 为正常，A 为异常，$N \cap A = \phi$。定义信度分配函数 $m : P(\{N, A\}) \rightarrow [0,1], m(\phi) = 0, m(\{N, A\}) + m(N) + m(A) = 1$。其中 $m(N)$ 表示当前特征支持正常行为的信度，$m(A)$ 表示支持异常的信度，$m(\{N, A\}) = 1 - m(N) - m(A)$ 表示根据该证据不能确定属于正常行为或攻击事件的信度，即支持未知的信度。

定义 3：期望偏差函数

设 X 为一个随机变量，若数学期望 $E(X)$ 与标准差 δ_X 存在，则称 $\xi(x) = \dfrac{|x - E(X)|}{\delta_X}$ 为 X 上的期望偏差函数，即偏离数学期望多少个标准差。

定理 1：切比雪夫不等式

设随机变量 X 具有数据期望 $E(X) = \mu$，方差 $D(X) = \sigma^2$，则对于任意正数 ε，以下不等式成立：

$$P\{|X - \mu| \geqslant \varepsilon\} \leqslant \frac{\sigma^2}{\varepsilon^2}$$

我们基于期望偏差函数来定义信度分配函数，这是因为期望偏差函数比概率分布更能够反映特征异常程度，期望偏差描述了一个特征值与数学期望的距离，根据切比雪夫不等式 $P(x | \xi(x) \geqslant \delta) = \dfrac{1}{\delta^2}$，概率分布随着期望偏差的增大呈平方量级递减，因此使用期望偏差与概率分布也保持了一致性。

图 7.14 描述了信度分配函数的基本设计原则，即当特征值的期望偏差较小（$\xi < \xi_1$）时，表明该期望值处于一个正常的范围内，因此支持正常流量的信度较大，同时支持异常及未知

的信度较小。随着期望偏差的增大，该特征值支持正常流量的信度快速降低，而支持异常和未知的信度逐渐升高，在一个临界点 $\xi = \xi_2$，支持未知的信度将达到极值，同时支持异常的信度超过支持正常的信度。在越过此临界点后，支持未知的信度下降，而支持异常的信度快速提升，并在 $\xi > \xi_3$ 这段区间内超越支持未知的信度。

在信度分配函数的基本设计原则下，通过从训练数据中计算得出对正常和异常特征值区分最为适当的 ξ_1, ξ_2, ξ_3 这 3 个坐标点，并调整 $m(N)$、$m(A)$、$m(\Theta)$ 3 条信度分配函数曲线，从而适应正常轮廓曲线。

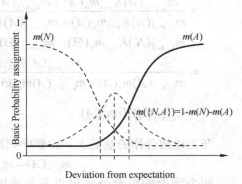

图 7.14　根据期望偏差定义的信度分配函数

使用单个特征很难将攻击事件（特别是隐蔽攻击）和正常行为完全区分开。因此，如果使用单一特征进行异常检测，很难保证漏报率和误报率同时很低。而事实上，正常行为很难在几个特征同时呈现较异常的取值。与之相反，攻击动作通常会同时造成多个特征出现异常。因此，考虑通过对多个观察事件进行融合分析来提高检测的准确性，以期望在降低误报率的前提下尽量检测出全部攻击事件。

Dempster 一般化组合规则已被证明为 P 完全难解问题，但在特定的应用场景中，即识别框架为只有两个互斥元素时，Dempster 规则的计算代价是 $O(n)$，从而可以证明我们提出的对多个存储操作数据流特征信度的融合算法的时间代价为 $O(n)$，其中 n 为数据流特征个数。

定理 2：Dempster 组合规则在 $\Theta = \{N, A\}$，$N \cap A = \phi$ 下的计算时间是 $O(n)$。

在识别框架为两个互斥元素的情况下，Dempster 规则满足结合律：

$$m_{1..n}(A) = m_{1..n-1}(A) \oplus m_n(A)$$

2. 算法正确性及复杂度分析

证明在识别框架为两个互斥元素的情况下，Dempster 规则满足结合律的过程如下。

$$m_{1..n}(A) = \frac{\sum\limits_{\cap_i A_i = A} m_1(A_1) m_2(A_2) \ldots m_n(A_n)}{\sum\limits_{\cap_i A_i \neq \phi} m_1(A_1) m_2(A_2) \ldots m_n(A_n)}$$

$$= \frac{\left(\sum\limits_{\cap_i A_i = A} m_1(A_1) m_2(A_2) \ldots m_{n-1}(A_{n-1})\right) m_n(A) + \left(\sum\limits_{\cap_i A_i = A} m_1(A_1) m_2(A_2) \ldots m_{n-1}(A_{n-1})\right) m_n(\Theta) + \left(\sum\limits_{\cap_i A_i = \Theta} m_1(A_1) m_2(A_2) \ldots m_{n-1}(A_{n-1})\right) m_n(A)}{\left(\sum\limits_{\cap_i A_i = A} m_1(A_1) m_2(A_2) \ldots m_{n-1}(A_{n-1})\right) m_n(A) + \left(\sum\limits_{\cap_i A_i = A} m_1(A_1) m_2(A_2) \ldots m_{n-1}(A_{n-1})\right) m_n(\Theta) + \left(\sum\limits_{\cap_i A_i = N} m_1(A_1) m_2(A_2) \ldots m_{n-1}(A_{n-1})\right) m_n(N) + \left(\sum\limits_{\cap_i A_i = N} m_1(A_1) m_2(A_2) \ldots m_{n-1}(A_{n-1})\right) m_n(\Theta) + \left(\sum\limits_{\cap_i A_i = \Theta} m_1(A_1) m_2(A_2) \ldots m_{n-1}(A_{n-1})\right) m_n(\Theta)}$$

$$= \frac{m_{1..n-1}(A)K_{n-1}m_n(A)+m_{1..n-1}(A)K_{n-1}m_n(\Theta)+m_{1..n-1}(\Theta)K_{n-1}m_n(A)}{\begin{array}{c}m_{1..n-1}(A)K_{n-1}m_n(A)+m_{1..n-1}(A)K_{n-1}m_n(\Theta)+m_{1..n-1}(N)K_{n-1}m_n(N)+\\ m_{1..n-1}(N)K_{n-1}m_n(\Theta)+m_{1..n-1}(\Theta)K_{n-1}m_n(\Theta)\end{array}}$$

$$= \frac{m_{1..n-1}(A)m_n(A)+m_{1..n-1}(A)m_n(\Theta)+m_{1..n-1}(\Theta)m_n(A)}{m_{1..n-1}(A)m_n(A)+m_{1..n-1}(A)m_n(\Theta)+m_{1..n-1}(N)m_n(N)+m_{1..n-1}(N)m_n(\Theta)+m_{1..n-1}(\Theta)m_n(\Theta)}$$

$$= m_{1..n-1}(A)\oplus m_n(A)$$

在上述结合律的基础上，由数学归纳法容易证得：

$$m_{1..n}(A) = m_1(A)\oplus m_2(A)\oplus...\oplus m_n(A)$$

两个证据的组合公式可以在常数时间内运算获得。因此，n 个观察证据的组合信度 $m_{1..n}(A)$ 的计算可以通过上式在 n–1 个步骤内完成，代价为 $O(n)$。

根据上节的证明过程对 n 个存储操作数据流特征值的信度分配进行融合，得到综合信度评价，即 $m_{1..n}(A),m_{1..n}(N)$ 与 $m_{1..n}(\Theta)$，分别表示 n 个存储操作数据流特征对攻击事件、正常情况与未知的支持信度。然后，根据这 3 个值的最大者给出当前存储操作数据流异常、正常或者不能确定是否异常的综合评判。

7.7 IDS 间基于协作的联合防御

由于存储级 IDS 的数据视野和管理范围有限，因此一般情况下对于入侵行为只能采取被动应对措施。如果在 IDS 之间通过协同进行联合防御，就可以增强共同防御入侵的能力，提高整个网络的安全性。

7.7.1 预定义

为了描述问题，首先给出几个定义。

定义 1：一个 IDS 只能检测自身所在的某一网络、主机和存储器范围，这个范围内受检测的网络、主机和存储器集合构成此 IDS 的检测范围。

定义 2：一个 IDS 检测范围内的网络、主机或存储器称此 IDS 为管辖 IDS。

定义 3：发起入侵或攻击行为的主机称为入侵者或攻击者。

定义 4：这些主机、进程可能是被利用作为入侵或攻击的跳板。入侵或攻击行为的真实发起者被称为实际入侵者或实际攻击者。

定义 5：入侵或攻击行为的目标称为受害者。

网络、主机和存储器之间的互通性决定了安全问题绝不仅仅是个别孤立系统的问题，只有具有全面视野的安全性得到保障，每个子系统的安全性才会有保障。为了保证整体的安全，需要 IDS 间进行有效地协作，联合防御入侵行为。

7.7.2 相关工作介绍

为了提高 IDS 产品、组件及与其他安全产品之间的互操作性，DARPA 和互联网工程任务组（IETF）的入侵检测工作组（IDWG）发起制订了一系列建议草案，从体系结构、API、通信机制、语言格式等方面规范 IDS 的标准。

目前，IDS 协作研究主要集中在网络型 IDS 之间、主机型 IDS 之间，以及网络型 IDS 和主机型 IDS 之间。它们采用的两种最主要的协作模式如下：

1. 主动防御模式

IDS 能够对到达或发自自身检测范围的入侵行为做出响应，但是对于检测范围以外的攻击发起者，却只能通过限制其访问进行被动防御。被动防御能够阻止入侵行为的继续，但无法从根本上消除入侵，而且有时效果也不理想。例如 DDoS 攻击的攻击者可以来自网络的任何部分，它们之间没有关联。因此在防御时，只能利用防火墙封锁大量的网段地址或攻击者地址。但是封锁网段地址由于限制面过大，会造成很多正常地址无法访问，严重影响网络的正常使用。封锁攻击者地址由于地址数量非常大，会影响防火墙的运行效率。

另一方面，一个攻击行为中的攻击者往往并不是实际攻击者。实际攻击者为了逃避打击，一般会首先找到一些存在漏洞的主机作为跳板，然后利用这些跳板发起攻击行为，这样即使攻击被发现，它们也能保证自身的安全。这些跳板主机虽然已经遭到入侵，但出于各种原因并未被发现。如 DDoS 攻击中的攻击者，绝大多数是被非法植入了攻击程序，在不知情的情况下，成为了攻击行为的帮凶。

结合上述两种情况，可以很自然的希望：如果受害者所属的管辖 IDS 能够将所受到的攻击情况通知攻击者所属的管辖 IDS，则后者就有可能采用自动或人工方法对攻击者进行安全恢复。这样跳板主机可以恢复正常，受害者也可以减少受到的攻击。

2. 通知预警模式

蠕虫是一种通过网络传播的恶性病毒，它与传统的计算机病毒不同，会进行主动攻击，将自身通过网络向周围计算机传播。从 1988 年莫里斯在实验室放出第一个蠕虫病毒以来，蠕虫病毒以其快速、多样化的传播方式不断给网络世界带来灾害。特别是 1999 年以来，高危蠕虫病毒的不断出现，使世界经济蒙受了轻则几十亿，重则几百亿美元的巨大损失。

蠕虫病毒的传播范围由小到大扩散，在传播的初期，其影响比较小，防范也比较容易。但是当传播达到一定范围后，影响会变得非常大，防范也变得非常困难。因此如果一个 IDS 在其管辖范围中检测到一种蠕虫病毒后，能够将其情况通知给其他网络的 IDS，提醒对方进行必要防范，则有可能在一定程度上阻止蠕虫病毒的传播。

网络攻击事件的发生具有一定规律，如在某一纪念日附近，攻击事件会有增加；某一病毒大规模爆发的时候也会引起攻击事件的增加。一个入侵检测系统在工作时会消耗所在系统的资源，较高的检测强度会带来较高的安全性，但一般也会引起较高的资源消耗，因此必须对两者进行折中。当入侵事件频繁时，一般希望通过提高检测强度提高安全性；而当入侵事件较少时，则希望降低检测强度降低资源消耗。如果一个 IDS 发现某些攻击事件发生频率发生较大变化后，可以将情况通知其他 IDS，对方可以根据情况决定自己使用的检测强度。

上述两种协作模式，可以使多个 IDS 之间共同采取措施应对入侵行为，进行联合防御，增强共同的安全性。但是 IDS 间的协作与 IDS 内部的协作不同：IDS 间没有隶属关系完全平等，没有中心结点进行管理，一个 IDS 不可能对网络上所有其他的 IDS 都了解，IDS 会动态变化。并且一个 IDS 对外提供协助时，必须考虑自身的信息保密，及对自身正常工作的影响等因素，因此一般无法做到尽力而为。这些特点类似于人类社会人与人之间的关系，因此 IDS 间的协作可以模仿人类社会在进行协作时所采取的方法。

7.7.3 典型协作模式分析

1. GIDO 对象与 CISL 语言

CIDF 中各模块之间的通信是通过传递 GIDO 对象实现的。单个 GIDO 对象的格式定义如图 7.15 所示。

GIDO头	GIDO体	签名（可选）

图 7.15　GIDO 对象格式

GIDO 头部用来描述该 GIDO 的一般信息，其中包括该 GIDO 所反映的事件类别、产生时间等，GIDO 体是每个 GIDO 对象的核心，用 CISL 语言描述，签名是可选项，是该 GIDO 的产生者的签名。

CIDF 的工作重点是定义了一种应用层的语言 CISL，用来描述 IDS 组件之间传送的信息，以及制定一套对这些信息进行编码的协议。

CISL 的基本语法单位是 S-表达式（S-Expression），每一个 S-表达式由标志和数据递归构成，其中标志也称为语义标志符，简称 SID。CISL 中的 SID 共有 7 类，围绕着句子的核心是动词 SID、角色 SID、副词 SID、属性 SID、原子 SID、参照 SID 和连词 SID。其范式如下：

```
<SExpression>::='('<SID><Data>')'
<Data>::=<SimpleAtom>
<Data>::=<ArrayAtom>
<Data>::=<SExpressionList>
<SExpressionList>::=<SExpression>
<SExpressionList>::=<SExpressiom><SExpressionList>
```

CISL 描述的对象除了可用文本描述外，在 CIDF 各模块间的通信实现时是以二进制的形式存在。上述范式有如下的转化规则：

```
<SExpression>::='('<SID><Data>')'
E[SExpression]=length_encode(sid_encode(SID) E[Data])
sid_encode(SID) E[Data]
<Data>::=<SimpleAtom>
E[Data]=simple_encode(SimpleAtom)
<Data>::=<ArrayAtom>
E[Data]=array_encode(ArrayAtom)
<Data>::=<SExpressionList>
E[Data]=E[SExpressionList]
<SExpressionList>::=<SExpression>
E[SExpressionList]=E[SExpression]
<SExpressionList>::=<SExpression><SExpressionList>
E[SExpressionList]=E[SExpression]E[SExpressionList]
```

例如，对"SYN FLOOD"攻击行为的描述可能如下：

```
(Attack

        (AttackSpecifics
```

```
        (AttackID 0x00000004 0x00000000)
    )
    (When
        (Time 953076974.391314)
    )
    (Message
        (Comment "SYN flood")
        (SourceIPV4Address 192.168.5.2)
        (TCPSourcePort 1551/tcp)
        (DestinationIPV4Address 192.168.1.10)
        (TCPDestinationPort 80/tcp)
        (TCPConnectionStatus 1)
    )
)
```

2. 熟人模型

网络中不同的 IDS 间具有动态、开放的环境，无中心结点的特点，并且由于网络规模巨大，一个 IDS 不可能对其他 IDS 都有所了解。IDS 间的关系类似于人类社会中不同的人之间的关系，因此它们之间的协作可以模仿人类社会不同人之间的协作方法，即熟人模型。

IDS 结构各不相同，有采用单个模块的，也有采用分布式结构的。为了进行协作，本协作方式要求无论采用何种结构的 IDS，都必须包含一个与外界联系的模块，称为门户模块（Portal Module）。对外界而言，一个入侵检测系统等价于其门户模块。一个 IDS 的属性包括：*Name, Address, Contact-List*。其中，*Name* 表示系统名称；*Address* 表示系统地址，等价于其门户模块的地址，表示为*<IP-Address, Port>*；*Contact-List* 表示系统的通信录，即所有熟人通信信息的列表，表示为 $< L_1, L_2, ..., L_n >$，列表中每一个元素称为一条通信记录。$L_i, i \in \{1,2,...,n\}$，称为第 i 个熟人的信息，有 L_i =*<Name, Address, Degree, PubKey>*，分别表示此熟人的名称、通信地址、关系度及公钥。名称及通信地址与 IDS 属性定义相同，关系度是指与此熟人的密切程度，取值范围为(0,1]，公钥是指此熟人进行加密通信时使用的公钥。

一个 IDS 的熟人满足下列规则。

（1）合作规则

当一个系统收到其他系统发来的提醒警报时，或者当一个系统向其他系统发出协助请求，得到对方积极响应时，表明对方与自己比较友好。这两种情况下，可以增加两个系统的关系度，$R_i = \min(R_i + \delta, 1)$。当关系度大于阈值 R_i 时，普通熟人变成好友。

（2）渐忘规则

当一个系统的协助请求未得到对方积极响应时，表示对方与自己的友好程度下降，$R_i = \max(R_i - \lambda, 0)$。当关系度小于阈值 R_t 时，好友变成普通熟人。

（3）推荐规则

当一个系统收到其他系统的协助请求时，可能无法进行帮助，这时，他可以推荐自己的熟人进行协助，这也可视为一种积极响应。发出请求者收到推荐后，可以向其进行请求，如果收到积极应答，将其加入自己的熟人集中。

7.7.4 协作方式

1. 主动防御模式

当一个 IDS 检测到从系统外发起的针对其管辖范围某台主机的攻击后，可以通过协作请求，将自己受到的入侵事件发送给攻击者所属的管辖 IDS，请求其阻止攻击行为。协作请求是通过向未知 IDS 发送数据的方式，首先发送 IDS 查找报文，然后等待对方 IDS 返回 IDS 发现报文。如果收到发现报文，则将自身受到的入侵事件以数据报文方式发送给对方。如果在等待一定时间后未收到发现报文，则认为对方无 IDS 系统或未进行积极响应。

当接收请求的 IDS 收到协作请求后，根据请求者与自身的关系，决定采取何种措施，如图 7.16 所示。

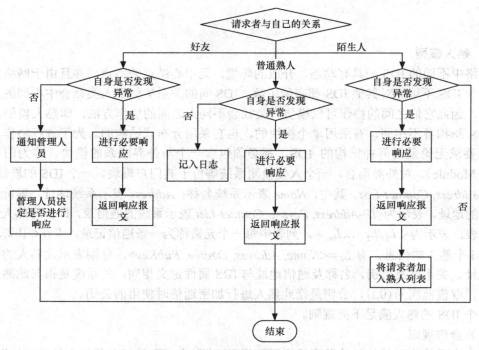

图 7.16　收到请求报文后的响应过程

当处理完成后，将处理结果返回给协作请求者。请求者收到处理结果后，根据熟人规则，修改自己的熟人表。

2. 通知预警模式

当一个 IDS 检测到某种攻击行为发生频率有较大变化，或发现蠕虫病毒时，可以通过向其他 IDS 系统发出警告报文，提醒对方预先启用应对措施。警告报文只发送给此 IDS 的熟人，因此采用向已知 IDS 系统发送数据的方法，将警告内容以数据报文形式进行发送。

当一个 IDS 收到其他 IDS 发来的警告时，根据对方与自己的关系，进行系统的调整，如图 7.17 所示。

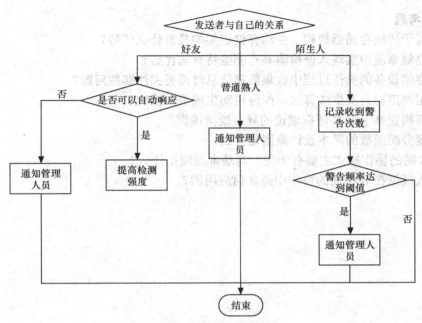

图 7.17 警告报文处理过程

　　当收到警告报文后，IDS 首先进行本地处理，采取相应的措施。之后，可以再将此报文发送给自己的熟人，这样可以迅速地将一个警告在整个网络内传递。一个警告报文有其生存时间，当时间到达后，就不再被继续转发，这样可以避免网络中存在过多的警告报文。

习　　题

一、选择题

1. 存储级 IDS 运行在存储设备上，可以监控到全部的（　　）。

　　A．网络数据　　　　　　　　　　B．用户数据

　　C．系统日志　　　　　　　　　　D．磁盘读写操作

2. 存储级 IDS 在数据收集过程中，除了要收集攻击数据，还需要收集（　　）。

　　A．测试数据　　　　　　　　　　B．正常数据

　　C．训练数据　　　　　　　　　　D．模拟数据

3. 在存储操作数据的基本属性中，作为存储操作响应接受者的是（　　）。

　　A．进程名称　　　　　　　　　　B．操作请求者

　　C．操作结果状态　　　　　　　　D．被操作的文件路径

4. 下列存储操作的特征中，属于离散型的是（　　）。

　　A．时间戳　　　　　　　　　　　B．进程号

　　C．进程名称　　　　　　　　　　D．存储操作的数据长度

5. 基于 D-S 证据理论的异常检测特征融合算法的输入为（　　）。

　　A．IDS 分析的数据源　　　　　　B．来自主机的数据

　　C．来自存储操作的数据　　　　　D．来自网络的数据

二、思考题

1. 相对于传统存储器架构，主动存储器架构具有什么优势？
2. 在存储系统中实现入侵检测具有哪些特有的优势？
3. 在存储设备的操作过程中收集数据信息时需要关注哪些问题？
4. 利用判定树分类生成算法，如何自动生成攻击模式？
5. 如何构建基于 D-S 证据理论的异常检测模型？
6. 信度分配函数的基本设计原则是什么？
7. IDS 间的协作模式主要有哪些？其基本原理是什么？
8. 熟人模型在 IDS 间的协作中是如何应用的？

## 第 8 章

基于 Hadoop 海量日志的入侵检测技术

随着信息技术的迅猛发展以及 Web 应用的快速普及，许多企业都拥有其独立的 Web 服务器，然而其开放的特性也带来了不可忽视的安全问题。数量庞大的 Web 服务器以及层出不穷的应用安全漏洞为黑客和蠕虫攻击提供了可乘之机。近年来，越来越频繁地出现 Web 应用被攻击的事件，甚至是一些大型的、知名的网站都受到不同程度的入侵攻击。

在 Web 日志中有应用是如何被访问的记录数据，一旦应用遭受到攻击，对这些日志的分析不仅可以发现入侵的痕迹，而且可以通过对攻击方法的分析找出系统中存在的安全漏洞，进而采取安全措施来对该种类型的攻击进行防范。需要关注的是，对应用进行攻击产生的日志信息与进行合法地操作产生的日志信息相似度是非常高的，如果单纯依靠人工来进行辨别，对工作人员的知识丰富程度和工作经验都有极高的要求。同时，Web 应用产生的日志信息数量极其巨大，不可能依靠人工手段在短时间内进行分析和判断。因此，采用一定的入侵检测技术来保护应用系统，帮助其对抗各种类型的入侵攻击行为是十分重要的。

近年来，学者们相继提出各种先进的入侵检测方法，其中在数据挖掘算法理论的帮助下实现入侵检测是非常受到关注的一个方面。数据挖掘技术可以快速地从海量的数据中找出对用户有帮助的信息，对这些信息进一步处理并以便于理解的方式展示出来，为后续的分析提供数据来源。通常可以使用一定的算法分析用户的活动并提取出相应的规则特征，从而进行入侵检测。

然而，随着业务量的不断增长，Web 日志数据也在呈现爆炸式增长，在一些大型企业中，每天产生的日志数据量甚至可达到 TB 级，海量的日志数据如何进行处理日益受到人们的关注。目前，如果一个平台使用仅仅一个 CPU 结点来进行计算，是很难胜任对这些海量数据的分析任务的。而当今行之有效的解决方案则是在云计算的分布式方法的帮助下来增强计算资源的能力，利用通过网络连接的多个节点来共同承担对计算资源需求量较高的复杂计算。由 Apache 基金会开发的 Hadoop 正是在这样的背景下产生的，它是一个比较成熟的开源框架并且实现了 MapReduce 编程模型，当用户开发分布式并行程序时并不需要详细了解其底层的实现细节，从而实现高效地处理海量数据。

在 Hadoop 框架的帮助下对海量的 Web 日志数据进行存储和计算，利用数据挖掘算法挖掘出有价值的信息进行攻击检测，势必会成为未来发展的方向。

将入侵检测技术与 Hadoop 平台相结合具有一定的优势和特点。Hadoop 集群具有很高的可用性，其中的每个节点都是一台独立的计算机，当其中的一个节点出现故障时只会使系统的局部受到影响而不会导致整个系统出现问题。Hadoop 集群还具有分布式的计算能力，集群中的各个节点共同承担对于大规模数据的分析任务，提高了系统进行数据分析的效率。为了减少网络通信的开销，Hadoop 集群采用"移动计算"的原则来进行分布式计算，把计算任务分配给存储所需数据的节点或与其距离较近的节点。因此在入侵检测中采用 Hadoop 技术能够很好地解决单一节点对海量数据进行处理时效率过低甚至无法处理的问题。

8.1 Hadoop 相关技术

8.1.1 Hadoop 简介

　　Hadoop 是一个项目的总称，是开源实现的谷歌的集群系统。由于在 Hadoop 中实现了 HDFS 文件系统和 MapReduce 编程模型，使得它成为了一个分布式的计算平台。当用户想要运行一个分布式程序时，只需要编写一个类继承自 MapReduceBase，同时再实现 Map 和 Reduce，然后对 Job 进行注册就可以了。

　　Hadoop 首先是一个分布式的文件系统，能够实现存储的功能，但它的作用不限于此，它同时也是一个能够执行分布式程序的大型框架，它的执行环境一般是由数目众多的计算设备组成的大规模集群。

8.1.2 HDFS 文件系统

　　HDFS（Hadoop Distributed File System）是 Hadoop 项目的核心子项目，是 Hadoop 主要应用的一个分布式文件系统。在 HDFS 架构中有 NameNode 和 DataNode 两种节点。这两类节点分别承担 Master 和 Worker 的任务。NameNode 帮助 Master 对集群进行管理实现调度的功能，DataNode 则是 Worker 在执行具体任务时需要用到的节点。HDFS 在对文件系统管理时采用的是 Master/Slave 架构。在一个 HDFS 集群中一般情况下只有一个 NameNode 但有多个 DataNode。在 HDFS 中能够看到整体的对于文件的命名形式，同时在上面保存数据时是以文件为单位进行的。而事实上，是在一系列 DataNode 中保存被划分成一个或几个块的文件。对文件系统进行名字空间操作的是 NameNode，同时它也决定了从块到每个具体的 DataNode 的映射。当 HDFS 的客户端发出读或写的请求时是由 DataNode 进行响应的，而当需要对数据块进行一定的操作时则需要 NameNode 的统一管理和安排。

8.1.3 MapReduce 并行计算框架

　　MapReduce 编程模型与 HDFS 文件系统是 Hadoop 的两个主要技术。MapReduce 的特点是简单、易用并且拥有比较强的扩展性。在 MapReduce 编程模型的帮助下，可以很容易地编写出能够同时在多台主机上运行的分布式并行程序。MapReduce 框架的组成是一个独自运行在主节点上的 JobTracker 以及运行在每个从节点上的 TaskTracker。主节点负责去调度分布在各个从节点上的全部任务，它们共同构成一个作业。

　　MapReduce 中一个作业的执行过程如图 8.1 所示，具体的步骤如下。①MapReduce 程序启动作业。②JobClient 发送一个请求，要求 JobTracker 发送一个之前没有的 Job 的 ID 给它，并且对作业的输入和输出进行检查，当出现异常时会将其返回。③对于运行作业所需要的资源，JobClient 会将它们复制到 JobTracker 的文件系统中，而这些文件系统所在的目录是以作业 ID 命名的。④JobClient 通知 JobTracker 准备执行作业。⑤当接收到向其提交的作业后，JobTracker 会把它们放入自己的队列中，然后通知作业调度对它们进行初始化以及调度作业。⑥当建立任务在执行时的列表时，需要由作业调度器将保存在共享文件系统中的输入分片信息调度出来，而这些分片信息是由 JobClient 事先进行计算的，同时还需要创建针对单个分片的 **Map** 任务。⑦为了在固定的时间周期内发送信息给 JobTracker，TaskTracker 自动执行一个并不复杂的循环程序，通过这样的方式来通知自己当前是处于活动状态、准备就绪状态还是不能接受新任务的状态。当处于就绪状态时，JobTracker 就会将一个任务分配给它，同时在返回值的帮助下与其进行通信。⑧在运行任务时 TaskTracker 需要随时从 HDFS 中获取数据资源。⑨所有任务都运行完成后，会将结果输出到 HDFS 中。

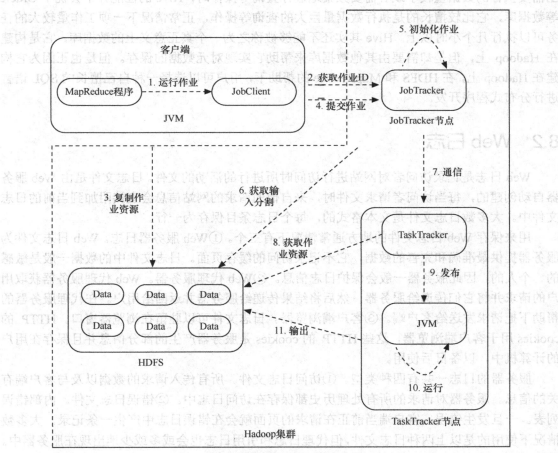

图 8.1 **MapReduce** 作业的执行过程

8.1.4 Mahout 简介

Mahout 是 Hadoop 中的一个开源项目，Mahout 中构建了一个大规模的机器学习库，是实现并行化的数据挖掘算法的分布式计算框架。Mahout 中实现的算法都是构建在 Hadoop 之上基于 MapReduce 的并行实现，可以帮助开发人员更加方便快捷地创建智能应用建立机器学习算法。尽管 Mahout 还属于开源领域一个新兴的项目，但是它在集群方面已然提供了大量的功能。由于它使用了 Hadoop 库，因此基于 Mahout 的应用可以有效地扩展到云平台中。

8.1.5　Hive 简介

Hive 是一种建立在 Hadoop 上的开源数据仓库。它能够被编译成用来在 Hadoop 上执行的作业。此外，HiveSQL 可以让用户将自己编写的脚本放置在一些语句中进行执行操作。它可以将数据改变成易于理解的数据库的概念形式，例如数据表、列等。Hive 能够支持对大规模数据的保存，如在 Facebook 的 Hive 中有数以万计张数据表保存了大小超过 700TB 的数据。当需要执行的数据量较小或者需要频繁地进行查询等操作时，Hive 的性能并不会优于 Oracle 等数据库，它比较擅长的是执行数据量巨大的查询等操作，正常情况下一项工作量较大的任务可以执行几个小时以上。Hive 其实还不能够被称之为一个真正意义上的数据库，它是构建在 Hadoop 上，但是却需要由其他数据库来帮助它实现对元数据的保存。但是也正因为它构建在 Hadoop 上，在 HDFS 和 MapReduce 的帮助下，用户可以选择一种自己擅长的 SQL 语言进行分布式程序开发。

8.2　Web 日志

Web 日志是记录访问者对网站进行访问时所进行的活动的文件。日志文件是由 Web 服务器自动创建的，每当访问者请求文件时，来自他的请求的网站信息会直接附加到当前的日志文件中。大多数日志文件是文本格式的，每个日志条目保存为一行。

用来保存 Web 日志文件的地方通常情况下有三个。①Web 服务器日志。Web 日志文件为服务器提供最准确和完善的数据，它不记录访问的缓存页面。日志文件中的数据一般是敏感的、个人的，因此服务器一般会保护日志信息。②Web 代理服务器。Web 代理服务器获取用户的请求并将它们传递给服务器，然后将结果传递给服务器并返回给用户。在代理服务器的帮助下把请求发送给客户端。③客户端浏览器。日志文件可以驻留在浏览器窗口。HTTP 的 cookies 用于客户端浏览器，这些 HTTP 的 cookies 是服务器产生的部分信息并且保存在用户的计算机中，以备日后使用。

服务器的日志一共有四种类型。①访问日志文件。所有传入请求的数据以及与客户端有关的信息。服务器对请求的所有处理历史都保存在访问日志中。②错误日志文件。内部错误列表。一旦发生错误，客户端当前正在请求的页面就会在错误日志中产生一条记录。大多数情况下使用的是以上两种日志文件，但代理日志和引用日志也会或多或少地出现在服务器中。③代理日志文件。关于用户的浏览器以及浏览器版本的信息等。④引用日志文件。该文件提供了关于链接以及将用户重定向到其他网络地址的信息。

8.3　基于 Hadoop 海量日志的入侵检测算法

本节分别介绍进行入侵检测分析时需要用到的两种数据挖掘算法：K-Means 算法和 FP-Growth 算法。但是这两种算法并不能直接应用于 Hadoop 平台中对大规模的数据进行分析，因此需要对它们进行并行化的改进。对 Mahout 下实现的 K-Means 算法中 Combine 阶段的计算方法进行改进提出了组合的并行化 K-Means 算法 CPK-Means（Combined Parallel K-Means）。对 PFP 算法的分组方法进行改进提出了基于负载均衡的并行 FP-Growth 算法 LBPFP（Load Balanced Parallel FP-Growth）。

8.3.1　K-Means 算法基本原理

k-均值（k-means Clustering）算法是最著名的划分聚类算法。该算法是所有聚类算法中最频繁地被使用的，因为它具有简洁和效率高的特性。对于给出的数据点集合以及由用户决定的要聚类成的簇的数目 k，K-Means 算法会通过规定好的距离函数进行计算，不断地为数据找到它所应归属的簇。

1．相关概念

（1）聚类的定义

聚类是将数据进行分组，但是并不会预先定义好聚类中的组，而是在执行的过程中根据数据的特征和相似性来进行分组。划分成的组也称为簇。

数据集 X 的组成是许多的数据点，聚类要得到的结果就是将数据集 X 划分成 k 个部分 $C_m (m=1,2,\cdots,k)$，数据集 X 是这 k 个部分的并集，同时任意两个部分之间的交集都是空集，即

- $C1 \cup C2 \ldots \cup Ck = X$
- $Ci \cap Cj = \varnothing$，（对任意 $i \neq j$）

（2）欧几里得距离

由于要将数据集划分成多个类，如何测量不同类别之间的相似性是需要考虑的问题，即用来描述同属于一类的数据的相似性和属于不同类别的数据的差异性。这里介绍的用来测量相似性的方法是欧几里得距离方法。

设 X，Y 为两个模型向量样本 $X = (x_1, x_2, \cdots, x_n)^T$，$Y = (y_1, y_2, \cdots, y_n)^T$，则 X，Y 的欧氏距离定义如公式所示：

$$D = |X - Y| = \left[\sum_{i=1}^{n} (x_i - y_i)^2 \right]^{1/2}$$

可以看出 D 越小，则 X 与 Y 越相似（D 表示的是 X 与 Y 之间的距离）。

（3）欧几里得距离聚类准则函数

有了数据的相似性测量，还需要有一种聚类准则来进行聚类，这里使用的是平方误差准则，具体的定义是。

设数据样本集为 $\{X\} = \{X_1, X_2, \cdots, X_n\}$，并且数据样本集被分成 c 类，即 $S_1, S_2, \cdots, S_c$。M_j 是 S_j 的均值向量，公式如下：

$$M_j = \frac{1}{N_j} \sum_{X \in S_j} X, \quad N_j = |S_j|$$

其中 N_j 为 S_j 的数据数目，聚类准则函数的定义是：

$$L = \sum_{j=1}^{c} \sum_{X \in S_j} |X - M_j|^2$$

L 表示数据集中所有数据点的平方误差的和。

2. 算法描述

K-Means 算法的具体执行流程如图 8.2 所示。主要的步骤如下。

（1）输入要分成的簇的数目 K 的值。

（2）对聚类中心进行初始化，任意地选取 K 个对象把它们当作各自簇的中心即为初始平均值。

（3）迭代次数加 1。

（4）计算剩余的对象与每个簇的平均值的距离并将它赋给与其距离值最小的簇。

（5）接下来对每个簇的聚类中心（即为该簇的平均值）都重新进行计算。

（6）判断聚类过程是否收敛，如果收敛，则将结果输出，整个聚类过程结束。否则对上述的（3）（4）（5）过程重复执行，直至准则函数达到收敛为止。

K-Means 算法的伪代码如图 8.3 所示。

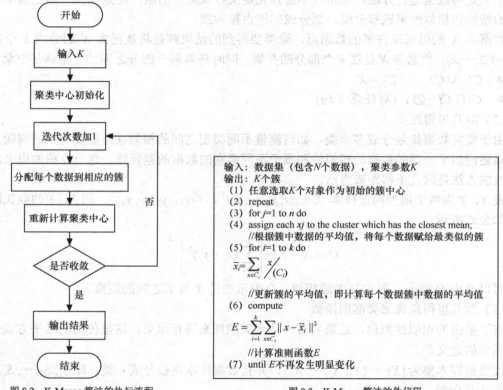

图 8.2　K-Means 算法的执行流程

输入：　数据集（包含 N 个数据），聚类参数 K
输出：　K 个簇
（1）任意选取 K 个对象作为初始的簇中心
（2）repeat
（3）for j=1 to n do
（4）assign each x_j to the cluster which has the closest mean;
　　　//根据簇中数据的平均值，将每个数据赋给最类似的簇
（5）for i=1 to k do

$$\bar{x_i} = \sum_{x \in C_i} x \Big/ (C_i)$$

　　　//更新簇的平均值，即计算每个数据簇中数据的平均值
（6）compute

$$E = \sum_{i=1}^{k} \sum_{x \in C_i} \| x - \bar{x_i} \|^2$$

　　　//计算准则函数 E
（7）until E 不再发生明显变化

图 8.3　K-Means 算法的伪代码

8.3.2　改进的并行化 K-Means 算法 CPK-Means

一般情况下，K-Means 算法的应用会局限在数据量较小的数据集中，针对海量的数据集，传统的 K-Means 算法并不能满足要求。为了能够让其更好地对海量数据进行处理，需要研究在 Hadoop 平台下对 K-Means 算法进行并行化的改进。为了提高整体的效率，我们对 Hadoop 的 Mahout 项目中已经实现的并行化 K-Means 算法进行了研究，并在它的基础上进行了改进，提出了一种对 Combiner 中的计算方法进行修改的 CPK-Means（Combined Parallel K-Means）

算法。主要的改进目的是为了提高计算效率，在 Combiner 函数中先对每个簇中的本地数据进行平均值的计算，然后再到 Reduce 阶段进行汇总，避免了 Reduce 阶段需要处理大量数据，造成负载过重的问题。

1. CPK-Means 算法的整体思路

CPK-Means 算法主要可以分为四个阶段：初始化阶段、Map 阶段、Combine 阶段和 Reduce 阶段。具体过程如图 8.4 所示。

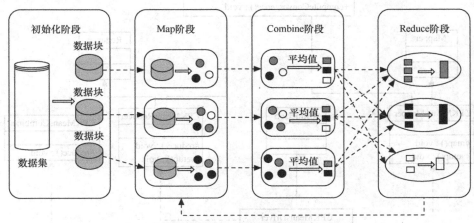

图 8.4　CPK-Means 算法的四个阶段

（1）初始化阶段。将数据集分割成 HDFS 文件块，并且将它们复制并传递到其他机器。根据分块的编号和集群的配置，它们将被分配和指派必要的任务。

（2）Map 阶段。该阶段输入的是 HDFS 中键值对形式的序列文件。各个主机并行执行对样本与簇的中心之间的距离的计算，把样本划分到与簇的中心的距离值最小的簇中。每个 Map 任务都有其对应的数据块对其进行处理。

（3）Combine 阶段。每个 Map 任务结束后，应用 Combiner 函数对同一个 Map 任务的中间数据进行操作，由于中间数据保存在主机的本地磁盘中，该过程不需要消耗高昂的通信成本。Combiner 函数中，先计算被划分到同一个簇中的所有数据的总和，同时记录在同一个 Map 任务中同一个簇中的样本数量，然后计算平均值，将平均值传递给 Reduce 函数。

（4）Reduce 阶段。Reduce 函数的输入是从各个主机获取的来自 Combine 函数的数据，数据中包含的是在每一个分块中同一个簇中样本的平均值。而在 Reduce 函数中直接使用获取到的平均值就可以计算出每个簇中所有样本的总体的平均值。因此，可以使用簇中所有点的坐标的平均值重新计算簇的中心。相关联的点都会用来计算平均值以得到新的簇的中心的坐标值。簇的中心的信息会反馈到 Mapper 中。循环这个过程直到聚类中心的值趋近于收敛。

2. CPK-Means 算法的实现原理

在 Mahout 中实现 CPK-means 算法的基本原理图如图 8.5 所示。其中的关键函数为 CPKmeans Cluster、CPKmeansDriver、CPKmeansMapper、CPKmeansReducer、CPKmeansCombiner。每个函数的具体功能如下。

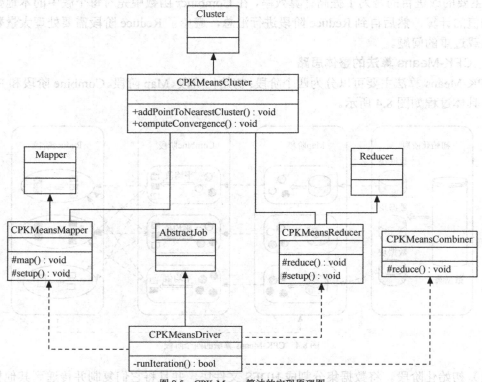

图 8.5　CPK-Means 算法的实现原理图

（1）CPKmeansCluster：在 Mahout 中实现 CPK-Means 算法的核心模块。它继承自 Cluster，其中比较重要的方法有实现 CPK-Means 聚类算法的 clusterPoints()方法，该方法中调用了实现单次聚类迭代的 runKMeansIteration()方法。

（2）CPKmeansDriver：在 Mahout 中针对每一个算法都会有相应的 Driver。在 Hadoop 中任务都是以 Job 的形式启动的。当使用 CPK-Meanss 算法进行分析时，需要先创建一个 Job 并对该 Job 的属性进行配置，然后再运行该 Job。

（3）CPKmeansMapper：继承自 Mapper 类，实现对 CPK-Means 算法并行化时的 Map 操作。

（4）CPKmeansReducer：继承自 Reducer 类，实现对 CPK-Means 算法并行化时的 Reduce 操作。

（5）CPKmeansCombiner：实现对 CPK-Means 算法并行化时的 Combiner 操作。

可以在开发工具中引用需要的包，然后在代码中直接调用 CPKmeansDriver 方法运行 CPK-Means 算法。

8.3.3　FP-Growth 算法基本原理

频繁模式挖掘即关联规则挖掘（Association Rule Mining），是数据挖掘中一个举足轻重的方向，其主要目标是从大量的数据中挖掘出数据项之间的关联关系。比较著名的算法是 Apriori 算法和 FP-Growth 算法。

FP-Growth 算法在 2000 年由 Han 等人提出，它解决了 Apriori 算法需要生成大量候选短频繁模式而影响效率的问题。在 FP-Growth 算法中只需要扫描两次数据集就可以发现频繁项集，而无须产生候选频繁项集。但是由于 FP-Growth 算法需要递归地生成条件数据库和条件 FP-tree，所以也存在内存开销很大的缺点。

在该算法中使用了频繁模式树（Frequent Pattern Tree，FP-tree），通过该树即可生成关联规则。在 FP-Growth 算法中分为生成 FP-tree 和从 FP-tree 得到频繁模式两个阶段。

1. FP-Tree 的生成过程

生成 FP-tree 的具体过程如下。

（1）对数据库执行一次扫描操作即可以得到频繁项的集合 F 以及支持度。根据支持度由大到小的顺序对 F 进行排列即可生成频繁项列表 L1。

（2）创建 FP-tree 的根结点 T，以"null"标记。对于数据库中的每条事务，执行步骤（3）～（5）。

（3）以 L1 中的顺序为依据对事务中的频繁项目进行排列。排好序的列表以 $[p|P]$ 的形式来表示，p 代表第一个频繁项，P 则代表其余项目的列表。

（4）调用 insert-tree($[p|P]$,T)，即由根结点 T 开始，如果 T 有子结点 N 满足 N.item-name = p.item-name，则结点 N 的计数增 1。如果没有子结点则新建立一个结点 N，并设它的计数为 1，把它与它的父结点 T 相连，同时在结点链的帮助下把它与 item-name 相同的结点相连。

（5）假如频繁项表 P 不是空的，采用递归方法调用 insert-tree（P, N）。

2. 频繁模式的挖掘过程

频繁模式挖掘的具体过程如图 8.6 所示，输入为一棵在上一步骤中创建的 FP-tree。

Procedure FP-growth(Tree , x)

    （1）if（Tree中只包含简单路径p）

    对路径p中结点的每个组合，生成模式 $B \cup x$，支持度为B中结点的最小支持度

    （2）else

    对Tree头部的每个ai，生成模式B，支持度为ai的支持度；

    构造B的条件模式库和B的条件FP-Tree TreeB；

    if（TreeB≠∅）

        调用FP-growth(TreeB, B)

图 8.6　频繁模式的挖掘过程

8.3.4　改进的并行化 FP-Growth 算法 LBPEP

与 K-Means 算法类似，一般的 FP-Growth 算法同样不能直接应用于 Hadoop 中实现对大规模数据的处理，当处理大规模数据时，FP-Growth 算法面临着以下几方面的挑战。①存储。对于规模庞大的数据库，生成对应的 FP-tree 也是巨大的，无法直接保存在内存中。因此，需要生成一些小的数据块来共同表示一个完整的数据集。这样每一个小的数据块都能够保存在内存中并且产生本地的 FP-tree。②分布式计算。在 FP-Growth 算法中的每个步骤都可以实现并行化，尤其是递归方法的使用。③通信代价。分布式的 FP-tree 可以是内部独立的，因此可

以实现在并行执行的线程间进行频繁的同步。④支持度阈值设定。在 FP-Growth 算法中支持度阈值发挥着非常重要的作用，阈值越大，返回的频繁模式结果越少，因此计算和存储的消耗也越小。通常，对于大规模的数据库必须将阈值设置得足够大，否则 FP-tree 的生成容易造成内存溢出。一般在进行 Web 挖掘任务时，会将阈值设置得非常低以获得更多的频繁项集，然而这就需要更多的计算时间。因此，需要实现对 FP-Growth 算法进行 MapReduce 并行化的改进。

在 Mahout 中实现的对 FP-Growth 算法进行 MapReduce 并行化的是 PFP（Parallel FP-Growth）算法，但是由于在 PFP 算法中，只是将并行计算后的频繁项集直接分组，并未考虑各台主机的负载问题，可能造成每台主机负载不均衡造成时间和资源的浪费。

在对 PFP 算法进行深入研究的基础上对其进行了改进。为了使各台主机进行计算时的负载尽可能相等，以提高整体效率，提出了基于负载均衡的并行 FP-Growth 算法 LBPFP（Load Balanced Parallel FP-Growth）。主要的改进部分是在将待处理的数据切分后分组时的分组方法上采用了考虑负载均衡的分组方法，首先对每个频繁项在条件模式基上运行 FP-Growth 算法的工作量进行预估，然后尽可能根据预估的工作量将这些条目平均分布到集群中的各个节点。

1. LBPEP 算法的整体思路

对于一个给定的数据库 DB，在对 FP-Growth 算法进行 MapReduce 并行化时需要五个步骤，如图 8.7 所示，其中需要三个 MapReduce 过程。五个步骤如下。

（1）切分。将给定的数据库 DB 切分成若干个连续的部分并且将它们存储在 P 台不同的计算机上。对数据进行这样的划分和分布称为切分（sharding），其中的每个部分称为分片（shard）。

（2）并行计算。第一个 MapReduce 过程。使用 MapReduce 方法计算出现在 DB 中的所有条目的支持度。在 Mapper 阶段，输入为步骤中切分出来的一个分片。在该步骤中，间接发现了数据库 DB 中条目的词汇集 I，这在巨型数据库中一般情况下是未知的。在该步骤中的计算结果保存在 $F\text{-}list$ 中。

（3）负载均衡的分组。将 $F\text{-}list$ 中的所有条目$|I|$按照负载均衡的方法划分成 Q 组，每个组称为 $G\text{-}list$，每个组设定一个唯一的 ID 称为 gid。具体包括采用预估的方式计算负载以及采用贪心算法进行分组两个步骤。

（4）并行的 FP-Growth 算法。这是整个算法最关键的步骤，也是进行第二次 MapReduce 过程。① Mapper 阶段。首先在每个分组中生成独立的事务，同时每个 Mapper 实例都与在切分步骤中产生的一个分片相关联。首先读入 $G\text{-}list$，然后对分片中的事务进行单独处理，在 Mapper 算法的计算下输出一个或多个 group-id 键值作为生成的在分组中独立的事务的键值对。② Reducer 阶段。在分组中独立的 FP-Growth 算法，当所有的 Mapper 实例运行结束，对于每个 group-id，MapReduce 架构会自动将所有分组中独立的事务切分成分片，每一个 Reduce 实例被分配给一个或多个分组中独立的分片，对于每一个分片，Reduce 实例建立一个本地的 FP-tree 并且递归建立条件 FP-tree，一边递归一边将它发现的模式组合输出。

（5）聚合。将步骤（4）中产生的结果进行聚合，这也是进行第三次 MapReduce 过程。将聚合的结果作为最终结果。

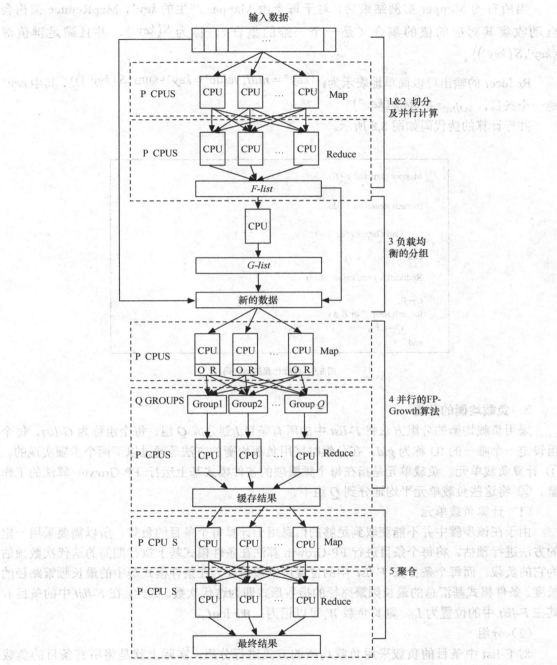

图 8.7 LBPEP 算法的五个步骤

2. 并行计算

计算是 MapReduce 的一个经典应用。由于 Mapper 关联于输入的数据库 DB 的分片，它输入的键值对形式为：$\langle key, value = T_i \rangle$，其中 $T_i \subset DB$ 是一个事务。对于每个条目，设 $a_j \in T_i$，键值对 $\langle key' = a_j, value' = 1 \rangle$ 是 Mapper 过程的输入。

当所有的 Mapper 实例结束后，对于每个由 Mapper 产生的 key'，MapReduce 架构会自动收集其对应的值的集合（是一个一维的集合），称为 $S(key')$，并且满足键值对 $\langle key', S(key') \rangle$。

Reducer 的输出可以简单地表示为：$\langle key'' = null, \text{value}'' = key' + \text{sum}(S(key')) \rangle$，其中 key'' 是一个条目，$value''$ 是 $supp(key'')$。

并行计算的伪代码如图 8.8 所示。

```
Mapper (key, value=Tᵢ)

foreach item aᵢ in Tᵢ  do

    Call Output (<aᵢ, '1'>)

end

Reducer(key=aᵢ, value=S(aᵢ))

C←0;
foreach item '1' in T, do
    C←C+1;
end
```

图 8.8 并行计算的伪代码

3. 负载均衡的分组

采用负载均衡的分组方法将 F-list 中的所有条目[划分成 Q 组，每个组称为 G-list，每个组设定一个唯一的 ID 称为 gid。在分组时采用负载均衡的方法是通过以下两个步骤实现的。① 计算负载单元。负载单元是指在每个频繁项的条件模式基上运行 FP-Growth 算法的工作量。② 将这些负载单元平均地分到 Q 组中。

（1）计算负载单元

由于在该步骤中并不能获取到足够的信息用于计算每个条目的负载，所以需要采用一定的方法进行预估。将每个条目进行 FP-Growth 算法在条件模式基上执行期间的迭代次数预估为它的负载。而每个条目在 F-list 中的位置可以被估计为在条件模式基中的最长频繁路径的长度。条件模式基汇总的最长频繁路径的指数形式即为迭代次数。因此，在 F-list 中的条目 i，其在 F-list 中的位置为 L_i，则其负载 W_i 可以记为：$W_i = \log L_i$。

（2）分组

对 F-list 中条目的负载采用负载均衡的方式进行分组，实际上就是将所有条目的负载看作正数，将这 N 个正数分成 Q 组，使得每组的总和尽量接近。可以抽象为以下数学方法。

对于 $W_1, W_2 \cdots, W_i$，其中 $i \in$ F-list，确定一组 $G_1, G_2 \cdots, G_q \in$ F-list，使得 $\max \sum_{k=1}^{n} W_{G(k)} - \min \sum_{h=1}^{m} W_{G(h)}$ 为最小值。

该步骤的伪代码如图 8.9 所示。

```
balancedPartition(F-list, Q)

N[ ]←Sort(F-list):

for i=0 to Q-1 do

C←Call createNewGroup();

G.add(N[i]);

G-List.add(G);

    end

for i=Q to to N.length-1 do

        M←Call mmLoadGroup(G-List);

        M.add(N[i]);

        Call calculateGroupLoad(M);
end
```

图 8.9　负载均衡分组的伪代码

所采取的方法主要分为如下几步。①根据 *F-list* 中条目的负载由大到小排列。②将排序好的前 *Q* 个条目分别分到 *Q* 个组中，作为初始数据。③将排好序的第 *Q*+1 个条目分到当前负载总和最小的组中。④重新计算加入了新条目的组的负载总和。⑤重复执行步骤③和④直到所有的条目都分到各个组中。

4．并行的 FP-Growth 算法

该步骤是整个算法的关键。为了在后续递归构建条件 FP-tree 时本地的 FP-tree 独立于不同的分组，在实现时数据库 *DB* 中的事务被划分成一些在新的分组中独立的事务数据库。该过程可以划分为 Mapper 和 Reducer 两个部分。

（1）产生在分组中独立的事务

当每一个 Mapper 实例开始时，会先加载在分组过程中产生的 *G-list*。*G-list* 通常比较小而且能够在内存中进行保存。Mapper 将 *G-list* 作为一个 HashMap 进行读取和组织，将每个条目映射到它对应的 *group-id* 中。

由于在该步骤中，Mapper 实例也与事务数据库 *DB* 中的一个分片相关联，输入对的形式应如 $\langle key, value = T_i \rangle$。对于每个 T_i，Mapper 执行如下两个步骤。① 对于每个条目 $a_j \in T_i$，用对应的 *group-id* 替换 a_j。② 对于每个 *group-id*，称为 *gid*，如果出现在 T_i 中，找出它最后出现的位置，记为 L，输出一个键值对 $\langle key' = gid, value' = \{T_i[1] \cdots T_i[L]\} \rangle$。Mapper 过程的伪代码如图 8.10 所示。

当所有的 Mapper 实例完成，对于每个不同的 *key'* 值，MapReduce 架构会自动收集对应的在分组中独立的事务作为值 *value'*。这里的 *value'* 是一个事务对应于相同的 *group-id*，是分组中独立的分片。

```
Mapper(key, value=Ti)
载入 G-List
根据G-List生成哈希表H；
a[]←Split(Ti)
for j=|Ti|-1 to 0 do
        HashNum←getHashNum(H, a[j]);
        if HashNum ≠ NULL then
            删除H中所有值为Nash Num的对值；
            Call
            Output(<HashNum, a[0]+a[1]+...+a[j]>)；
        end
end
```

图 8.10　Mapper 过程的伪代码

（2）分组中独立的 FP-Growth 算法

在该步骤中，每个 Reducer 实例逐一读取并处理形如 $\langle key' = gid, value' = DB(gid)\rangle$ 的对值，其中 $DB(gid)$ 是分组中独立的分片。

对于每个 $DB(gid)$，Reducer 构造本地的 FP-tree 并且递归构建它的条件子树，该过程类似于一般的 FP-Growth 算法，在递归过程中，输出发现的模式。但是与一般的 FP-Growth 算法不同的是，该模式不直接输出，而是保存到一个最大值堆，在最大值堆中以已经发现的模式的支持度为索引。对于每个 $DB(gid)$，Reducer 至多含有 K 个支持模式，K 是最大值堆 HP 的大小。在本地递归执行 FP-Growth 过程之后，Reducer 输出每个模式 v，在最大值堆中键值对的形式为：$\langle key'' = null, value'' = v + supp(v)\rangle$。

Reducer 过程的伪代码如图 8.11 所示。

```
Reducer(key=gid, value=DBgid)
载入 G-List
nowGrouP←G-Listgid;
LocalFPtree←clear;
foreach Ti in DBgid do
        Call insert-build-fp-tree(LocalFPtree, Ti);
end
foreach ai in nowGroup do
        定义一个大小为K的最大值堆：HP
        Call TopKFPGrowth(LocalFPtree, ai, HP);
        foreach vi in HP do
            Call Output(<null, vi + supp(vi)>)
        end
end
```

图 8.11　Reducer 过程的伪代码

5. 聚合

聚合步骤中需要读取在上一个步骤中的输出。对于每个条目，它输出对应的支持度最大的 K 个模式。Mapper 是与形如 $\langle key=null, value=v+supp(v) \rangle$ 的键值对关联的。对于每个 $a_j \in v$，它输出一个键值对 $\langle key'=a_j, value'=v+supp(v) \rangle$。

由于 MapReduce 框架能够自动地进行收集，Reducer 是与形如 $\langle key'=a_j, value'=V(a_j) \rangle$ 的键值对关联的，其中 $V(a_j)$ 表示包含条目 a_j 的事务集合。Reducer 只是从 $S(a_j)$ 中选取支持度最大的 K 个模式并输出。

聚合过程的伪代码如图 8.12 所示。

```
Mapper(key, value = v + supp(v))
foreach  item  aᵢ  in v do
Call  Output(⟨aᵢ, v + supp(v)⟩);
end
```

```
Reducer(key=aᵢ, value=S(v+supp(v)))
    定义一个大小为K的最大值堆：HP
    foreach pattern v in v+supp(v) do
                if |HP|<K then
                        将 v+supp(v) 插入HP；
                else
                    if supp(HPv|0|, v)<supp(v) then
                            删除HP中的最顶端元素；
                            将v + supp(v)插入HP；
                    end
            end
        end
    Call Output(<null, aᵢ+C>)
```

图 8.12 聚合过程的伪代码

8.4 基于 Hadoop 海量日志的入侵检测系统的实现

本节主要描述在 Hadoop 平台下，以海量日志信息为数据源，利用并行化的数据挖掘算法分析日志信息从而进行入侵检测的具体实现过程。具体的过程包括数据收集，数据预处理，在 Hadoop 平台下使用本章提出的两种并行化的算法挖掘入侵规则并将入侵 IP 地址保存到 Hive 数据库中。

8.4.1 系统实现框架

本书提出的解决方案主要是针对需要进行频繁访问的 Web 应用进行入侵检测。收集 Web 服务器中的日志信息，利用 Hadoop 平台的 HDFS 来进行保存，通过使用 Hadoop 架构中的 Mahout 项目提供的机器学习算法对这些海量的日志信息进行分析，主要分析的是 IP 地址的浏览行为，使用 Mahout 中实现的分布式聚类算法以及关联规则算法找出可能具有入侵行为的 IP 地址。其中在 Mahout 中对数据进行分析的中间结果以及最终建立的入侵 IP 地址数据信息都是保存在 Hadoop 的数据仓库 Hive 中的。具体的实现原理如图 8.13 所示。

　　基于以上架构，该方案可以分为三个模块。① 数据收集。即利用一定的工具从各个服务器中收集日志信息。② 数据预处理。将收集到的日志信息导入 Hadoop 平台的分布式文件系统 HDFS 中，去掉其中多余的记录以及每条记录中多余的字段。③ Hadoop 平台下挖掘入侵规则。对处理后的日志信息使用并行化的算法进行分析，然后将入侵 IP 地址保存在 Hive 数据库中。

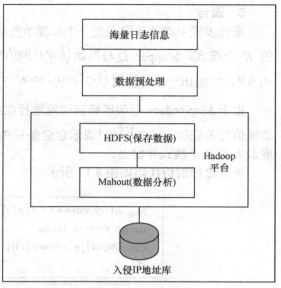

图 8.13　系统实现原理图

8.4.2　数据收集

　　在日志收集阶段，需要从各个 Web 前端服务器上收集原始的 Web 日志文件，在收集时需要选择服务器工作压力较小的阶段，从而防止出现网络堵塞、耗时较高的现象。具体的过程是将保存在不同 Web 服务器上的日志文件先汇总到一台机器中，然后传递给集群中的名称节点服务器，由名称节点服务器对数据进行切分并分配到若干个数据节点服务器中。同时各个数据节点服务器之间是可以实现数据共享的，同时可以实时地与名称节点服务器进行通信。由名称节点服务器将数据交给进行数据预处理的机器进而保存到 HDFS 中。以上对数据进行收集的过程如图 8.14 所示。

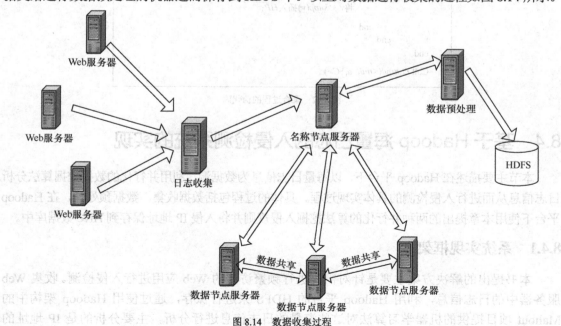

图 8.14　数据收集过程

在这个步骤中，可以选择使用工具 Flume 从每个主机收集日志信息并把它们保存到 HDFS 中。Flume 最早是 Cloudera 提供的日志收集系统，目前是 Apache 下的一个孵化项目，它是一个分布式、高可靠和高可用的海量日志采集系统，它可以将不同系统中的大规模日志信息收集起来并进行汇总，然后搬移到可以集中进行存储的位置。为了收集数据，还可以在系统中对数据的发送方进行定制。另外，在 Flume 的帮助下可以简单地处理数据并将它们写入到各种可定制的接收方。

Flume 工具的体系结构如图 8.15 所示，若干个 agent 是用于将采集到的数据向 collector 传送。而 collector 的功能则是将这些 agent 传递过来的数据进行汇总后保存起来，这里是保存到 HDFS 中。master 的主要工作是对整体的控制和管理，涉及到的项目如 agent 的配置信息等。HDFS 用于对采集到的数据进行保存。

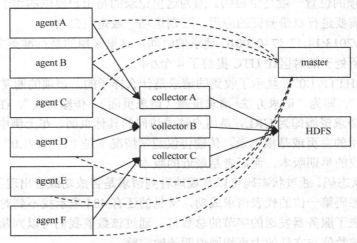

图 8.15　Flume 工具的体系结构

8.4.3　数据预处理

由于数据预处理需要为后续进行入侵检测分析提供数据源，因此它对整个过程的影响极为关键。高质量的数据源可以相应地提升整个处理过程的效率。而由于在本次研究中，后续的处理是在 Hadoop 平台下的 Mahout 中完成的，在进行关联规则分析时需要特定的数据格式，因此在数据预处理阶段需要对数据进一步地转换，转换成 Mahout 能够处理的格式。在本阶段经过预处理的数据直接保存到 Hadoop 的分布式文件系统 HDFS 中。

因此，对数据进行预处理经历的过程如下。① 首先将源数据去除多余的字段以及多余的记录进行清洗。② 将清洗后的数据转换成在后续使用并行化的算法进行分析时需要的数据格式。③ 将转好格式的待处理数据保存到 HDFS 中。对数据进行预处理的整个过程如图 8.16 所示。

图 8.16　数据预处理的各个步骤

1. Web 日志格式

在本方案中采用的是 Web 服务器的海量日志信息作为数据源，它是来自某企业服务器端的 Apache 日志文件。

获取到的日志文件格式为：

213.27.116.38 - - [19/Aug/2013:14:47:37 -0400] "GET / HTTP/1.0" 200 64

具体的说明如下。

（1）213.27.116.38：用户的 IP 地址，即为远程主机的 IP 地址。

（2）-：这是一个空白项，用"-"来占位。这里需要放置的是用户的标识，可以是用户的 id、email 地址或是其他可以唯一确定用户身份的标识。

（3）-：第三项的位置一般是空白的。因为这里记录的是用户提供的用于对身份进行验证的名字。除非是需要进行身份验证的应用，否则这项一般是空白的。

（4）[19/Aug/2013:14:47:37 -0400]：请求的时间。这里采用的是标准英文格式。"-0400"说明当前服务器所处于的时区比 UTC 提前了 4 个小时。

（5）"GET / HTTP/1.0"：显示了收到的请求是什么样子的。该项的通常格式为"Method Resource Protocol"，即为"请求方法 请求资源（请求页面） 传输协议"。在该条日志中，请求方法为 GET。请求资源即为 URL，是用户请求访问的具体页面。在上例中，用户请求的是"/"即为 Web 应用的主页或是根目录。传输协议通常情况下是"HTTP/1.0"或"HTTP/1.1"，前者是 HTTP 协议的早期版本，而后者是最近的版本。

（6）200：是状态码。通过状态码可以直观地看到请求是否成功或者出现了什么样的问题。一般以 2 作为状态码第一位的代表请求成功，常见的还有 404 表示找不到对应页面。

（7）64：代表了服务器发送的字节的总数目。通过该数值我们可以判断传输是否出现异常中断，即如果该数值与文件的大小相同说明传输完整。

2. 数据清洗

日志文件中包含的众多字段并非在后续的研究中全部需要，所以需要首先进行数据清洗，将日志中与后续挖掘无关的数据信息去掉，从而减轻后续处理数据的压力。

在这里，只保留日志文件中与后续入侵检测相关的四项：用户 IP、请求时间、请求描述、状态码。以上一节中的日志格式为例，清洗后的日志形如：

213.27.116.38 [19/Aug/2013:14:47:37 -0400] "GET / HTTP/1.0" 200

由于在后续的关联规则挖掘中，主要针对的是日志信息中出现的状态码为错误的日志信息记录。因此，需要首先清理数据，去掉其中的垃圾数据。在本实验中，需要被清理掉的日志信息为用户请求访问成功的信息，即状态码是以 2 为开头的。

在进行预处理后，将日志信息记录中的 IP 地址和状态码保存到一张数据表中，为后续聚类算法挖掘做准备。同时将去除掉用户请求访问成功的记录即状态码是以 2 为开头的记录以及对应的 IP 地址保存到一张数据表中，为关联规则挖掘做准备。

3. 数据格式转换

为了便于在 Hadoop 架构下的 Mahout 中进行入侵检测分析，执行数据挖掘算法，需要将清洗后的日志文件转换成算法能够解析的格式。具体的转换过程如下。

（1）以回车符号区分每一行日志信息记录，扫描每一行日志记录信息。

（2）截取从首字符到第一个空格的位置，获得用户的 IP 地址。

（3）查找字符"["和"]"，并截取其中的字符串，获得发起请求的时间。

（4）查找第一对""和""，并截取其中的字符串，获得请求方法、请求资源（请求页面）以及传输协议。

（5）在（4）中的位置之后，截取两个连续空格之间的字符串，获得状态码。

（6）向数据表中保存得到的各条数据。

8.4.4 Hadoop 平台下入侵规则的挖掘

1. 入侵规则挖掘的整体思路

在 Hadoop 平台下使用预处理后的海量日志信息进行入侵规则挖掘的整体思路为：将预处理后的数据在 Mahout 下分别使用并行化的 K-Means 和 FP-Growth 算法进行分析，然后将结果合并，将最终的入侵 IP 地址保存在 Hive 数据库中。具体的的过程如图 8.17 所示。

（1）使用 8.4.3 小节中进行预处理后的海量日志信息记录进行聚类分析挖掘，此处使用的是在 Mahout 中实现的并行化 K-Means 算法即 CPK-Means 算法对 IP 地址进行聚类，聚类产生正确信息的 IP 地址的日志信息记录列表，将这些列表信息保存到 Hive 数据库中，这些结果需要与后续关联规则产生的结果一起进行比较和处理。

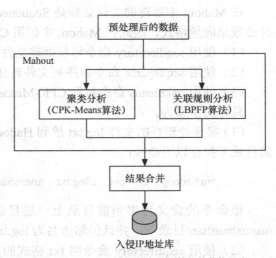

图 8.17　Hadoop 平台下入侵规则挖掘的整体思路

（2）同时使用 8.4.3 小节中进行预处理后的数据，采用关联规则方法处理带有错误码的日志信息，此处使用的是在 Mahout 中实现的 LBPFP 算法，并将挖掘的结果保存到 Hive 数据库的一张表中，但是在这个步骤中收集到的 IP 地址只是可疑的入侵 IP 地址，需要与（1）中聚类分析挖掘产生的结果进行比较和合并，才能得出最终结果。

（3）以（2）中进行关联规则分析产生的数据表为基础，使用（1）中进行聚类规则分析产生的结果表对其进行比较，清除包含错误的入侵 IP 地址的日志信息记录，从而生成最终的入侵规则库，将最终结果保存到 Hive 中的一张数据表中。

2. 聚类分析

由于聚类分析方法是一种无监督的学习方法，将其应用到入侵检测领域是与其他数据挖掘方法不同的，该种方法无需在分析前就有固定的分类以及对数据的标记。待处理的数据也无需是不存在异常的，只需要经过简单预处理后的数据即可。它可以自动地从不确定异常类型的数据中找出其中存在的异常数据。无监督的检测方法在之前并不了解每种类别的特征，而是在使用了无监督方法后再进行归纳并找出属于同一类别中的共性。在进行无监督的检测时有两个假设是必不可少的。① 训练数据中表示正常活动事件的记录数量必须比入侵事件的记录数量多许多。② 异常记录和正常记录必须是非常相异的。因此，对于某些攻击类型，该方法并不适用。但是在一般情况下，网络环境中主要的还是正常行为，只会出现个别的入侵行为，正常行为的数目比入侵行为的数目会大很多，因此，以上的两个假设很容易在实际的网络环境中实现。

聚类方法把一些不确定的模式划分成几个不同的类别，只要在误差允许的范围内特征向量的距离是相等的，就会把它们划分成一类。可以将这种方法应用在没有标记的数据中，把那些具有相似性的数据分到一个类中，不具有相似性的数据分到不同的类中。

在本实验中，使用在 Mahout 中实现的 CPK-Means 聚类分析方法，对预处理后的海量日志信息数据进行聚类。根据实际情况，入侵行为的数量远远小于正常行为，所以标记生成的聚类集中的簇，簇中的数据数量较多的则被认为是正常行为所属的簇。再次执行聚类操作时，归属于该簇的数据即被认为是正常的行为，其他簇的被认为是入侵行为。

在 Mahout 中处理的文件必须是 SequenceFile 格式的，而 CPK-Means 聚类算法处理的文件必须是向量格式，因此在 Mahout 中使用 CPK-Means 算法需要有以下三个步骤。

（1）使用 seqdirectory 命令将待处理文件转化为序列文件。

（2）使用 seq2sparse 命令将序列文件转化为向量文件。

（3）使用 cpkmeans 命令执行 CPK-Means 聚类算法。

具体的步骤为。

（1）将预处理好的文件 log.txt 放到 Hadoop 的分布式文件系统 HDFS 中，在 Hadoop 的安装目录下执行以下命令：

```
bin/hadoop  fs  -put   ../log.txt   /user/shanshan/log.txt
```

该命令的含义为将当前目录上一层目录中的 log.txt 文件放到 HDFS 文件系统中的 /user/shanshan/目录下，并且仍然命名为 log.txt。

（2）使用 seqdirectory 命令将 txt 格式的文件转换成序列文件格式，进入到 Mahout 的安装目录下执行以下命令：

```
bin/mahout seqdirectory -c UTF-8 -i log.txt –o seqfiles
```

该命令实际上调用了 SequenceFileFromDirectory 类，各个参数的含义如下。

● -c ：说明了输入文件即 log.txt 的编码方式，这里是 UTF-8 格式。

● -i ：指明了输入的文件即待处理文件的路径和文件名。

● -o ：指明了当处理完成时需要输出的序列文件的路径。

（3）使用 seq2sparse 命令将序列文件转换成向量文件，依旧在 Mahout 的安装目录下执行以下命令：

```
bin/mahout seq2sparse -i seqfiles -o vectors -wt TFIDF    -n 2
```

该方法实际上调用了 SparseVectorFromSequenceFiles 类，各个参数的含义如下。

● -i：指明了将要被处理的文件目录，为上一步骤中的输出文件。

● -o：指明了转换成向量文件后的输出路径。

● -wt：表示使用的加权方式，这里使用 TFIDF。

● -n：表示使用哪种函数来计算向量长度，1 表示曼哈顿距离，2 表示欧几里得距离。

（4）使用 cpkmeans 命令对数据使用 CPK-Means 算法进行分析，同样的在 Mahout 的安装目录下执行以下命令：

```
bin/mahout cpkmeans -i vectors/tfidf-vectors -c center -dm org.apache.mahout.common.distance.
EuclideanDistanceMeasure -o results -x 10 -k 2 -ow --clustering
```

各个参数的含义如下。

- -i：指明了输入的文件，这里是在上一步处理完成得到的向量文件所在的目录。
- -c：表示初始的聚类中心所在的文件夹。
- -dm：说明了距离测量方法，确定当前的聚类中心与所检查的点之间的相似度的距离指标。
- -x：表示在进行聚类时需要迭代的最大次数。
- -k：即为输入的 K 值，表示会得到的簇的数目。
- -ow：表示是否覆盖输出文件夹，这样 Mahout 就可以防止新产生的数据对未完全输出的数据进行破坏。

执行 CPK-Means 算法的过程如图 8.18 所示。

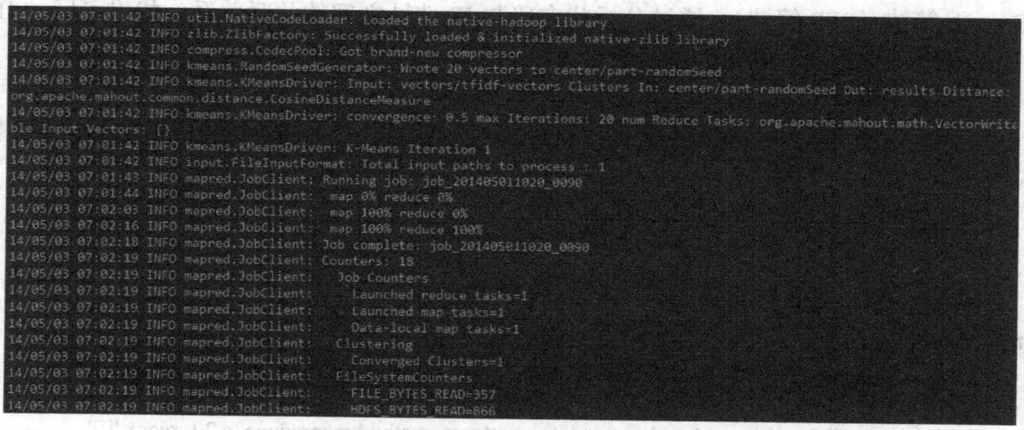

```
14/05/03 07:01:42 INFO util.NativeCodeLoader: Loaded the native-hadoop library
14/05/03 07:01:42 INFO zlib.ZlibFactory: Successfully loaded & initialized native-zlib library
14/05/03 07:01:42 INFO compress.CodecPool: Got brand-new compressor
14/05/03 07:01:42 INFO kmeans.RandomSeedGenerator: Wrote 20 vectors to center/part-randomSeed
14/05/03 07:01:42 INFO kmeans.KMeansDriver: Input: vectors/tfidf-vectors Clusters In: center/part-randomSeed Out: results Distance:
org.apache.mahout.common.distance.CosineDistanceMeasure
14/05/03 07:01:42 INFO kmeans.KMeansDriver: convergence: 0.5 max Iterations: 20 num Reduce Tasks: org.apache.mahout.math.VectorWrita
ble Input Vectors: {}
14/05/03 07:01:42 INFO kmeans.KMeansDriver: K-Means Iteration 1
14/05/03 07:01:42 INFO input.FileInputFormat: Total input paths to process : 1
14/05/03 07:01:43 INFO mapred.JobClient: Running job: job_201405011020_0090
14/05/03 07:01:44 INFO mapred.JobClient:  map 0% reduce 0%
14/05/03 07:02:03 INFO mapred.JobClient:  map 100% reduce 0%
14/05/03 07:02:16 INFO mapred.JobClient:  map 100% reduce 100%
14/05/03 07:02:18 INFO mapred.JobClient: Job complete: job_201405011020_0090
14/05/03 07:02:19 INFO mapred.JobClient: Counters: 18
14/05/03 07:02:19 INFO mapred.JobClient:   Job Counters
14/05/03 07:02:19 INFO mapred.JobClient:     Launched reduce tasks=1
14/05/03 07:02:19 INFO mapred.JobClient:     Launched map tasks=1
14/05/03 07:02:19 INFO mapred.JobClient:     Data-local map tasks=1
14/05/03 07:02:19 INFO mapred.JobClient:   Clustering
14/05/03 07:02:19 INFO mapred.JobClient:     Converged Clusters=1
14/05/03 07:02:19 INFO mapred.JobClient:   FileSystemCounters
14/05/03 07:02:19 INFO mapred.JobClient:     FILE_BYTES_READ=357
14/05/03 07:02:19 INFO mapred.JobClient:     HDFS_BYTES_READ=866
```

图 8.18 Hadoop 平台下使用 CPK-Means 算法进行聚类分析的过程

将聚类分析生成的正常的 IP 地址保存在 Hive 数据库中名为 cluster_normal_ip 的数据表中，在 Hive 下对该表进行查询操作的结果如图 8.19 所示。

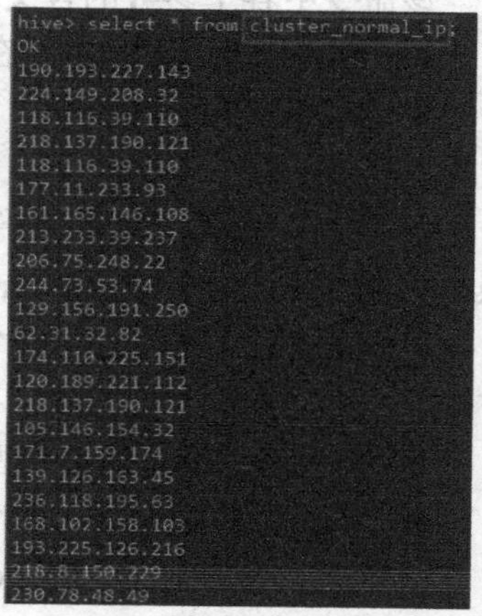

```
hive> select * from cluster_normal_ip;
OK
190.193.227.143
224.149.208.32
118.116.39.110
218.137.190.121
118.116.39.110
177.11.233.93
161.165.146.108
213.233.39.237
206.75.248.22
244.73.53.74
129.156.191.250
62.31.32.82
174.110.225.151
120.189.221.112
218.137.190.121
105.146.154.32
171.7.159.174
139.126.163.45
236.118.195.63
168.102.158.103
193.225.126.216
218.8.150.229
230.78.48.49
```

图 8.19 聚类分析生成的正常 IP 地址的列表

3. 关联规则挖掘

使用关联规则算法进行入侵检测分析可以分析用户的 IP 地址在浏览 Web 应用时进行的操作之间的关系。服务器的日志会把用户对应用进行访问时服务器响应的 HTTP 请求记录下来。在 HTTP 规范中有对服务器的 HTTP 返回码的详细定义。当受到恶意请求或是有缺陷的 Web 页面访问时，服务器会返回一个错误码。接收到来自同一个用户的持续的恶意请求可以疑似为黑客活动。因此，通过跟踪 Web 服务器的返回码能够发现违反安全行为规范的用户的活动。为了检测一些网络攻击通常有四种常见的规则。

通过跟踪同一用户在短时间内进行操作由服务器返回的状态码，如果 Web 服务器返回的状态码超出了可以接受的阈值，我们就能够找出黑客的攻击行为。四种最重要的用于标记分类的返回状态码规则如下。

（1）客户端在间隔较小的时间内不能访问太多不存在的 URL。这种类型的错误码是 404 "URL does not exist error"。

（2）客户端在短时间内不能产生太多未经授权的错误。这种类型的返回码是 401，属于未授权错误。

（3）客户端在短时间内不能产生太多禁止的错误。这种类型返回的错误码是 403 用于被禁止的信息。

（4）导致内部错误的请求是可疑的。通常情况下，如果请求使得 Web 服务器返回的状态码是 500 就被认为是可疑的。

在本次研究中，即是以海量的 Web 日志信息为数据源，经过 4.3 节中的预处理，只保留 IP 地址和状态码两个字段，并且过滤掉访问成功（即返回状态码为 200）的 Web 日志信息记录，使用 Hadoop 架构的 Mahout 项目中对关联规则算法 FP-Grwoth 进行并行化的 Parallel FP-Growth 算法（PFP 算法），通过分析状态码与 IP 地址之间的关联关系，找出可疑的 IP 地址并把它们保存在 Hadoop 架构下的数据库中。

具体的步骤如下。

（1）将预处理好的数据源放到 Hadoop 的分布式文件系统 HDFS 中，在 Hadoop 的安装目录下执行命令：

```
bin/hadoop  fs  -put  ../log.txt  /user/shanshan/log.txt
```

该命令的含义为将当前目录上一层的目录中的 log.txt 文件放到 HDFS 文件系统中的 /user/shanshan/目录下，并且仍然命名为 log.txt。

（2）进入 mahout 目录中，执行运行 LBPFP 算法的命令：

```
bin/mahout lbfpg -i /user/shanshan/log.txt -o patterns -method mapreduce -s 20 -regex '[ ]'
```

该命令中各个参数的含义如下。

● lbfpg：说明运行的是在 Mahout 中实现的改进的 Parallel FP-Growth 算法（LBPFP 算法）。

● -i：表示输入的文件，此处是位于 HDFS 文件系统中的/user/shanshan/目录下的 log.txt 文件。

● -o：表示输出的文件，这里表示会将处理的结果输出到 HDFS 文件系统中的 /user/shanshan/目录下的 patterns 文件夹中。

● method：表示运行这个作业使用的方法，此处表示运行这个方法使用的是 mapreduce 方法。

● -s：表示设置的支持度，即统计至少出现次数为 20 的记录。

● -regex：表示要处理的数据是以什么类型的字符来进行分割的，此处表示的是空格。

执行了该命令之后，Hadoop 使用 LBPFP 算法对数据进行 mapreduce 操作。具体的执行过程如图 8.20 所示。

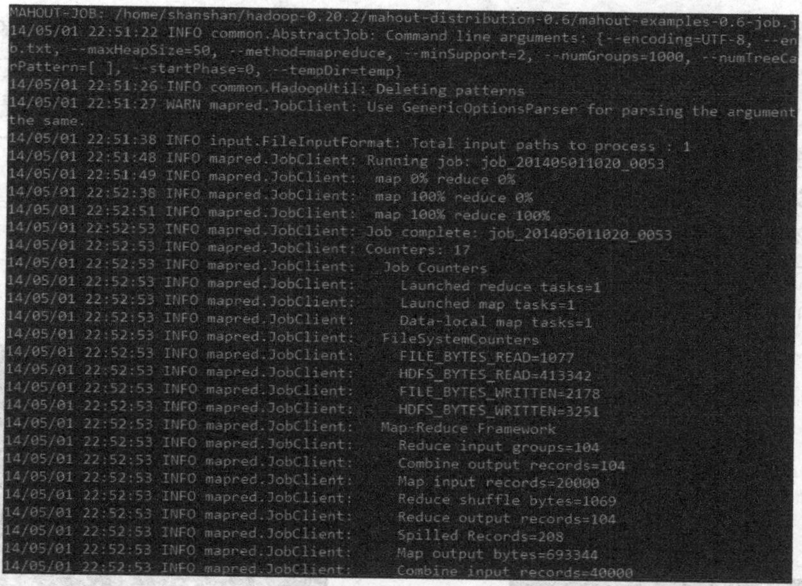

图 8.20　Hadoop 平台下使用 LBPFP 算法进行 MapReduce 操作的过程

（3）当运行成功后，会在 HDFS 的/user/shanshan/patterns 目录下生成四个文件或文件夹，在各个文件夹中的各个文件都是序列文件。各个文件夹中的含义如下。

● fList：存有每个条目出现的次数的文件。
● frequentpatterns：以序列的形式保存每个条目的频繁项的文件。
● fpGrowth：记录产生的的频繁项的结果。
● parallelcounting：记录了并行化计数的结果。

（4）因为输出的文件是在 HDFS 中，而且是以序列化文件的形式存储的，直接打开看不到其中的具体内容，因此可以使用以下命令将该文件导出到本地文件系统中。

```
bin/mahout seqdumper -s /user/shanshan/patterns/fpgrowth/part-r-00000 -o ~/data/patterns.txt
```

在本地的文件系统中可以直接将输出结果打开查看，具体的结果如图 8.21 所示。可以看到在输入文件中记录了每个 IP 地址与每个错误码一起出现的次数，同时是以 IP 地址为键值，每个 IP 地址为一行。

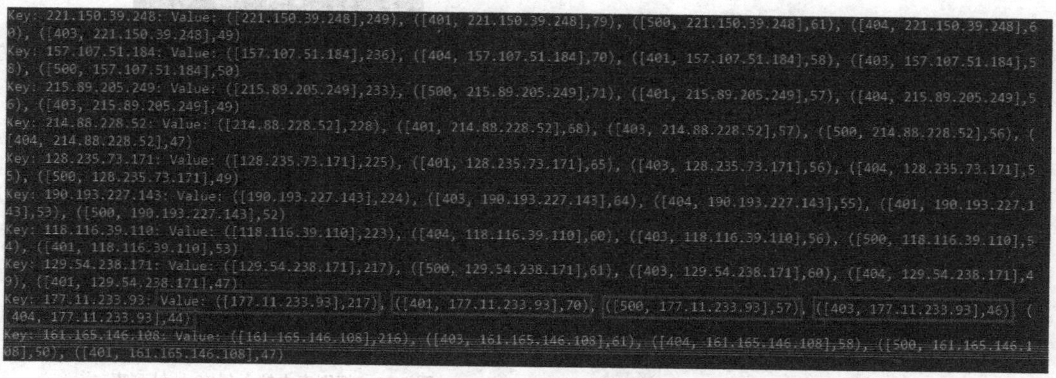

图 8.21　进行关联规则分析的结果

对数据预处理模块中产生的数据进行了并行化的关联规则分析后，可以看到的就是频繁项集。对该文件进行处理后，将挖掘出的频繁项集保存起来，就能够把所有满足设置的支持度的含有访问不成功的也就是返回的是错误状态码的 IP 地址挖掘出来，这些也就是可疑的入侵 IP 地址。

接下来将这些 IP 地址以及它们返回的错误状态码数量保存到 Hadoop 架构下的并行数据库 Hive 中，以数据表的形式将它们显示出来。数据表的名称为 association_rules_ip，从图 8.22 中可以看到该数据表中有 IP 地址和错误码两个字段。

在 Hive 下对 association_rules_ip 数据表中的数据进行查询的结果如图 8.23 所示。可以看到在该表中列出了与每个 IP 地址一起出现的所有状态码。

图 8.22　保存关联规则分析结果的数据表结构　　　图 8.23　数据表中保存的可疑的入侵 IP 地址

4. 入侵 IP 地址的保存

在将最终的入侵 IP 地址进行保存时，是以关联分析时产生的数据表 association_rules_ip 为基础，将其与聚类分析过程产生的数据表 cluster_normal_ip 进行比较。由于 association_rules_ip 中保存的是可疑的入侵 IP 地址，而 cluster_normal_ip 中保存的是正常的 IP 地址，所以将 association_rules_ip 中去掉正常的 IP 地址，即可生成最终的入侵规则库。对于在 cluster_normal_ip 表中出现而在 association_rules_ip 表中没有出现的 IP 地址不予处理。

本章中的入侵检测方法是通过建立关联规则结果表与聚类规则结果表之间的视图来实现去除错误的入侵数据，作为最终的入侵 IP 地址。在 Hive 下查看最终的入侵规则表 intrusion_ip 的结构如图 8.24 所示。

最终的入侵 IP 保存在数据表 intrusion_ip 中，在 Hive 下查看数据结果如图 8.25 所示。

图 8.24　入侵规则表的数据表结构　　　图 8.25　规则库中的入侵 IP 地址列表

　　通过实验以及得到的数据表明，本章提出的解决方案实现了入侵检测的功能，在对关联规则分析和聚类分析规则的结果比较的基础上，得到最终的入侵 IP 地址，这种方法非常有助于降低在入侵检测过程中误报率和漏报率。

习　题

一、选择题

1. 以下关于 Hadoop 的描述不正确的是（　　　　）。
　　A．Hadoop 是一个分布式的文件系统
　　B．Hadoop 是一个分布式的网络入侵检测系统
　　C．Hadoop 实现了 HDFS 文件系统和 MapReduce 编程模型
　　D．Hadoop 的执行环境是由数目众多的计算设备组成的大规模集群

2. 用于保存 Web 日志的场所不包括（　　　　）。
　　A．Web 服务器　　　　　　　　　　　　B．代理服务器
　　C．客户端浏览器　　　　　　　　　　　D．客户端数据库

二、思考题

1. 简述将入侵检测技术与 Hadoop 平台结合起来的优势和特点。
2. 简述 K-Means 算法的基本原理。
3. CPK-Means 算法的基本思想是什么？
4. 简述 FP-Growth 算法的基本原理。
5. LBPEP 算法的基本思想是什么？
6. 简述基于 Hadoop 海量日志的入侵检测系统的实现原理。
7. 简述在 Hadoop 平台下如何挖掘入侵规则。

## 第 9 章

入侵检测系统的标准与评估

随着网络规模的扩大，网络入侵的方式、类型、特征各不相同，入侵的活动变得复杂而又难以捉摸，某些入侵的活动靠单一 IDS 不能检测出来，如分布式攻击。不同的 IDS 之间如果没有协作，就会造成缺少某种入侵模式而导致 IDS 不能发现新的入侵活动。目前，网络的安全也要求 IDS 能够与访问控制、应急、入侵追踪等系统交换信息，相互协作，形成一个整体有效的安全保障系统。然而，要达到这些要求，就需要一个标准来加以指导，系统之间要有一个约定，如数据交换的格式、协作方式等。

此外，当一个网络入侵检测系统的设计和实现完成后，我们关心的问题就是 IDS 是否达到设计目标。如何去测试评估 IDS，评估 IDS 的好坏需要考虑哪些性能指标，这也是需要研究解决的问题。

本章主要介绍入侵检测的标准化工作以及网络入侵检测系统的性能指标和测试评估，包括评估标准、评测方法和相应的测试工具。

9.1 入侵检测的标准化工作

总的来说，入侵检测技术发展迅速，但是相应的入侵检测标准化工作则进展缓慢。有两个国际组织在进行这方面的工作，它们是 CIDF（Common Intrusion Detection Framework）和 IETF（Internet Engineering Task Force）下属的 Intrusion Detection Working Group（IDWG）。它们强调了入侵检测的不同方面，并从各自的角度进行了标准化工作。本节介绍目前入侵检测的标准化制订工作进展状况。

9.1.1 CIDF

目前，网络入侵活动非常广泛，而且许多攻击是经过长时间准备，通过网上协作进行的。因此，入侵检测系统和它的组件之间共享这种类型的攻击信息就显得十分重要。共享让系统之间对可能即将到来的攻击发出警报。为了实现这样的目标，IDS 系统应定义好共享信息的接口。为此，S.Staniford-Chen 等人提出了通用的入侵检测框架（CIDF）。

CIDF 标准化工作基于这样的思想：入侵行为如此广泛和复杂，依靠某个单一的 IDS 不可能检测出所有的入侵行为，因此就需要一个 IDS 系统的合作来检测跨越网络或跨越较长时间段的不同攻击。为了尽可能地减少标准化工作，CIDF 把 IDS 系统合作的重点放在了不同组件间的合作上。

所做的主要工作有：提出了一个通用的入侵检测框架，然后进行这个框架中各个部件之间通信协议和 API 的标准化，以达到不同 IDS 组件的通信和管理。CIDF 是一套规范，CIDF 的规格文档由以下 4 部分组成。

（1）Architecture。提出了 IDS 的通用体系结构，用以说明 IDS 各组件间通信的环境。

（2）Communication。说明了 IDS 各种不同组件间如何通过网络进行通信。主要描述各组件间如何安全地建立连接以及安全地通信，包括组件间的鉴别和认证。

（3）Language。定义了公共入侵规范语言（Common Intrusion Specification Language，CISL），IDS 各组件间通过 CISL 来进行入侵和警告等信息内容的通信。

（4）API。提供了一整套标准的应用程序接口，允许 IDS 各组件的重用，在 CISL 的表示说明中隐含了 API。

1. CIDF 的体系结构

CIDF 把一个入侵检测系统划分成 4 个相对独立的功能模块：事件产生器（Event Generators）、事件分析器（Event Analyzers）、响应单元（Response Units）、事件数据库（Event Databases）。这 4 个部件所交换数据的形式都是通用入侵检测对象（Generalized Intrusion Detection Objects，Gidos），并使用 CISL 来表示。其架构图如图 9.1 所示。

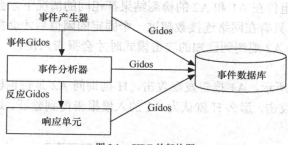

图 9.1　CIDF 的架构图

事件产生器从计算环境中获取事件，但它并不处理这些事件，而是将事件转换为 Gidos 标准格式以便系统其他部件使用。事件分析器分析输入的 Gidos 格式的事件，进行真正意义上的入侵检测，并产生新的 Gidos，这些新的 Gidos 可以被看作是输入事件的总结或综合，或被看作是一个警告。事件数据库负责 Gidos 的存储，用来持久地保存所有需要保存的 Gidos 对象。响应单元功能简单一些，它只是按照输入的 Gidos 进行相应的反击行为。

CIDF 定义了 IDS 系统和应急系统之间通过交换数据方式，协作实现入侵检测和应急响应。CIDF 的互操作有下面 3 类。

● 配置互操作。可相互发现并交换数据。

● 语法互操作。可正确识别交换的数据。

● 语义互操作。可相互正确理解交换的数据。

CIDF 定义了 IDS 系统的 6 种协同方式。

（1）分析方式

分析方式如图 9.2 所示。A 搜集原始数据并可以作预处理分析。B 则根据 A 进行更深层次的分析并产生报告。A 搜集原始事件记录器、信息分析或异常检测器。B 作为后续的信息分析器，试图去断定由 A 报告的若干事件的相互关系。或者 B 作为异常检测器，尽力去判断来自 A 的报告的权重是否应该引起注意。

（2）互补方式

互补方式如图 9.3 所示。A1 和 A2 能够相互弥补。B 则负责合并 A1 和 A2 的输出结果。

A1 和 A2 可以检测不同的攻击。A1 可能检测到对 TCP/IP 的攻击，而 A2 则检测到对某个应用的攻击。或者 A1 和 A2 在不同的计算机上检测到同一种攻击。实际上，A1 和 A2 有可能是同一个检测程序或者是不一样的程序。依照这种情形进行推断或者趋势分析。如果多个 A 开始报告一个特定的异常事件，B 就能检测出更多的异常入侵。假如 A 所报告的不准确，只是相互之间的重叠报告，那么 B 可能将会做额外的工作。

图 9.2 CIDF 协同方式：分析   图 9.3 CIDF 协同方式：互补

（3）互纠方式

互纠方式如图 9.4 所示。A1 和 A2 可以互相纠正检测结果。由于入侵检测中存在许多报警，故组件之间的互纠是必要的。但是，采用不同的分析方法两个检测器常会产生多次误报警，特殊的情况是，J 组件在 A1 和 A2 的检测结果都相同的情况下才会报告入侵。例如，A1 可能作统计异常检测，只有在网络连接数超过一个固定的阈值后才会报告入侵。而 A2 是根据入侵标签来检测，当 A2 观测到已知的攻击模式时才会报告入侵。

（4）核实方式

核实方式如图 9.5 所示。A1 报告发现攻击，H 则询问 A2 是否也检测到同一种攻击。若 A2 报告检测到同一种攻击，那么 H 就认为 A1 的入侵报告得到验证。这种情况在入侵追踪时是非常有用的。

图 9.4 CIDF 协同方式：互纠   图 9.5 CIDF 协同方式：核实

（5）调整方式

调整方式如图 9.6 所示。A 根据所接受到的警告信息调整监测。A 发送一个请求给 T，询问应该监测的对象是什么。然后，A 接收 T 的回答信息，并加以分析和进行监测操作。

（6）响应方式

响应方式如图 9.7 所示。如果分析器判断到一个特定的处理过程正在进行对某个主机的攻击，或者是一个特定的网络连接被用作发起攻击。那么分析器应当向管理员发起警告，但是人的响应要比机器的响应慢。因此，入侵检测器需要预先设置自动应急的脚本，以便在紧急的情况下 IDS 可以直接响应。

图 9.6 CIDF 协同方式：调整   图 9.7 CIDF 协同方式：响应

2. CIDF 的公共入侵规范语言（CISL）

可以说，CIDF 最主要的工作就是不同组件间所使用语言的标准化，CIDF 的体系结构只是通信的背景。而两个组件之间的通信就像人与人之间的交流，不论所说话的传输方式是通过空气、电话还是加密的电话，最重要的也是最有意义的就是双方能够互相理解，这也是 CISL 的意义所在。

在 CIDF 模型里，通过组件接收的输入流来驱动分析引擎进行处理，并将结果传递到其他的部件。换句话说，一个组件的输入流可能就是其他组件的输出。尽管用来交换信息的类型是各种各样的，但事实上可以寻求一种公共的数据表示方法，使所有相连接的组件都从中获益。这意味着允许入侵检测组件引发其他活动，如状态监视。另外可附加的功能就是应急响应。例如，搜集特定的事件使得入侵检测系统内部形成反馈机制。CIDF 用通用入侵说明语言 CISL 对事件、分析结果、响应指示等过程进行表示说明，以实现 IDS 之间的语法互操作。CISL 语言使用符号表达式（简称 S-表达式），类似于 LISP 语言。S-表达式是一种抽象的数据结构，可以由原子递归定义如下。

（1）原子是 S-表达式。

（2）如果 a1、a2 是 S-表达式，则表（a1，a2）也是 S-表达式。

（3）有限次使用（1）、（2）所得的表达式都是 S-表达式，此外没有别的 S-表达式。

CISL 设计的目标如下。

● 表达能力。CISL 语言应当具有足够的词汇和复杂的语法来实现广泛的表达，主要针对事件的因果关系、事件的对象角色、对象的属性、对象之间的关系、响应命令或脚本等几个方面。

● 表示的唯一性。要求发送者和接收者对协商好的目标信息能够相互理解。

● 精确性。两个接收者读取相同的消息不能得到相反的结论。

● 层次化。语言当中有一种机制能够用普通的概念定义详细而又精确的概念。

● 自定义。在消息中能够自我解析说明。

● 效率。任何接收者对语言格式的理解开销不能成倍增加。

● 扩展性。语言里有一种机制能够让发送者使用的词汇来表明接收者的事实。或者是接收者能够利用消息的其余部分解析说明新的词汇的含义。

● 简单。不需理解整个语言就能接收和发送信息。

● 可移植性。语言的编码不是依赖于网络的细节或特定主机的消息。

● 容易实现。实现起来比较容易。

CISL 为了能够实现自定义的功能，规定每个 S-表达式都有标记，称为语义标识符（SID），用于说明 S-表达式的含义。CISL 的语义标识符有动作 SID、角色 SID、附属 SID、属性 SID、原子 SID、连接 SID、指示 SID 和 SID 扩展名等多种类型。这些 SID、S-表达式以及 S-表达式的组合、递归、嵌套等构成了 CISL 的全部表达能力，也即 CISL 本身。

在计算机内部处理 CISL 时，为节省存储空间提高运行效率，必须对 ASCII 形式的 S-表达式进行编码，将其转换为二进制字节流的形式，编码后的 S-表达式就是 Gidos。在 CISL 中还对 Gidos 的动态追加、多个 Gidos 的组合，以及 Gidos 的头结构等进行了定义。

3. CIDF 的通信机制

CIDF 组件间的通信是通过一个层次化的结构来完成的。这个结构包括 3 层：Gidos 层、信体（Message）层、协商传输（Negotiated Transport）层，如图 9.8 所示。其中传输层不属于 CIDF 规范，它可以采用很多种现有的传输机制来实现。信体层负责对传输的信息进行加密认证，然后将其可靠地从源传输到目的地，信体层不关心传

Gidos层
信体层
协商传输层

图 9.8 CIDF 通信层次图

输的内容，它只负责建立一个可靠的传输通道。Gidos 层负责对传输的信息进行格式化，正是因为有了 Gidos 这种统一的信息表达格式，才使得各个 IDS 之间的互操作成为可能。

CIDF 要实现协同工作，还要解决组件之间通信方面的两个问题。

- CIDF 的一个组件怎样才能安全地连接到其他组件，其中包括组件的定位和组件的鉴别。
- 连接建立后，CIDF 如何保证组件之间安全有效地进行通信。

为了解决第一个问题，CIDF 提出了一个可扩展性非常好的比较完备的解决方法，即采用匹配服务（Matchmaker）。匹配服务是一个标准的、统一的方法，它的核心部件是匹配代理（Broker），匹配代理专门负责查询其他 CIDF 组件集。通常一个客户端有一个代理，但也可以把代理和客户端分开，这样一个代理就可以为多个客户端服务。

第二个问题是通过信体层和传输层来解决的。信体层是为了解决诸如同步（如阻塞和非阻塞等）、屏蔽不同操作系统的不同数据表示、不同编程语言不同的数据结构等问题而提出的。它规定了 Message 的格式，并提出了双方通信的流程。此外，为了保证通信的安全性，信体层包含了鉴别、加密和签名等机制。

组件通信双方通过协商来确定传输机制，为了使下层通信设施和资源消耗最小，默认的传输机制是基于 UDP 的、可靠的 CIDF 信体传输。可选的传输机制选项还包括：直接基于 UDP、不带确认和重传的 CIDF 信体层，基于 UDP、使用确认和重传的 CIDF 信体层，直接基于 TCP 的 CIDF 信体层。需要协商的其他选项还包括机密性、鉴别和端口等。

通过 CIDF 的通信协议，一个 CIDF 组件能够正确、安全、有效地和其他组件进行通信。通信的内容，即信体层的传输内容，就是 Gidos 层的数据。信体层完全不知道它要传输的内容，这样有助于 Gidos 的独立性。Gidos 的数据用 CISL 来表示，这就使得它能够被通信双方的组件正确地识别。

4．CIDF 总结

CIDF 从组件通信着手，完成了一系列的标准化，主要如下。

- 通过组件标识查找，或更高层次上地通过特性查找通信双方的代理设施和查找协议。
- 使用正确（鉴别）、安全（加密）、有效的组件间通信协议。
- 定义了一种能使组件间互相理解的语言 CISL。
- 说明了进行通信所用的主要的 API。

如果完全按照 CIDF 标准化进行开发，应该说是可以达到异构组件间的通信和管理的，但是，这种标准化也有一定的不足。

- 复杂性。首先，建立代理设施和遵循查找协议查找到对方都是非常复杂的；其次，对 CISL 语义的理解也是相当复杂的。
- 时效性。由于协议的复杂性，必然导致时间消耗过大，延迟增长。
- 协议的完整性。文档很多地方还不太完整，需要进一步细化。

CIDF 的重要贡献在于将软件组件理论应用到入侵检测系统中，定义组件之间的接口方法。从而使得不同的组件能够互相通信和协作。

9.1.2　IDMEF

为了适应网络安全发展的需要，Internet 工程任务部（Internet Engineering Task Force，IETF）的入侵检测工作组（Internet Detection Working Group，IDWG）负责进行入侵检测响

应系统之间共享信息数据格式和交换信息方式的标准制订，制订了入侵检测信息交换格式（Intrusion Detection Message Exchange Format，IDMEF）。IDMEF 与 CIDF 类似，也是对组件间的通信进行了标准化，但它只标准化了一种通信场景，即数据处理模块和警告处理模块间的警告信息的通信。引入入侵检测信息交换格式的目的在于定义入侵检测模块和响应模块之间，以及可能需要和这两者通信的管理模块感兴趣的信息交换的数据格式和交换过程。

IDMEF 对 IDS 的体系结构做了如下假设：分析器（Analyzer）检测出入侵，并通过 TCP/IP 网络给管理者（Manager）发送警告信息，警告的格式以及通信的方法就是 IDMEF 所要标准化的内容。

IDWG 的主要工作围绕着下面 3 点展开。

（1）制订入侵检测消息交换需求文档。该文档内容有入侵检测系统之间通信的要求说明，同时还有入侵检测系统和管理系统之间通信的要求说明。

（2）制订公共入侵语言规范。

（3）制订一种入侵检测消息交换的体系结构，使得最适合于用目前已存在协议实现入侵检测系统之间的通信。

目前，IDWG 已完成了入侵检测消息交换需求、入侵检测交换数据模型、入侵警告协议，基于 XML 的入侵检测消息数据模型等文档。下面选择部分文档做一简要介绍。

1. 入侵检测消息交换需求

网络安全的发展使得入侵检测系统之间迫切需要交换信息，其好处有以下几点。

（1）目前有许多商业和免费的入侵检测系统，新系统也在不断出现。这些系统中有一些用来检测网络入侵，一些用来检测主机操作系统，还有一些用来检测应用程序。即便是同一类产品，功能方面也有很大差别。因此，用户很可能同时选用多个产品，这就需要查询来自一个或多个管理器的输出信息。事件报告的标准格式能极大地简化这项工作。

（2）入侵行为经常涉及多个受害组织或同一组织的多个站点，而那些站点通常使用不同的入侵检测系统。通过关联多个站点或管理域对检测分布的入侵很有帮助。各站点的报告采取统一的格式有助于任务的完成。

（3）通用数据格式的存在使不同系统的组件更易集成。入侵检测的研究成果将会更好地移植到商业产品中。

（4）除了入侵检测分析器到入侵检测管理器的通信外，各种 IDS 组件之间也可能需要通信。因此，可疑事件报告的统一格式有助于 IDS 市场更加成功地发展和创新，并使 IDS 用户从安装的入侵检测系统中取得更好的效果。

然而，入侵检测系统之间必须协商一种标准的消息数据格式、通信方式，这样才能实现它们的共享信息。入侵检测消息交换需求文档从消息格式、消息内容、通信机制、安全等方面作了较好的要求说明。基本要求有以下两点。

（1）尽可能参考和使用已公布的 RFC 文档。

（2）必须能够适应 IPv4 和 IPv6 的工作环境。

下面介绍一下 IDMEF 其他方面的要求。

（1）消息格式需求

由于网络安全和入侵检测是跨越地理、政治和文化边界的领域，IDMEF 的消息格式应充分支持国际化和本地化。这样的 IDMEF 消息格式符合表示习惯，有利于操作员理解。根据一些管理器的要求，IDMEF 消息格式必须允许管理器对消息数据进行过滤和聚合。

（2）通信机制需求

IDS 管理器常常依靠接收的 IDS 分析器的数据来有效地工作。这样的 IDS 管理器可能要依赖 IDMEF 消息，所以 IDMEF 消息的可靠传递就十分重要。因此，IDMEF 必须支持可靠的消息传递。使得 IDMEF 系统可以依靠 TCP 的可靠性机制或自行设计 UDP 上的可靠性协议。

由于防火墙可能安装在 IDMEF 分析器和相应的管理器之间，IDMEF 消息传输要通过防火墙，为此要求 IDMEF 必须支持入侵检测组件之间的消息传递穿过防火墙边界，但并不损害安全性。IDMEF 消息通信的建立不能削弱受保护网络的安全性。也不能把 IDMEF 消息和其他类型的通信混合起来，因为这样做会使一个组织难以将 IDMEF 通信和其他类型的通信区分开来。

（3）安全需求

由于管理器将报警消息用于指导应急响应或分析企业网络的安全，所以收发双方确信对方的身份就很重要。IDMEF 必须支持分析器和管理器之间的相互认证。

IDMEF 消息可能包含对于入侵者十分感兴趣的极度敏感信息（如口令字）。由于它们可能经过未受控制的网段传输，消息内容的防护非常重要。IDMEF 必须支持交换过程中消息内容的保密性。保密设计方案必须能支持多种加密算法，并适应各种环境的变化。

IDMEF 必须保证消息内容的完整性。这是因为管理器用 IDMEF 消息指导企业网络的安全，管理器确信传输后的消息内容未被修改是至关重要的。完整性设计方案必须能够支持多种完整性机制，并且必须能适应广泛变化的环境。例如，MD5 算法可能成为 IDMEF 设计中的一部分。

IDMEF 通信机制应该能够确保原发 IDMEF 消息的非否认性。假设安全敏感信息正在被交换，系统操作的人员能够将消息和 IDMEF 实体的原发方相联系是很重要的。例如，如果事后不能证实 IDMEF 报警的源方实际就是原发方身份，IDMEF 报警的证据价值就要大打折扣。

IDMEF 通信机制应该抵制对协议的拒绝服务攻击。攻击安全通信系统的普通方法是耗尽资源。虽然这不能破坏消息的有效性，但它能阻止所有的通信。IDMEF 通信机制抵制这种拒绝服务攻击是很需要的。例如，攻击者渗透一个有 IDS 防御的网络。尽管攻击者不能肯定是否有 IDS 存在，他能确信应用级的加密通信流（如 IDMEF 流量）正在被攻击网络的组件之间交换。他于是隐藏自己并发起多个 flood 事件来破坏加密通信。如果 IDMEF 能抵制这种攻击，攻击者放弃这一行为的机会就会增加。

IDMEF 通信机制应该能抵制恶意的消息复制。削弱通信机制安全性能的通常做法是复制发送信息，即使攻击者可能并不理解它们，只是企图混淆接收者。例如，攻击者渗透一个 IDS 防御的网络。攻击者怀疑 IDS 的存在，并识别出系统组件加密的通信流，这是一个潜在威胁。虽然不能读取到这些信息，但是可以复制它们，并将多个副本定向到接收者，以期造成某种混乱。如果 IDMEF 能防止消息复制，攻击者放弃这种攻击的几率就会增加。

（4）消息内容需求

IDMEF 消息必须覆盖当前存在和将来可能出现的各种类型的入侵检测机制，至少有下面几种。

- 基于签名的检测系统。
- 基于异常的检测系统。
- 基于相关性的检测系统。
- 基于网络的检测系统。
- 基于主机的检测系统。
- 基于应用程序的检测系统。

许多种不同类型的入侵检测系统依靠分析各种各样的数据源来进行入侵检测。有些是基于轮廓文件、操作日志、攻击签名做分析检测，还有些是通过建立行为模型，根据观测结果的不同标准偏离程度大小检测异常行为，从而发现入侵者。不同的入侵系统的检测报告结果数据不相同，该标准应当支持所有的数据类型。

如果事件为已知的，IDMEF 消息内容应该指明事件的标识名。这个标识名必须来自标准的事件列表，如果事件标识尚未标准化，则可以是某种特定实现的名字。假定表述了入侵检测消息标准化方面的需求，使得入侵检测管理器能从多种实现的分析器接收器接收警报，管理器对报告事件的语义理解就显得很重要。因此，需要标识已知事件，并存储有关这些事件的攻击方法和可能补救措施的信息。有些事件很著名，这种识别对操作员很有帮助。例如，攻击者发动的攻击被两种不同实现方法的两个不同的分析器检测到，即使每个分析器使用不同的攻击检测算法，它们也都会向入侵检测管理器报告同样的事件标识。

IDMEF 消息必须包含与事件有关的任何安全建议索引，这些建议是由众多的事件响应小组、厂商和研究组织提供的，这些信息被管理员用来报告和修复出现的问题。例如，攻击者实施了一种常见的攻击，则 IDMEF 消息中包含了与此攻击相关的 CERT 建议，操作员就可以利用这些信息来修补系统的漏洞。

IDMEF 消息必须包含与特定事件相关的额外详细信息的索引。若操作员想要关于某一事件的更多信息，就可以通过这个索引而得到特定的事件的详细细节。例如，攻击者攻击主机并被入侵检测系统检测到。IDMEF 消息包含了一个指针，指向系统审计数据的若干记录项。

IDMEF 消息必须包含能识别的事件源的身份和目标组件的标识。对于一个基于网络的事件，事件源和目标标识就是会话连接的源和目的 IP 地址。其他类型的事件，事件源和目标的标识会有所变化。例如，那些在操作系统层或应用层检测到的攻击事件。IDMEF 的这些信息将使得操作员能够识别出事件的源和目标。例如，入侵者利用缓冲区溢出发起对 DNS 服务器的攻击。IDMEF 报警消息指示了作为目标的 DNS 服务器，以及发动攻击的源 IP 地址。

IDMEF 消息必须支持不同类型的设备地址的表示。与入侵关联的设备可能有网络不同协议层的地址（如链路层和网络层地址），另外，入侵相关的设备可能使用非 IP 为中心的地址。例如，IDS 通过 IDMEF 消息中设备的 IP 地址和 MAC 地址识别出特定设备上的入侵。另一种情况下，IDS 利用 IDMEF 消息中的 MAC 地址信息识别出只有 MAC 地址的设备上的入侵。

IDMEF 消息必须包含指明该事件对目标系统可能造成的影响信息。事件给目标系统所造成影响的信息揭示了入侵者正试图做什么，也是操作员实施危害评估的关键数据。然而，所有系统并非都有这样的确定信息，但是那些可以备份数据的系统是重要的。例如，入侵检分析器检测出缓冲区溢出攻击，若 IDMEF 消息包含这种攻击信息，则表明该缓冲区溢出攻击对目标系统的影响是"试图获得 root 或管理员权限"。入侵检测操作员根据这条信息来提高响应的优先级。

IDMEF 消息必须提供有关分析器对事件自动采取应急响应的信息。对于管理员来说，知道是否有自动响应以及怎样响应是非常重要的。这有助于决定是否采取进一步的行动。例如，攻击者发动攻击，入侵检测系统检测到了攻击，管理员禁止了进行可疑活动的用户的账号。可以将该用户挂起 10 分钟，以便使管理员有时间调查可疑活动。IDMEF 消息中应该包含这样的消息。

IDMEF 消息必须包含识别和定位出报告此事的分析器信息，检测分析器的标识常常在决定怎样响应一个特定事件时是十分有用的。例如，对于涉及整个网络的入侵事件过程，如果多个分析器检测到这一同样的事件并报告，分析器的标识可能就提供了目标系统所在网络中位置的信息，并采取一种特定的响应。用 IP 地址可以识别分析器。

IDMEF 消息必须包含检测出该事件的工具的名称信息。用户可能运行多个入侵检测系统保护它们的企业。这些数据将帮助系统管理员认清究竟是哪个实现者和检测工具发现了该事件。例如，实现者 Y 的 X 工具检测到一个潜在的攻击。操作员就能根据已知工具 X 的能力和弱点来决定进一步的操作。

IDMEF 消息必须能声明报告的可信度信息。分析器对 IDMEF 的这个内容是可选的，因为并非所有的分析器都能获得这些数据，许多入侵检测系统都没有一个门限值，以决定是否报警。这就影响报告的可信度，并导致误报警。例如，警报门限值设置较低，以便能发现所有的可疑活动，而不管发现真实攻击的具体可能性。这一可信度用于表明发生的是一个低概率还是高概率的攻击事件。

IDMEF 消息必须是唯一的，以便使它与其他的 IDMEF 消息区分开。IDMEF 消息有可能是由地理上分散的多个分析器在不同时间发送的。IDMEF 消息的唯一标识将有利于数据推理和相关分析。例如，唯一标识符可由一个源标识（如 IPv4 或 IPv6 地址）和原发方产生的唯一序列号连接而成。在一个典型的 IDS 配置里，低层的事件分析器将分析结果报告给高层的分析器，同时将原始的检测信息记录到数据库中。在这种情况下，唯一的原始消息标识符从数据库中检索原始消息。

IDMEF 必须支持在每个报警事件中产生日期和时间。除了报警产生的日期和时间，IDMEF 还可能报告检测事件时的时间。时间对于报告和相关性考虑都很重要。事件检测到的时间可能不同于报警产生的时间，因为实际产生报警消息要花费一些时间。如果能决定事件发生的时间，建议将此信息置于报警消息中。例如，如果一个事件在夜深人静之时报告，操作员可能为其赋一个比发生在白天繁忙时段的相同事件更高的优先级。

报告的时间应该以消息产生的本地时间和时区差作为根据。为了便于事件相关分析，管理员将统一 IDMEF 报警中报告的时间格式。例如，一个分布式的入侵检测系统，有多个分析器位于不同时区，它们都将结果报告给管理中心。若一个跨越多个时区的攻击被分析器检测到，管理中心需要足够的信息统一这些警报格式，以判段这些分析器所报告的攻击是同一种。

IDMEF 消息必须是可扩展的，允许实现者定义特定相关的数据，实现者可选择使用某种机制表示。这些数据由每个实现者指定说明，但实现者必须指明怎样去解释这些扩展。

IDMEF 消息的语义定义是良好的,这样有利于理解消息表达的意义并减少错误。管理员将依据这些消息,决定采取何种操作,但正确理解消息是前提。例如,如果管理员接收 IDMEF 消息,却按相反的方法解释,而构造此消息的实现者则有着与操作员全然不同的另一种含义。这样,正确的动作将变得不正确了。

IDMEF 报警的标准列表必须是可扩充的。随着新事件的产生以及新检测方法的出现,IDMEF 必须能够适应技术发展。新的入侵方法产生很快,一些是现存入侵模式的变种,一些是全新的入侵技术。如果 IDMEF 不具有可扩充性,那么标准的实用性就会很快消失。

IDMEF 自身必须可扩展。随着新的入侵检测技术和事件的新信息的出现,IDMEF 消息必须能够包括这些新消息。随着入侵检测技术的不断发展,关于检测事件的新信息可能出现,IDMEF 消息必须能够通过特定的实现方式以得到扩展,这样就能包含这些新的信息。例如,一个新型的入侵检测分析器,它能够识别攻击者的真实登录名并记录攻击者的跳转站点的列表,那么实现者应在 IDMEF 消息中包含这些新信息。

报警标识的标准列表必须是可扩展的,允许实现者和管理者根据需要而变化。IDMEF 规定每种入侵的基本信息。为区分各自的入侵检测系统,不同的实现者希望提供 IDMEF 以外信息的能力。此外,特殊的实现将 IDMEF 用于非标准事件。例如,一个 IDS 要检测一种新事件,IDMEF 标准报警标识没有它。实现者就要通过一个私有的、专门实现的标识符发送相应的 IDMEF 消息。

新的报警标识的定义和标准化过程必须独立于实现。新报警标识的定义过程不能只依赖于某种 IDS 的实现,否则,会造成负面影响。例如,实现者 A 发现了一种新的入侵事件并向 IDMEF 事件过程提交有关信息。实现者 A 必须意识到这是一种积极的行为。

2. 入侵检测消息数据模型

至目前为止,已制订出来的有关入侵检测消息数据的模型有两类,即面向对象的数据模型和基于 XML 的数据模型。下面分别概述一下这两种数据模型。

(1)面向对象的数据模型

之所以将一个面向对象的模型用于 IDMEF 的数据表示是因为如下原因。

● 报警信息固有的不同类型。某些警报只有少量的信息,例如,事件的来源、目标、名称以及时间等。而另外有些报警信息则提供更多上下文,例如,端口号、服务类型、进程、用户资料等信息。因此,应提出一种足够灵活的数据表示格式,使之能适应不同的需要。

● 入侵检测工具的环境都不是相同的。一些攻击通过分析网络的流量进行检测,而另外一些可能使用操作系统的日志、应用审计信息。相同的攻击可以用不同的检测工具报告,而所报告的信息是不一样的。

● 入侵检测工具的能力不相同。安装简单的工具只提供少量的信息,而复杂的工具包将会影响运行的系统,这是由于入侵检测系统要提供详细的信息。为了进一步处理报警信息,数据模型应当通过工具方便地转换格式,而不是使用入侵探测器。

● 入侵检测的操作系统环境是不一样的。根据使用的不同网络和操作系统,检测到的攻击具有不同的特性。数据模型应当容纳这些不同点。

● 商业厂商的目标是不同的。受操作系统环境、开发工具等限制,开发商希望传递少量关于某些攻击的信息，这样有利于产品的销售。

下面简单地讨论用面向对象方法构建入侵检测数据模型。模型由报警类、分析器类、名字类、目标类、来源类、节点类、用户类和进程类组成，这些类的关系如图 9.9 所示。

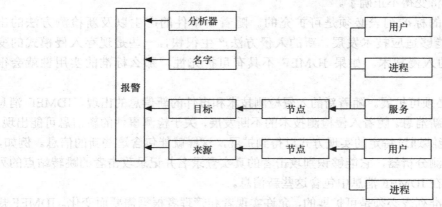

图 9.9　数据模型总体架构

报警类是模型的核心部分，每个报警都与分析器相联系，或者与一组目标、来源关联。报警类的属性包括以下内容。

- 版本号（Version）：用于描述类的层次。
- 报警序列号（AlertID）：要求该序列号唯一，由分析器产生。
- 可信级（Confidence）：用来说明对攻击产生的警报的可信度。
- 影响力（Impact）：评估警报对系统的影响。
- 方法（Method）：检测器采用的方法。
- 时间（Time）：警报产生的时间。
- 签名（Signature）：识别攻击的特征。
- 应急（Reaction）：对抗攻击的方法。

（2）基于 XML 的数据模型

XML 是 eXtensible Markup Language 的缩写，其中文为可扩展标记语言。XML 着重于对文件信息的结构性描述。XML 由 XML 工作组所制订，1998 年 W3C 正式通过 XML 1.0 版本。XML 本身是一种源语言，可以用 XML 创造出新的标记语言。例如，CML 是最早的一种 XML的应用产品，主要用来描述化学分子的结构，使用 CML 来构建化学分子文件能使得计算机快速地检索到相关的对象。每一种由 XML 制订出的新标记语言或 XML 本身，都是用来描述文件的结构信息，使得该文件能够轻易地被分析读取。由于 XML 文件具备这些优点，才被用来描述 IDMEF。IDMEF 明显的用途是可作为入侵检测分析器、探测器和管理员之间的数据通道，可用来传递报警信息。不过，IDMEF 在下面几个方面也很有用。

- 将不同的入侵检测产品的检测结果以独立数据库的形式保存起来，然后对其进行处理，使得对入侵数据分析和活动的报告是全面的，而不是单独的某一方面。
- 能够接收来自不同的入侵检测产品的报警事件相关系统，具有实施更复杂交叉分析和相互验证的计算条件，而不受单一产品的限制。
- 单个的图形化界面能够显示来自不同入侵检测产品的报警，使得用户从一个显示屏幕就能够监测许多产品的运行状况。

● 通用数据交换格式使得不同的组织（用户、厂商、应急小组、法律机构等）之间不仅数据交换容易，而且相互沟通顺畅。

采用 XML 有以下的优点。

● 使用 XML 可以方便地为入侵检测报警描述特定的开发自定义语言。也可以通过扩展这个语言来定义一个标准。

● 处理 XML 文档的工具软件可以从多种途径获得，包括商用混合开放源代码的形式。另外 API 的开发语言丰富，包括 Java、C、C++、Tcl、Perl、Python 和 GNU Emacs LISP。产品开发商可以很容易得到并通过这些工具来使用 IDMEF。

● XML 满足 IDMEF，全面支持消息格式的国际化和本地化需求。XML 标准声称支持 ISO 10646 的 UTF-8 和 UTF-16 编码，从而使得 IDMEF 兼容一个字节或两个字节的字符集。XML 也支持详细说明每个元素的主要内容，因而用这些元素构造的语言能够使 IDMEF 容易适应支持自然语言处理的产品。

● XML 满足 IDMEF 消息格式必须支持过滤和聚类的要求。XML 和 XSL 的结合使得消息能够组合、丢弃和重组。

● 正在进行的 W3C 和其他的 XML 开发项目组将会对面向对象的扩展和数据库提供支持。

● XML 是免费的，不需许可证和版税。

XML 文档类型定义（简称 DTD）说明了一个 XML 文档的准确的语法。它定义文档中使用的各种各样的标记（Tags）以及标记间的相互关系，哪些标记是强制的，哪些是可选的等。IDMEF 文档按照 XML 标准定义成良好的格式并符合正确语法的要求。

3. IDMEF 的入侵警告协议

IDMEF 的通信规范是入侵警告协议（Intrusion Alert Protocol，IAP）。IAP 是一个应用层协议，用来提供必要的传输和安全属性，使敏感的警告信息通过 IP 网络传播。它使用 TCP 协议作为传输层协议。分析器和管理者的通信可以是最简单的直接连接，也可能需要通过代理服务器和网关。IAP 使用 RFC1341 的互联网媒体类型来表示警告数据的类型，媒体类型被用来定义数据的封装，它使用一种无需更改应用协议就可扩展的方式，以便使用 XML 数据类型定义的事件也可以按此协议进行发送。

IAP 的通信模型是由非常类似于 HTTP 的请求/响应对组成的。IAP 本身的通信机制很多也是从 HTTP 中借鉴而来的，其响应代码从 HTTP1.1 中借鉴而来。分析器和管理者都可以发起连接。

通常情况下，一个分析器和管理者是通过一个代理进行通信的，这种情况下 IAP 连接的启动过程包括 3 个阶段：建立 IAP 连接、数据传输和终止 IAP 连接。

在建立 IAP 连接阶段，双方进行协议参数的设置，该阶段本身被划分为 3 个子阶段：TCP 连接建立、安全建立和通道建立。

（1）TCP 连接建立。这是通过发起者发送一个 iap-connect-request 命令完成的，对方返回一个 iap-response 表示成功与否。一个代理可以重写接受的连接请求，加入 iap-proxy-via 行以验证是否通过正确的代理。但对于服务器的响应以及升级阶段之后的包，代理必须完全转发，不做任何修改。

（2）安全建立。用一对请求/响应包来标识安全的升级，比如，双方证书准备就绪，成功返回 101，否则返回 500，表示服务器端配置错误。交换成功完成之后，双方就开始按照 RFC2246 进行 TLS1.0（Transport layer Security）的握手协议。在这一步中进行协议的版本、加密算法的协商和双向的鉴别，并生成下一阶段共享的密钥。在 TLS 握手协议成功之后，以后的数据传输都是在 TLS 记录层之上进行的，这样就保障了数据传输的机密性。

（3）通道的建立。这一阶段的目的是验证 IAP 的版本信息，并确定以后数据传输中双方的角色。这样双方进行通信的通道就建立起来了，就可以准备进行数据的传输了。

IAP 连接建立起来之后，IDMEF 的编码后的警告数据就可以通过 TLS 记录层安全地发送到管理者。除了 Application/XML 格式的数据外，客户端和服务器端还可以进行其他类型数据的传输。通信双方对不能理解的数据可以抛弃，这样可以不中断连接。

数据传输完成后，双方都可以通过发送一个 TLS close-notify 警告来终止连接，对方使用一个 close-notify 警告响应，这样双方就可以简单地关闭连接了。

在这里，TCP 使用的三次握手机制可能会遭到拒绝服务攻击，而 IAP 并不重视这个缺陷，但提出了几个技巧：限制可以建立连接的 IP 地址集、限制一方打开的连接数、限制建立连接的总数。公钥的管理必须遵循公钥证书的生命周期，可以使用 RFC2510 建议的管理机制。通信双方应该填充一些数据，以防止监听者使用流量分析通过报文长度推测出警告类型。

4. IDMEF 总结

IDMEF 针对分析器和管理者之间的警告传输进行了标准化。下面是对其工作的分析和总结。

（1）IDMEF 最大的特点就是充分利用了已有的较成熟的标准，例如，使用 XML 解决数据表示问题，使用 TLS 解决数据的安全传输问题等，IAP 也是部分借鉴 HTTP 1.1 开发的，另外还使用 RFC2510 进行公钥管理。这样做有很多好处，因为已经标准化的协议是比较成熟和完备的，成熟的协议通常都有可供借鉴的代码工具，避免了自己开发协议可能要走的弯路，而且所使用协议的升级和完善自动保证了本协议的升级。

（2）与 CIDF 相比较，在数据表示方面不仅在语法方面而且在语义方面都进行了详细的规定，方便了传输数据的解释，提高了解释的效率，但同时也降低了通用性，只能表达警告信息。

（3）在通信方面，CIDF 提出的查找代理设施有很好的灵活性和可扩展性，IDMEF 各组件必须有通信对方的地址信息，这样效率很高。IDMEF 使用类似 HTTP 的请求/应答方式进行通信，通信内容为字符流，通信双方需要进行很多字符串操作，如匹配、查找、转换等，因此相对于 CIDF 来说效率比较低。

（4）IDMEF 通信可能考虑到安全边界问题，支持使用代理，但正如其文档中所说的，部署代理需要谨慎。此外，符合 IAP 的代理也需要另行开发，这样就增加了开发任务。

9.1.3 标准化工作总结

总的来说，入侵检测的标准化工作进展比较缓慢，现在各个 IDS 厂商几乎都不支持当前的标准，造成各 IDS 之间几乎不可能进行互相操作。但标准化终究是 IT 行业充分发展的一个必然趋势，而且标准化提供了一套比较完备、安全的解决方案。

9.2　入侵检测系统的性能指标

9.2.1　评价入侵检测系统性能的标准

　　虽然入侵检测及其相关技术已获得了很大的进展，但关于入侵检测系统的性能检测及其相关评测工具、标准以及测试环境等方面的研究工作还比较缺乏。根据 Porras 等的研究，下面给出了评价入侵检测系统性能的 3 个因素。

　　（1）准确性（Accuracy）。指入侵检测系统能正确地检测出系统入侵活动。当一个入侵检测系统的检测不准确时，它就可能把系统中的合法活动当作入侵行为并标识为异常。

　　（2）处理性能（Performance）。指一个入侵检测系统处理系统审计数据的速度。显然，当入侵检测系统的处理性能较差时，它就不可能实现实时的入侵检测。

　　（3）完备性（Completeness）。指入侵检测系统能够检测出所有攻击行为的能力。如果存在一个攻击行为，无法被入侵检测系统检测出来，那么该入侵检测系统就不具有检测完备性。由于在一般情况下，很难得到关于攻击行为以及对系统特权滥用行为的所有知识，所以关于入侵检测系统的检测完备性的评估要相对困难得多。

　　在此基础上，Debar 等又增加了如下两个性能评价测度。

　　（1）容错性（Fault Tolerance）。入侵检测系统自身必须能够抵御对它自身的攻击，特别是拒绝服务攻击（Denial of Service）。由于大多数的入侵检测系统运行在极易遭受攻击的操作系统和硬件平台上，这就使得系统的容错性变得特别重要，在设计入侵检测系统时必须考虑。

　　（2）及时性（Timeliness）。及时性要求入侵检测系统必须尽快地分析数据并把分析结果传播出去，以使系统安全管理者能够在入侵攻击尚未造成更大危害以前做出反应，阻止攻击者颠覆审计系统甚至入侵检测系统的企图。与上面的处理性能因素相比，及时性要求更高。它不仅要求入侵检测系统的处理速度要尽可能地快，而且要求传播、反应检测结果信息的时间尽可能少。

9.2.2　影响入侵检测系统性能的参数

　　在分析入侵检测系统的性能时，应重点考虑检测的有效性和效率。有效性研究检测机制的检测精确度和系统报警的可信度。效率则从检测机制的处理数据的速度以及经济性的角度来考虑，也就是侧重检测机制性能价格比的改进。本节从检测有效性的角度对检测系统的检测性能及影响性能的参数进行分析讨论。我们期望检测系统能够最大限度地把系统中的入侵行为与正常行为区分开来，这就涉及入侵检测系统对系统正常行为（或入侵行为）的描述方式、检测模型与检测算法的选择。如果检测系统不能够精确地描述系统的正常行为（或入侵行为），那么就必然会出现各种误报。如果检测系统把系统的"正常行为"作为"异常行为"进行报警，这种情况就是虚警（False Positive）。如果检测系统对部分针对系统的入侵活动不能识别、报警，这种情况被称作系统的漏警（False Negative）现象。显然，过多的虚警必然会降低检测系统报警信息的可信度，甚至使得检测系统根本不实用。至于漏警，则危害性更大。基于异常检测的入侵检测系统是根据系统正常行为的特征轮廓所进行的排他性检测，虚警现象是影响这类系统实用化的重要障碍。这里，我们通过贝叶斯理论来分析基于异常检测的入侵检测系统的检测率、虚警率与报警可信度之间的关系，并在此基础上分析它们对异常检测算法性能的影响。

事实上，入侵检测问题可看作是一个简单的二值假设检验问题。为便于分析，在下面给出相关的定义和符号。

假设 I 与 $\neg I$ 分别表示入侵行为和目标系统的正常行为，A 代表检测系统发出了入侵报警，$\neg A$ 表示检测系统没有报警。

检测率：指被监控系统受到入侵攻击时，检测系统能够正确报警的概率，可表示为 $P(A|I)$。我们通常利用已知入侵攻击的实验数据集合来测试入侵检测系统的检测率。

虚警率：指检测系统在检测时出现虚警的概率 $P(A|\neg I)$，可利用已知的系统正常行为实验数据集，通过系统仿真获得检测系统的近似虚警率。

另外，概率 $P(\neg A|I)$ 代表检测系统的漏警率，$P(\neg A|\neg I)$ 则指目标系统正常（没有入侵攻击）的情况下，检测系统不报警的概率。显然有：

$$P(\neg A|I)=1-P(A|I) \qquad P(\neg A|\neg I)=1-P(A|\neg I)$$

而实际应用中，则主要关注：一个入侵检测系统的报警结果是否能够正确地反映目标系统的安全状态。下面的两个参数则从报警信息的可信度方面考虑检测系统的性能。

$P(I|A)$ 给出了检测系统报警信息的可信度。即检测系统报警时，目标系统正受到入侵攻击的概率。该参数小于 1 时，检测系统存在虚警现象。

$P(\neg I|\neg A)$ 则给出了检测系统没有报警时，目标系统处于安全状态（没有受到入侵攻击）的可信度。该参数小于 1 时，检测系统存在漏警现象。

显然，为使入侵检测系统更有效，我们期望系统的这两个参数的值越大越好。下面，根据贝叶斯定理给出这两个参数的计算公式：

$$P(I|A)=\frac{P(I)P(A|I)}{P(I)P(A|I)+P(\neg I)P(A|\neg I)}$$

(9.1)

同理：

$$P(\neg I|\neg A)=\frac{P(\neg I)P(\neg A|\neg I)}{P(\neg I)P(\neg A|\neg I)+P(I)P(\neg A|I)}$$

$$=\frac{P(\neg I)\big(1-P(A|\neg I)\big)}{P(\neg I)\big(1-P(A|\neg I)\big)+P(I)\big(1-P(A|I)\big)}$$

根据上面的分析，针对给定的实验数据或具体环境，可以通过统计和系统仿真获得 $P(I)$、$P(\neg I)$、$P(A|I)$ 以及 $P(A|\neg I)$ 的先验概率，继而计算出这两个检测系统可用性参数的评价结果。由于入侵检测系统是根据其检测结果，以对入侵行为进行报警的形式通知被监控系统，所以在下面的分析中，主要关注报警信息的可信度 $P(I|A)$ 与检测系统性能的关系。

由于对目标系统的入侵攻击事件是一个随机事件，一般与检测系统无关，因而在分析检测系统的性能时，采用同样的实验数据集和实验环境，这样就可以通过概率获得关于入侵事件的先验概率 $P(I)$。又因为在所有被监控系统的行为中，入侵行为出现的概率一般很小，即

$$P(I)\ll P(\neg I) \qquad P(I)+P(\neg I)=1$$

所以在式（9.1）中，分母将主要取决于虚警率的影响。为了便于分析，假定目标系统在某一时间段内遭受入侵攻击的概率为 $P(I)=0.00001$，并在图 9.10 中给出了检测系统的报警信息可信度与系统检测虚警率、检测率之间的关系。由图 9.10 中曲线可知：给定检测率的条

件下，报警信息的可信度将随着检测系统虚警率的增大而减小。而在给定虚警率的条件下，报警信息的可信度将随着检测率的增大而增大。虽然当 $P(A|I) = 1$ 且 $P(A|\neg I) = 0$ 时，检测的结果最可信（每次报警都预示着系统受到了入侵，且每次入侵都能够被检测出来）。但这只是最理想的情况，在实际的系统中很难达到。

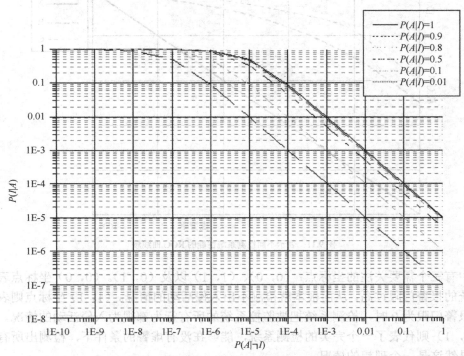

图 9.10 检测系统的报警信息可信度与虚警率、检测率之间的关系

9.2.3 评价检测算法性能的测度

通过上节的讨论，对检测系统报警可信度的分析可知，设计一个好的入侵检测系统，不仅要尽力提高系统的检测率，而且也要尽可能地降低系统的虚警率，提高系统报警的可信度。在一个具体的异常性检测系统中，由于描述系统行为的特征轮廓的不完善，较高的检测率可能也同时预示着较高的虚警率。可以利用检测率随虚警率的变化曲线来评价检测系统的性能，这条曲线称为接收器特性（Receiver Operating Characteristic，ROC）曲线。根据一个检测系统在不同的条件（在允许范围内变化的阈值，例如，异常检测系统的报警门限等参数）下的虚警率和检测率，分别把虚警率和检测率作为横坐标和纵坐标，就可做出对应于该检测系统的 ROC 曲线。显然，ROC 曲线与检测系统的检测门限具有对应的关系。当检测系统没有影响系统性能的可调参数时，那么该检测系统的 ROC 曲线就退化成了一个点。

假如有三种采用不同检测算法（或检测机制）的入侵检测系统 A、B、C，分别做出它们的 ROC 曲线，就可以得到一组 ROC 曲线簇，如图 9.11 所示。可以很容易地看出，系统 C 始终优于系统 B。至于系统 A 则代表最坏的情况，相当于对入侵行为没有识别能力。如果一个检测系统的检测性能比系统 A 还差的话（曲线在 A 曲线的下方），只需把检测系统的判断结果取反，就可以使新的检测系统的性能高于系统 A，达到改善系统检测性能的目的。从这个角度来看，检测系统的性能图中，$y=x$ 可以作为系统的性能基准，所有的入侵检测系统的性能都应比它所代表的系统好。

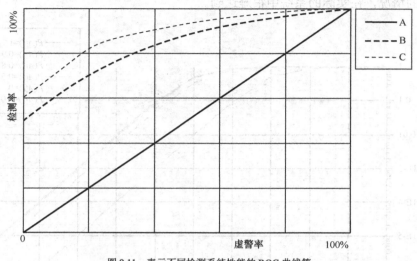

图 9.11　表示不同检测系统性能的 ROC 曲线簇

　　图中有三个需要关注的坐标点：（0，0）、（1，1）以及（0，1）。（0，0）坐标点表示一个检测系统的报警门限过高，从而根本就检测不出入侵活动的情况。（1，1）坐标点则表示检测系统的报警门限为 0 时，检测系统把被监控系统的所有行为都视为入侵活动的情况。至于坐标点（0，1）则代表了一个完美的检测系统，能够在没有虚警的条件下，检测出所有的入侵活动，显然这是一个理想的情况。

　　根据检测率与虚警率的 ROC 曲线，我们不仅可以确定检测系统在给定虚警率门限时的检测性能，还可以通过调整检测系统的检测门限参数对检测率和虚警率进行均衡，使它们达到可接受的程度。调整过程中，如果关注的重点在于降低虚警率，可以通过对虚警率坐标轴的局部细化，重点考虑虚警率对检测性能的影响。如果更关注提高检测率，希望能检测出所有的入侵活动，那么在调整性能参数时，就要首先对代表系统检测率的坐标轴进行细化。

　　检测算法是检测系统的核心，利用同一检测系统模型，通过采用不同的检测算法，就可以得到不同的入侵检测系统。因而，入侵检测机制与检测算法的性能可通过 ROC 曲线进行评价。

9.3　网络入侵检测系统测试评估

　　测试评估入侵检测系统非常困难，涉及操作系统、网络环境、工具、软件、硬件和数据库等技术方面的问题。市场化的 IDS 产品很少去说明如何发现入侵者和日常运行所需要的工作及维护量。IDS 厂商考虑到商业利益不会公布检测算法，竞争对手之间互相隐藏攻击签名，当然这也为了防止攻击者得知签名的确切工作机制。判断 IDS 检测的准确性只有依靠黑箱测试。另外，测试 IDS 需要构建网络和操作系统环境以及网络通信流量样本数据，系统、进程、文件使用和用户行为的轮廓也需要测试数据。由于不断变化的入侵攻击情况，用户和厂商需要维护多种不同类型的信息才能保证 IDS 能够检测到可疑事件。这些信息具体如下。

（1）正常和异常情况下的用户、系统和进程行为的轮廓。

（2）可疑通信量模式字符串，包括已知的入侵攻击签名。

（3）对各种各样的异常和攻击进行响应所需要的信息。

IDS 厂商会维护这些信息，但并不是维护全部信息。IDS 的管理员应该根据安全手册经常更新这些信息。现在依靠单独的技术不足以维护网络安全，一个组织或部门需要合格的技术人员来评估、选择、安装、操作和维护 IDS。目前，计算机安全的入侵分析员和网络系统员非常缺乏，一般用户都希望买到具有智能分析能力的入侵检测产品。对于那些缺少技术特别是有关安全方面技术的用户来说，更是希望 IDS 能够如此。但是，每天所发生的许多攻击和扫描，只有训练有素的分析员借助专家级的工具才能够检测到。安全专家常以手工方式才能抓住入侵者。由此看来，要实现入侵检测处理的完全自动化尚需努力。面对这样的现实，用户要根据自己的需求，担当一定的风险来选择 IDS 产品。

IDS 的测试评估者主要来自开发者、第三方、入侵者和最终用户。开发者和第三方的测试活动发生在 IDS 产品早期，测试的环境也有限制，而入侵和最终用户的测试评估是在实际应用环境下进行的。因此，最终能否经得起考验，关键还要看入侵者和最终用户的测试评估给出的评估效果。

IDS 测试方法的局限性在于只能测试已知攻击。在许多环境中，已知攻击的发生率要比新攻击高，原因在于已知攻击方法的细节广泛公布，而大部分人了解新的攻击细节就可能少得多。一般来说，新的攻击常类似于已知的攻击，如果 IDS 能够检测到大部分已知的攻击方法，那么对新的攻击就有可能也会检测到。模拟入侵者来实施攻击测试面临的困难是只能掌握已公布的攻击，而对于新的攻击方法就无法得知。不过，可以通过分类选取测试例子尽量覆盖许多不同种类的攻击，同时不断搜集新的入侵攻击信息，更新网络仿真测试的数据以适应新的情况。然而即使测试没有发现 IDS 的所有潜在弱点，也不能说明 IDS 是一个完备系统。若运行 IDS 和监视管理 IDS 软件的计算机系统被入侵者控制，则入侵者就能够操作 IDS 程序本身。假如入侵者又知道 IDS 数据库中的入侵签名知识，则针对入侵数据库中没有出现入侵签名的攻击进行尝试，当然 IDS 就不会发现。因此，应当保护好入侵数据库。一般情况下，IDS 测试环境的组成有测试平台控制器、正常合法使用用户、攻击者、服务器和 IDS 系统，如图 9.12 所示。服务器是用来运行各种网络服务的计算机，一是为正常客户提供服务访问，二是当作攻击者的目标。服务类型表示服务器提供的网络服务。若 IDS 是基于主机型的，则 IDS 运行在服务器上，或者服务器将其产生的审计信息发送到其他的机器进行处理。IDS 不必运行在一台服务器上，可以运行在一台专用的计算机上，这要根据 IDS 的类型来安排。测试环境的另外组成部分是模拟用户和攻击者，通过用计算机软件方式产生正常用户网络流信息和攻击者所生成的信息流。

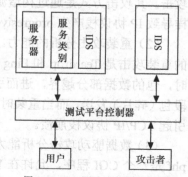

图 9.12 IDS 测试环境组成示意图

9.4　测试评估内容

IDS 通用的检测方法是误用检测和异常检测。大多数 IDS 都包含这两种检测模块。误用检测依据两个关键部分：入侵签名数据库和模式匹配算法。误用检测失效的原因有以下 3 个方面。

（1）系统活动记录未能为 IDS 提供足够的信息用来检测入侵。

（2）入侵签名数据库中没有某种入侵攻击签名。

（3）模式匹配算法不能从系统活动记录中识别出入侵签名。

异常检测以入侵者的行为不同于典型用户的行为为基础，通过构建轮廓模板来描述用户的行为特征，如登录时间、CPU 使用、磁盘使用、访问敏感文件等，形成一种可数量化的指标，入侵检测系统持续地根据系统或用户行为维护这个指标，当某个这种指标突然越出一个界限，就认为异常行为发生了，并由此检测到入侵行为。异常检测的局限性取决于用户一致性。在某些环境下，合法的用户可能会频繁改变自己的行为。在这种情况下，就难以建立起这些用户的轮廓模板。异常检测模块失效的原因通常如下。

（1）异常阈值定义不合适。

（2）用户轮廓模板不足以描述用户的行为。

（3）异常检测算法设计错误。

IDS 的评估涉及入侵识别能力、资源使用状况、强力测试反应等几个主要问题。入侵识别能力是指 IDS 区分入侵和正常行为的能力。资源使用状况是指 IDS 消耗多少计算机系统资源，以便将这些测试的结果作为 IDS 运行所需的环境条件。强力测试反应是指测试 IDS 在特定的条件下所受影响的反应，如负载加重情形下 IDS 的运行行为。下面就 IDS 的功能、性能以及产品可用性 3 个方面做一些具体讨论。

9.4.1　功能性测试

功能性测试出来的数据能够反映出 IDS 的攻击检测、报告、审计、报警等能力。

1．攻击识别

以 TCP/IP 攻击识别为例，攻击识别可以分成以下几种。

（1）协议包头攻击分析的能力。IDS 系统能够识别与 IP 包头相关的攻击能力，如 LAND 攻击。其攻击方式是通过构造源地址、目地地址、源端口、目的端口都相同的 IP 包发送，这样导致 IP 协议栈产生 progresive loop 而崩溃。

（2）重装攻击分析的能力。IDS 能够重装多个 IP 包的分段并从中发现攻击的能力。常见的重装攻击是 Teardrop 和 Ping of Death。Teardrop 通过发送多个分段的 IP 包而使得当重装包时，包的数据部分越界，进而引起协议和系统不可用。Ping of Death 是将 ICMP 包以多个分段包（碎片）发送，而当重装时，数据部分大于 65535 字节，从而超出 TCP/IP 所规定的范围，引起 TCP/IP 协议栈崩溃。

（3）数据驱动攻击分析能力。IDS 具有分析 IP 包数据的具体内容，如 HTTP 的 phf 攻击。phf 是一个 CGI 程序，允许在 Web 服务器上运行。由于 phf 处理复杂服务请求程序的漏洞，使得攻击者可以执行特定的命令，从而可以获取敏感的信息或者危及到 Web 服务器的使用。

2. 抗攻击性

可以抵御拒绝服务攻击。对于某一时间内的重复攻击，IDS 报警能够识别并能抑制不必要的报警。

3. 过滤

IDS 中的过滤器可方便设置规则，以便根据需要过滤掉原始的数据信息，例如，网络上的数据包和审计文件记录。一般要求 IDS 过滤器具有下面的能力。

（1）可以修改或调整。

（2）创建简单的字符规则。

（3）使用脚本工具创建复杂的规则。

4. 报警

报警机制是 IDS 必要的功能，例如，发送入侵警报信号和应急处理机制。

5. 日志

（1）保存日志数据的能力。

（2）按特定的需求说明，日志内容可以选取。

6. 报告

（1）产生入侵行为报告。

（2）提供查询报告。

（3）创建和保存报告。

9.4.2　性能测试

性能测试在各种不同的环境下，检验 IDS 的承受强度，主要的指标有下面几点。

（1）IDS 引擎的吞吐量。IDS 在预先不加载攻击标签的情况下，处理原始的检测数据的能力。

（2）包的重装。测试的目的是评估 IDS 的包的重装能力。例如，为了测试这个指标，可通过 Ping of Death 攻击，IDS 的入侵签名库只有单一的 Ping of Death 标签，这时来测试 IDS 的响应情况。

（3）过滤的效率。测试的目标是评估 IDS 在遭到攻击的情况下过滤器的接收、处理和报警的效率。这种测试可以用 LAND 攻击的基本包头为引导，这种包的特征是源地址等于目标地址。

9.4.3　产品可用性测试

评估系统用户界面的可用性、完整性和扩充性。支持多个平台操作系统，容易使用且稳定。

9.5　测试环境和测试软件

9.5.1　测试环境

美国的 Lincoln 实验室和 Rome 实验室做了 IDS 的测试评估工作。Lincoln 实验室设计了一个离线的网络 IDS 测试环境，如图 9.13 所示。其方法是通过使用大量的含有各种各样的攻击的网络流量样本和审计数据样本作为 IDS 系统的输入，以此验证 IDS 的能力，并计算出虚警率和检测率。

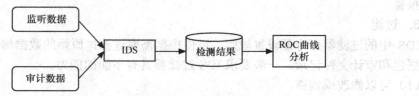

图 9.13　Lincoln 实验室的 IDS 测试环境

Rome 实验室则设计了一个实时的网络环境来评测 IDS，如图 9.14 所示。其方法是将 IDS 放在实际的网络环境中，以验证 IDS 在实时情况下的响应状况和适应性。

为了较好地测试 IDS，针对不同的测试目标，一般构建专用的网络环境，图 9.15 是测试 IDS 功能的网络配置图。网络负载模拟器用来产生网络通信流，攻击目标则是专为攻击测试设定的，IDS 探测器和 IDS 管理中心构成入侵检测系统用于检测攻击测试的整个过程。攻击者负责产生各种各样的攻击网络通信流以检验 IDS 的检测功能。攻击者可预先构建攻击脚本，然后自动去执行。例如，通过 tcpdump 工具将含有攻击活动的网络上流动的信息"复制"一份，然后用其他软件重放。

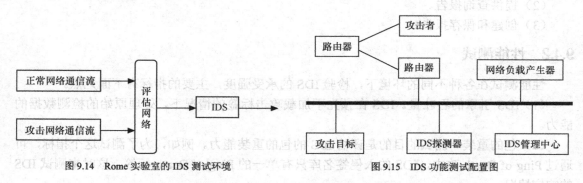

图 9.14　Rome 实验室的 IDS 测试环境　　　　图 9.15　IDS 功能测试配置图

性能测试与功能测试有所不同，因而测试的网络环境以局域网为主，这样可以尽最大可能地产生大的网络流量，避免路由器等设备对网络流量的约束。

9.5.2　测试软件

IDS 测试软件协助测试员模拟实际环境，自动输入测试数据以及训练检测模型，减少手工劳动量，提高测试效率。其软件一般应具有以下功能。

（1）仿真用户操作。生成用户各种各样的正常使用模式，这些模式对于基于异常检测模型和误用检测模型的入侵检测系统来说都是重要的。

（2）模拟入侵。入侵有串行或并行两种形式。串行入侵方式是入侵者从一台终端或计算机单独发布一系列攻击命令。并行方式是一个或多个入侵者从若干台终端或计算机上同时发布一系列攻击命令。

仿真网络用户的行为有通用会话产生工具（Generic Session Generation Tool）、测试软件包（Using Test Suites）和录制实际数据重放（Mcording Live Data）3 种方法。通用会话产生工具方法是基于有限自动机来实现一个用户所有可能的操作。可以用随机 Petri 网络建立其用户模型。

操作系统开发商自带测试软件包是比较简单的模拟方法，通常用于测试评估操作系统的服务性能和应用服务软件是否按设计说明来实现。不足的是这些测试不能给出用户常常进行什么样的操作，但是可以让我们知道系统对正常请求的响应行为。录制实际数据重放方法是通过记录各种各样的用户正常活动的数据，然后在测试平台上重放用户的活动过程。这种方法要求有足够多的用户活动记录，以便模拟服务器超载时的情形。同时，应区分训练和测试阶段使用的用户活动记录。训练阶段只用到用户活动记录的一部分来建立 IDS 异常模型，而测试阶段使用其他部分来验证 IDS 所创建的用户使用模型。

模拟攻击是测试软件的一个必不可少的功能，通过运行攻击来验证 IDS 是否能够检测到这些攻击。可以收集网上已公布的弱点开发相应的攻击脚本，然后直接运行测试。一些黑客杂志也常讨论攻击方法，并有源程序。但是，有些攻击方法与环境相关，例如缓冲区溢出。此时，我们将受环境约束的攻击以重放方式实现，事先收集这些攻击的网络点信息流，然后通过重放软件将其输送到测试网络上获得新的入侵签名和一些攻击特征信息流。

1. Nidsbench 测试软件包

Nidsbench 是由 Anzen 公司开发的一套 IDS 测试软件包，包括 Tcpreplay 和 Fraqrouter 两个部分。Tcpreplay 的功能是将 Tcpdump "复制" 的网络数据包重放，以还原当时网络的实际运行状态。Fraqrouter 的功能是通过建造一系列躲避 IDS 检测的攻击以测试 IDS 的正确性和安全性。

2. California 大学的 IDS 测试平台

California 大学开发了一个入侵检测系统软件测试平台，通过它可以实现模拟入侵，以测试 IDS 的有效性。该软件平台是使用 Tcl-DP 工具开发的，共包含以下 4 组命令。

（1）基本的会话命令集。一般是常用的几个命令，如 telnet、login、ftp，这些命令用来仿真入侵者的基本操作。

（2）同步命令集。提供按指定的要求产生某个事件。例如 sys_connect_server 命令被用做让某个客户与指定服务端口建立连接。

（3）通信命令集。该命令集实现并发进程的彼此通信，模拟一组用户一起工作。并发模拟脚本中的发送和接收通信命令，用于进程之间的数据交换。

（4）记录重放命令集。该命令集的功能是记录用户会话期间的操作命令序列，然后再重放这些记录。

除此之外，麻省理工学院 Lincoln 实验室开发了非实时的 IDS 性能评估工具，该工具能够动态地加速重放大量的数据，迅速产生所需测试数据。IBM 公司 Zurich 研究实验室也开发了一套 IDS 测评工具。此外，还有一些黑客工具软件也可用作 IDS 测试。就 IDS 测试软件总体状况来看，目前正处于发展期间。

9.6 用户评估标准

用户评估 IDS 涉及多种因素，本节从用户的角度，来检验 IDS 是否满足用户的需求。简单地罗列了相关的问题要点。这也是 IDS 走向市场化产品所需要考验的问题。

1. 产品标识

- 生产厂商或公司。
- 产品版本号。
- IDS 的类型（基于主机或是基于网络）。
- IDS 监测日志或是网络包，或者两者都有。
- IDS 的运行方式：独立运行还是 Client/Server 结构。
- IDS 产品形式是硬件、软件还是软硬结合。

2. IDS 文档和技术支持

- 全面、清晰、准确、组织良好的产品文档。
- 用户手册。
- 电子文档。
- 产品培训。
- 技术支持，涉及服务效率、响应速度、价格等。

3. IDS 的功能

- 产品与现有系统的集成。
- 即插即用，还是要求改变配置或调整现有的系统。
- 所兼容和支持的软件平台，例如操作系统（UNIX、Windows、OS/2 等）。
- 与其他 IDS、防火墙和支持工具是否容易集成。
- IDS 运行需要的网络拓扑结构。
- 支持管理的方式，HTTP，Telnet，SNMP，SNMPv3，DECnet，远程串行终端。
- 管理协议（SNMP，SNMPv3）。
- IDS 企业级管理平台，与现有网络管理平台（HP OpenView、So1stice SunNet Manager、Tivoli Netview）的结合。
- 支持物理网络拓扑结构，Ethernet，Fast Ethernet，token ring，asynchronous transfer mode，FDDI。
- 产品是否开放源代码。
- 应用程序编程 API 形式，怎样扩展。
- 是否与弱点扫描器工具集成。
- 用户和系统透明度。
- 支持的网络协议（IP、IPX、Appletalk、XNS、SNA、X25 等）。
- 安装和运行 IDS 时是否需要超级用户身份或修改内核。
- 监测的应用服务列表。
- 在管理控制平台断开、去掉、做 DoS 测试时，检测能否持续。

4. IDS 报告和审计

- 灵活的、可扩展的配置报告方法。
- 每个用户、主机、站点、服务格式。
- 检测数据是否输入到外部数据系统。
- 尽可能地实时通知（E-mail、SNMP、traps、page 等）。

- 所支持的审计方式（硬复制、远程审计等）。
- 是否提供审计分析工具，或是从第三方得到。
- 是否提供软件自动生成报告。
- 误警率和漏警率。

5. IDS 检测与响应

- 基于网络的攻击脚本保护（地址欺骗、序列号预测、会话劫持、碎片、源路由、名字服务欺骗、欺骗路由包、欺骗控制包、端口扫描、伪装多目标和广播地址）。
- 抗攻击能力，搜集明显的恶意包的源地址或路由配置。
- IDS 产品或体系结构的容错能力。
- 在负载加重、冲突、电源故障、系统启动等不利环境下 IDS 的运行行为。
- 数据内容识别能力（病毒、可执行代码、Java Script、ActiveX 代码、邮件附件等）。
- 冲突控制或流量管理的方法措施。
- 不同级别的报警和管理配置。
- IDS 通过何种方式报警（电子邮件、SNMP 触发器、送消息到控制台等）。

6. 安全管理

- 怎样灵活而又安全地控制访问 IDS。
- IDS 加密方式。
- 提供加密拨号连接管理。
- 管理员到控制台加密。
- 密钥交换协议和频繁更新密钥（适应 IPSec 协议、ISAKMP/Oakley 或 IKE 等）。
- 支持认证方式（Belleore S/key、Security Dynamics SeCUI-ID、Digital Pathways secureNet Key、CryptoCard RB-1、Enigma Logic 等）。
- 探测器和控制台之间的通信流是否加密。
- 按任务实施角色管理。
- 支持多种管理控制台。
- 自动完整性检查。
- IDS 产品怎样接入外部网，通过网络是否有办法可以访问 IDS。
- 根据带宽或积累的吞吐量测量监控到包的比率或事件监控比率。
- 来自第三方的性能测试基准。
- 负载和网络带宽均衡。
- 过滤策略说明和实现是否容易。
- 过滤支持种类包括协议、地址、服务、用户定义的模式。

7. 产品安装和服务支持

- 安装需求（处理器、RAM、硬盘）。
- 第三方编码规定要求。
- IDS 安装前所需软件（网络管理系统、操作系统和数据库系统）。
- 现有的路由器或主机是否变动。
- 软硬件安装是否容易。
- 默认设置（检测服务设置或去掉、日志、报警方式等）。

- 因产品的某种安全问题，厂商是否提供快速修补。
- 产品升级计划，是定期还是随机。
- 入侵标签升级计划，是定期还是随机。
- 升级分发方式是磁带、磁盘还是在线。
- 升级的入侵标签是否采用加密或数字签名。
- 所需安装 IDS 探测器或代理的数目、位置、管理控制方式。
- 扩充需求。

9.7　入侵检测评估方案

美国政府 1998 年起开始入侵检测系统评估的研究工作，评估在离线和实时两种情况下进行。根据网络公布的资料，下面简要地介绍这两种类型的评估方法。

9.7.1　离线评估方案

入侵检测系统离线评估是由美国国防部高级研究计划局与美国空军研究实验室联合发起的、由麻省理工学院林肯试验室主持进行的一年一度的评估活动，1998 年是第一次。此项活动为入侵检测领域的研究指明努力方向并对现有系统的性能进行评估，因此具有深远的意义。其意图是引起所有从事主机或网络入侵检测工作的研究者的兴趣和关注。该项评估设计简单，集中于核心技术，消除安全与隐私问题并提供大多数入侵检测系统所使用的数据类型，鼓励厂商和研究部门参与。

1. 技术目标

评估主要是测量入侵检测系统对发生于计算机系统或网络上的攻击的检测能力。一般来说主要针对 UNIX 工作站，其目标是检测是否发生了下列攻击或在一个会话中存在下列攻击企图。

（1）拒绝服务攻击（DOS）。

（2）非授权的远程访问。

（3）本地普通用户非授权使用超级用户特权或管理员权力。

（4）监视探测。

（5）用户的非授权访问、修改本地或远程主机的数据。

（6）异常用户行为。

用计分方式表示网络会话是一个完整的 TCP/IP 连接，会话对应于多种服务，包括 Telnet、HTTP、SMTP、FTP、finger、rlogin 等。其目的是与计算机和网络的正常使用环境进行对照。评估活动希望达到以下 4 个目标。

（1）探索新的有前途的入侵检测思想。

（2）开发包含这种新思想的先进技术。

（3）对这项先进技术进行测量。

（4）仔细地比较各种新技术和现有系统的性能。

以前进行的评估活动只注意到系统对入侵的检测率，没有注意到系统的误警率。现在要求评估将同时对入侵检测系统的检测率和误警率进行测量，方法是通过在正常的通信会话背景中加入攻击性会话。

2. 评估

入侵检测系统的性能是根据其对会话集进行检测的正确性进行度量的，这些会话集是通过模拟正常通信和攻击性通信来产生的。正常的会话被设计成能反映出军方的观点的通信量。攻击性会话包括新的攻击以及计算机非法使用所表现出来的特征，要求每一个入侵检测系统能对每一个会话打分，以反映其攻击的可能性。分值可用任何浮点形式（正、负或零）记录，并且按照惯例，正的分值越高，表示攻击的可能性越大。

对于任何给定的阈值 T，应该能够计算出系统对攻击的检测率以及误警率。改变 T 的值可以绘出系统的操作特性 ROC 曲线，反映出攻击检测率与误警率的对比。此操作特性曲线可用来确定系统在每个操作点的性能，以及不同的入侵检测方法之间的比较。操作特性曲线可由不同类型的攻击和异常行为产生，也可以通过将 BSM 数据输入系统或仅使用 Tcpdump 转储或两者并用的方法产生。

3. 训练数据

在评估之前，每个参与的站点可以得到一批训练数据。这些数据可用来配置入侵检测系统或训练系统参数。一般来说，训练数据的类型与常见商用或科研用入侵检测系统使用的类型相同。这些数据由一个仿真网络产生，包含正常的和攻击性会话。正常会话的类型和内容的分配与军方的相似。攻击性会话将包括现有的攻击和计算机非法使用所表现出来的特性。训练数据包括以下内容。

（1）Tcpdump 转储数据，由 TCP 包嗅探器通过收集大约一个月的网络通信产生。该数据包括每一个在模拟的军用网络内外的计算机上转发的数据包。关于如何引用 Tcpdump 转储的文档也将被提供。

（2）一个 TCP 转储数据的列表文件，每一个 TCP/IP 会话包含下列信息。
- 会话 ID：一个正整数。
- 开始日期：MM/DD/YYYY 格式。
- 开始时间：HH:MM:SS 格式。
- 会话持续时间：HH:MM:SS 格式。
- 服务标识：一个标识服务类型并指示是否是 TCP 或 UDP 的字符串。如果一个服务以/u 结尾，则表明是一个 UDP 服务，否则认为是 TCP 服务。
- 源端口：一个正整数。
- 目的端口：一个正整数。
- 源 IP：点分十进制表示，例如 192.168.9.38。
- 目的 IP：点分十进制表示，例如 192.168.9.39。
- 攻击分值：0 表示非攻击性会话，1 表示攻击性会话。
- 攻击名称：字符串（例如 "guess" "anomaly" 等，"-" 表示非攻击）。

列表文件以 ASCII 形式存在。各个域之间用空格分开，不同的记录用换行符分开。列表文件仅包括 TCP 转储文件中的部分数据的信息。

（3）Sun 工作站 BSM（Basic Security Module）提供的审计数据。此数据包括描述系统内核调用的审计信息。

（4）BSM 数据的列表文件，其格式与 Tcpdump 转储数据的列表文件相同。同样，仅有部分 BSM 捕获的网络会话被包含在此列表文件中。

（5）一个 ps-EFL 输出结果的文件，该文件内容是 UNIX 进程状态。

（6）UNIX 转储数据，包含运行于 BSM 审计的机器的每个文件系统一星期或一天的增量转储。

（7）一个 PS 格式的图形文件，显示仿真网络中机器的逻辑组织及相互之间的路由器连接。

会话序列从 1 开始编号。一些会话仅出现在 Tcpdump 数据中，另一些会话仅出现在审计数据中，还有一些在两者之中都出现。Tcpdump 与审计数据之间的会话 ID 号是一致的。训练数据将以光盘的形式发布，预计大约有 10GB 大小。

4．测试数据开发

测试数据开发用于在最后官方测试之前对入侵检测系统的性能进行评估。各个站点可以使用训练数据对系统进行训练，然后用预先指定的测试数据进行初步测试，并选择适当的系统设置使最后的测试表现良好的性能。使用统一的测试数据能够对不同的方法进行比较。

一般情况下，测试数据开发将按照与训练数据类似的方法产生。除了攻击分值和攻击名两个域为空之外，测试数据的各元素的格式均与训练数据相同。测试数据的格式为一个列表文件，包含 3 个栏目：会话 ID、分值（0 为正常，1 为攻击）和攻击名。

在测试中，将训练数据分成两部分：训练部分和开发用的测试部分。例如，如果训练数据包括了 4 周的数据，则最后一周的数据为开发用测试数据。建议各个站点用前 3 周的数据进行训练，用最后一周的数据进行测试。因为正确答案已包含在随训练数据一起提供的列表文件之中，所以不再提供测试部分的答案。

5．评估使用的测试数据

评估使用的测试数据是用来最后对各个入侵检测系统的性能进行测评的数据。评估用的测试数据将按照与训练数据及开发用的测试数据类似的方法产生。评估用的测试数据的各元素的格式均与开发用的测试数据相同，但正确答案要等到评估全部完成以后才能公布。在评估用的测试数据中会有在训练数据与开发用测试数据中不曾有的攻击类型。

6．异常检测

一些入侵检测系统设计成能检测异常的用户、系统或网络行为。在训练数据与测试数据中增设异常行为，可以对此类系统进行评估。在训练数据、开发用测试数据和最后测试数据中应保持用户、系统及网络行为的一致性。在 3 个数据集之间保持相同的用户和网络配置，以使在模仿正常的增删用户与服务时有很少的例外。另外，使测试数据在训练数据之后产生，可以保持时间上的连续性。这样，一个具有时间适应性的异常检测系统先用训练数据进行训练。

7．评估规则

受测站点应提交 3 个正式的结果文件：第一个对应于 TCP 转储列表文件中的会话；第二个对应于 BSM 列表文件中的会话；第三个对应于二者会话的合并。

允许在单一站点上进行多个系统的评测。例如，一个站点可以为系统 A 提交 3 个结果文件，为系统 B 也提交 3 个结果文件。但在进行评估之前，必须指定一个系统作为主要受测系统。

提交的每个结果文件中的每个会话，都必须对其攻击可能性的大小进行打分。对于在列表文件中不能提供完整结果的受测站点，林肯实验室将不产生任何测试报告。也就是说，如果一个站点提供的 Tcpdump 列表文件中包含 1000 个网络会话，那么也必须提供全部 1000 个会话的记分值。

所有受测者必须注意下列评估规则和约束条件。

（1）每一个判断都必须以具体的、确已发生的网络会话为基础，不允许使用后来的会话信息。入侵检测系统必须是因果式的。

（2）允许使用训练的条件信息（数据集目录结构隐藏的及其他网络信息提供的）。

（3）在全部评估完成之前不允许检查评估数据，或者其他与此数据的实验交互。该条规定适用于所有的评估测试数据，无论是部分的会话评估还是全部的会话评估。

8．结果提交格式

参加评估的所有站点必须提交所有会话的测试结果。提供给林肯实验室的结果必须用标准 ASCII 记录格式，每个判定形成一条记录。每条记录有 3 个域，彼此用空格分开。第一个域是由林肯实验室赋予的会话标识符，第二个域是标识该会话具有的攻击可能性大小的浮点分值，第三个域（可选）是攻击名。不同的记录由换行符分开。结果文件必须在提交的最后期限前上传到林肯实验室的外部 FTP 站点。

9．系统描述

系统描述要求参加评估的每一个系统在提供结果文件时，必须将系统的名字与算法的简要描述一并提交。

10．运行时间

参加测试的 IDS 系统必须提供相当于单个 CPU 对测试数据进行处理时所需的 CPU 时间。还必须给出 CPU 及所用内存大小的描述。

9.7.2　实时评估方案

作为由美国国防部高级研究计划局和美国空军 Rome 实验室（DARPA/AFRL）共同发起的入侵检测系统评估计划的一部分，美国空军 Rome 实验室（AFRL）负责对选送的 DARPA 研究项目进行实时评估。其主要目的是为发起者和研究者提供一个度量标准，以判别一个研究项目的实际运行情况，并且为美国国防部遴选在系统集成或进一步开发中比较有前途的技术。比较有前途的技术将被选入由 DISA 发起的 IA:AIDE 工程（Information Assurance: Automated Intrusion Detection Environment），这个工程是整个美国军用入侵检测技术方面的示范。林肯实验室的评估是用传感器对系统的各个组成部分进行严格的测试，作为补充，AFRL 主要对能作为现行网络中的一部分的完整系统进行测试。每个入侵检测系统允许使用所有的传感器（例如活动检测以及可加载的软件模块等）并能产生一系列的响应。另外，AFRL 希望能对在非实时情况下很难检测的某些特征，如反应时间和重荷下的性能，进行测试。

1．目标

评估有如下两个目标。

（1）测量每个 IDS 系统在现有的正常机器和网络活动中检测入侵行为的效力。

（2）测量每个 IDS 系统的反应机制的效力以及对正常用户的影响。

与林肯实验室相似，主要用下列攻击方式对受测系统进行测试。

（1）拒绝服务（DoS）。

（2）非授权的远程访问。

（3）本地普通用户非授权使用超级用户特权或管理员权力。

（4）监视探测。

（5）用户的非授权访问、修改本地或远程主机的数据。

（6）异常用户行为。

很多在林肯实验室使用的方法会被重复使用。除了上面列举的攻击方式之外，AFRL 测试还包括对网络基础结构进行的攻击和只有使用多级入侵检测系统才能检测到的攻击。还有离线测试中未使用的对操作系统进行的攻击。

对于每个受测系统将使用同一方案进行测试，但并不要求每个受测系统捕获每个攻击，也不产生能用于对受测系统的业绩进行排序的数据。

2. 测试配置

每一次评估测试都在可控制的环境下进行。测试所用的网络与其他网络相隔离。控制软件按相同的次序对每个受测系统发出正常或攻击活动。自然，并不保证每次运行的数据包都精确一致，因为在这样一个复杂的系统下，一个小的变化都可能引起事件发生时间和顺序的变化。由于这些变化可能会潜在地引起运行过程中不同的误报警次数，要采取一些措施以消除这种不良效果。

在测试网络中，正常的通信由预期的脚本来产生，并且与林肯实验室中采用的会话相似。网络中会有各种各样的服务形式存在，并且在各个区域都可能产生连接或断开连接。入侵通信通过攻击实施方法来产生，这些攻击方法包括已知的攻击和新近出现的攻击方法。攻击可能来自网络内部也可能来自网络外部。

3. 测试要求

为了在不同的系统之间进行比较，制订一些标准，以利于评估的一致性。特规定如下要求。

（1）集成。为保证平稳地集成每个系统，研制者应仔细检查那些相关文档信息，并在评估前提供下列信息。

● 所有需要安装软件的主机。

● 安装程序简要的描述。

● 所需的第三方软件。

● 所需安装的硬件。

首先，应该提供给 AFRL 一个功能性的版本，以便能够进行安装演示。在进行集成期间，研制者可以自由参观 AFRL 以确认系统安装正确并能按期望运行。

（2）送交受测系统。受测系统应该按时间表上确定的时间送交 AFRL，之后不能做任何修改。

（3）报告结果。林肯实验室进行的离线测试是将会话清楚地列在一个文件中。与此不同，这里要求受测系统能在报告中辨认每次会话的连接数据以及时间戳。这样可测量系统的反应时间。与林肯实验室的测试类似，应对每个会话进行记分。默认情况下，如果 IDS 系统的一次会话没有分值，则按系统受测过程中报告的最低分计算，如果一次会话有多个分值，则按其最高分计算。输出的报告应具有下面的格式：{报告的时间戳}{会话开始时间}{持续时间}{服务器}{客户端口}{服务器 IP}{客户端 IP}{分值}。

习　题

一、选择题

1. CIDF 定义了 IDS 系统和应急系统之间的交换数据方式，CIDF 互操作主要有下面哪 3 类？（　　）

    A．配置互操作　　　　　　　　　　　B．语义互操作

    C．语法互操作　　　　　　　　　　　D．通信互操作

2. 在 CIDF 中，IDS 各组件间通过（　　　）来进行入侵和警告等信息内容的通信。

    A．IDF　　　　　　　　　　　　　　B．SID

    C．CISL　　　　　　　　　　　　　　D．Matchmaker

3. 在 IDWG 的标准中，目前已制订出来有关入侵检测消息的数据模型有哪两类？（　　　）

    A．语义数据模型　　　　　　　　　　B．面向对象数据模型

    C．基于数据挖掘的数据模型　　　　　D．基于 XML 的数据模型

4. IDMEF 使用（　　　）解决数据的安全传输问题。

    A．XML　　　　　　　　　　　　　　B．TLS

    C．IAP　　　　　　　　　　　　　　D．RFC2510

5. 影响入侵检测性能的参数主要有（　　　）。

    A．检测率　　　　　　　　　　　　　B．信息可信度

    C．虚警率　　　　　　　　　　　　　D．分析效率

6. 误用检测失效的原因有哪 3 方面？（　　　）

    A．系统活动记录未能为 IDS 提供足够的信息用来检测入侵

    B．入侵签名数据库中没有某种入侵攻击签名

    C．模式匹配算法不能从系统活动记录中识别出入侵签名

    D．入侵攻击签名不详细。

7. 性能测试与功能有所不同，因而测试的网络环境以（　　　）为主，这样可以尽最大可能地产生大的网络流量，避免路由器等设备对网络流量的约束。

    A．虚拟网　　　　　　　　　　　　　B．局域网

    C．城域网　　　　　　　　　　　　　D．广域网

8. （　　　）是测试软件的一个必不可少的功能，通过运行攻击来验证 IDS 是否能够检测到这些攻击。

    A．模拟攻击　　　　　　　　　　　　B．实时攻击

    C．评估　　　　　　　　　　　　　　D．攻击签名

二、思考题

1. CIDF 标准化工作的主要思想是什么？

2. CIDF 是怎样解决组件之间的通信问题的？

3. IDWG 的主要工作是什么？

4. 检测系统的报警信息可信度与虚警率、检测率之间的关系是什么？

5. 评价入侵检测系统性能的 3 个因素是什么？分别表示什么含义？

6. IDS 测试方法的局限性是什么？

7. 性能测试的主要指标是什么？

8. 离线评估方案和实时评估方案各有什么优缺点？

Snort 的安装与使用

附1　Snort 简介

1. 什么是 Snort

Snort 是一个用 C 语言编写的开放源代码软件，符合 GPL（GNU General Public License）的要求。其作者是开源软件界的著名人士 Martin Roesch。

Snort 的官方网站称 Snort 是一个跨平台、轻量级的网络入侵检测软件。Snort 是一个基于 Libpcap 的轻量级网络入侵检测系统。它运行在一个"传感器（Sensor）"主机上，监听网络数据。Snort 对主机的要求不高，这台机器可以是一台简陋的运行 FreeBSD 系统的 PC，但是至少有一个网卡。不过建议使用最好的机器作为进行入侵检测的主机。Snort 能够把网络数据和规则集进行模式匹配，从而检测可能的入侵企图。或者使用 SPADE 插件，使用统计学方法对网络数据进行异常检测。

Snort 使用一种易于扩展的模块化体系结构，感兴趣的开发人员可以加入自己编写的模块来扩展 Snort 的功能。这些模块包括：HTTP 解码插件、TCP 数据流重组插件、端口扫描检测插件、FLEXRESP 插件以及各种日志输入插件等。

Snort 还是一个自由、简洁、快速、易于扩展的入侵检测系统，已经被移植到了各种 UNIX 平台和 Windows 平台上。同时，它也是安全领域中最活跃的开放源码工程之一。Snort 还是昂贵的商业入侵检测系统最好的替代产品之一。

Snort 的典型运行环境如图1所示。

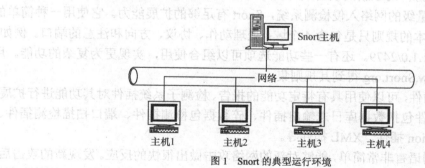

图1　Snort 的典型运行环境

2. Snort 的特点

Snort 是一个强大的轻量级的网络入侵检测系统，它具有实时数据流量分析和捕获 IP 网络数据包的能力，能够进行协议分析，对内容进行搜索/匹配；它能够检测各种不同的攻击方式，对攻击进行实时报警；此外，Snort 具有很好的扩展性和可移植性。Snort 遵循通用公共许可证 GPL，所以只要遵守 GPL 的任何组织和个人都可以自由使用。

（1）Snort 是一个轻量级的入侵检测系统

Snort 虽然功能强大，但是其代码比较简洁短小。

（2）Snort 的跨平台性能很好

与大多数商用入侵检测软件只能支持其中的 1～2 种操作系统，甚至需要特定的操作系统不同的是，Snort 具有跨平台的特点，它支持的操作系统比较广泛。

（3）Snort 的功能非常强大

● Snort 具有实时流量分析的能力。能够快速地检测网络攻击，及时地发出报警。Snort 的报警机制很丰富，例如，syslog、用户指定的文件、一个 UNIX 套接字，还有使用 SAMBA 协议向 Windows 客户程序发出 WinPopup 消息。利用 XML 插件，Snort 可以使用 SNML（Simple Network Markup Language，简单网络标记语言）把日志存放到一个文件或者适时报警。

● Snort 能够进行协议分析。其能够分析的协议包括 TCP，UDP 和 ICMP 等。它能够检测多种方式的攻击和探测，例如，缓冲区溢出、秘密端口扫描、CGI 攻击、SMB 探测、探测操作系统指纹特征的企图等。

● Snort 的日志格式既可以是 Tcpdump 式的二进制格式，也可以解码成 ASCII 字符形式，更加便于用户尤其是新手检查。使用数据库输出插件，Snort 可以把日志记入数据库，其支持的数据库包括 Postgresql、MySQL、Oracle 以及任何 unixODBC 数据库。

● 使用 TCP 流插件（Tcpstream），Snort 可以对 TCP 包进行重组。Snort 能够对 IP 包的内容进行匹配，但是对于 TCP 攻击，如果攻击者使用一个程序，每次发送只有一个字节的 TCP 包，完全可以避开 Snort 的模式匹配。而被攻击的主机的 TCP 协议栈会重组这些数据，将其送给在目标端口上监听的进程，从而使攻击包逃过 Snort 的监视。使用 TCP 流插件，可以对 TCP 包进行缓冲，然后进行匹配，使 Snort 具备了对付上面这种攻击的能力。

● 使用 SPADE（Statistical Packet Anomaly Detection Engine）插件，Snort 能够报告非正常的可疑包，从而对端口扫描进行有效的检测。

● Snort 还有很强的系统防护能力。使用 FlexResp 功能，Snort 能够主动断开恶意连接。

（4）扩展性能较好，对于新的攻击威胁反应迅速

● 作为一个轻量级的网络入侵检测系统，Snort 有足够的扩展能力。它使用一种简单的规则描述语言。最基本的规则只是包含 4 个域：处理动作、协议、方向和注意的端口。例如，log tcp any any->10.1.1.0/2479。还有一些功能选项可以组合使用，实现更为复杂的功能。用户可以从 http：//www.Snort.org 得到其规则集。

● Snort 支持插件，可以使用具有特定功能的报告、检测子系统插件对其功能进行扩展。Snort 当前支持的插件包括数据库日志输出插件、碎数据包检测插件、端口扫描检测插件、HTTP URI normalization 插件、XML 插件等。

● Snort 的规则语言非常简单，能够对新的网络攻击做出很快的反应。发现新的攻击后，可以很快根据 Bugtraq 邮件列表，找出特征码，写出检测规则。因为其规则语言简单，所以很容易上手，节省人员的培训费用。

（5）遵循公共通用许可证 GPL

Snort 遵循 GPL，所以任何企业、个人、组织都可以免费使用它作为自己的 NIDS。

3. Snort 的组成

Snort 由 3 个重要的子系统构成：数据包解码器、检测引擎、日志与报警系统。

（1）数据包解码器

　　数据包解码器主要是对各种协议栈上的数据包进行解析、预处理，以便提交给检测引擎进行规则匹配。解码器运行在各种协议栈之上，从数据链路层到传输层，最后到应用层。因为当前网络中的数据流速度很快，如何保障较高的速度是解码器子系统中的一个重点。Snort 解码器支持的协议包括 Ethernet、SLIP 和 raw（PPP）data-link 等。

　　Snort 的体系结构如图 2 所示。

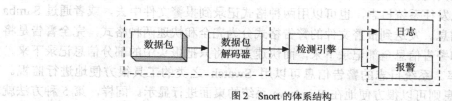

图 2　Snort 的体系结构

（2）检测引擎

　　Snort 用一个二维链表存储它的检测规则，其中一维称为规则头，另一维称为规则选项。规则头中放置的是一些公共的属性特征，而规则选项中放置的是一些入侵特征。为了提高检测的速度，通常把最常用的源/目的 IP 地址和端口信息放在规则头链表中，而把一些独特的检测标志放在规则选项链表中。规则匹配查找采用递归的方法进行，检测机制只针对当前已经建立的链表选项进行检测。当数据包满足一个规则时，就会触发相应的操作。Snort 的检测机制非常灵活，用户可以根据自己的需要很方便地在规则链表中添加所需的规则模块。

　　Snort 的创始人 Martin Roesch 提出的检测规则的示意图，如图 3 所示。

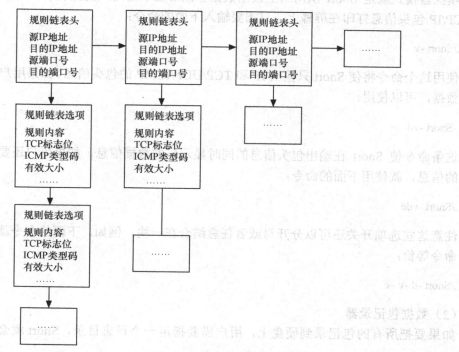

图 3　检测规则的结构示意图

（3）日志和报警子系统

日志和报警子系统可以在运行 Snort 的时候以命令行交互的方式进行选择，可供选择的日志形式有 3 种，报警形式有 5 种。

Snort 可以把数据包以解码后的文本形式或者 Tcpdump 的二进制形式进行记录。解码后的格式便于系统对数据进行分析，而 Tcpdump 格式可以保证很快地完成磁盘记录功能，而第三种日志机制就是关闭日志服务，什么都不做。

报警信息可以发往系统日志，也可以用两种格式记录到报警文件中去，或者通过 Samba 发送 WinPopup 信息。发送到报警文件的警告格式分为完全和快速两种格式，完全警告是将报文的报头信息和警告信息全部记录下来，而快速方式将只把报头中的部分信息记录下来，以便提高记录效率。系统日志的警告信息可以用 Swatch 之类的工具很方便地进行监视。WinPopup 警告信息则可以很方便地在 Windows 系统的桌面进行显示。同样，第 5 种方法就是关闭报警，什么也不做。

4．Snort 的工作模式

Snort 有以下 3 种工作模式。

● 嗅探器。嗅探器模式仅仅是从网络上读取数据包并作为连续不断的流显示在终端上。

● 数据包记录器。数据包记录器模式把数据包记录到硬盘上。

● 网络入侵检测系统。网络入侵检测模式是最复杂的，而且是可配置的。用户可以让 Snort 分析网络数据流以匹配用户定义的一些规则，并根据检测结果采取一定的动作。

（1）嗅探器

嗅探器模式就是 Snort 从网络上读出数据包然后显示在用户的控制台上。如果用户只想把 TCP/IP 包头信息打印在屏幕上，只需要输入下面的命令：

./Snort -v

使用这个命令将使 Snort 只输出 IP 和 TCP/UDP/ICMP 的包头信息。如果用户要看到应用层的数据，可以使用：

./Snort -vd

这条命令使 Snort 在输出包头信息的同时显示包的数据信息。如果用户还要显示数据链路层的信息，就使用下面的命令：

./Snort -vde

注意这些选项开关还可以分开写或者任意结合在一块。例如，下面的命令就和上面最后一条命令等价：

./Snort -d -v -e

（2）数据包记录器

如果要把所有的包记录到硬盘上，用户需要指定一个日志目录，Snort 就会自动记录数据包：

./Snort -dev -l ./log

当然，./log 目录必须存在，否则 Snort 就会报告错误信息并退出。当 Snort 在这种模式下运行，它会记录所有看到的包将其放到一个目录中，这个目录以数据包目的主机的 IP 地址命名，例如 192.168.10.1。

如果用户只指定了-l 命令开关，而没有设置目录名，Snort 有时会使用远程主机的 IP 地址作为目录，有时会使用本地主机 IP 地址作为目录名。为了只对本地网络进行日志，用户需要给出本地网络：

./Snort -dev -l ./log -h 192.168.1.0/24

这个命令告诉 Snort 把进入 C 类网络 192.168.1 的所有包的数据链路、TCP/IP 以及应用层的数据记录到目录./log 中。

如果用户的网络速度很快，或者想使日志更加紧凑以便以后的分析，那么应该使用二进制的日志文件格式。所谓的二进制日志文件格式就是 Tcpdump 程序使用的格式。使用下面的命令可以把所有的包记录到一个单一的二进制文件中：

./Snort -l ./log -b

注意：此处的命令行和上面的有很大的不同。用户不需指定本地网络，因为所有的东西都被记录到一个单一的文件。用户也不必使用冗余模式或者使用-d、-e 功能选项，因为数据包中的所有内容都会被记录到日志文件中。

用户可以使用任何支持 Tcpdump 二进制格式的嗅探器程序从这个文件中读出数据包，例如，Tcpdump 或者 Ethereal。使用-r 功能开关，也能使 Snort 读出包的数据。Snort 在所有运行模式下都能够处理 tcpdump 格式的文件。例如，如果用户想在嗅探器模式下把一个 Tcpdump 格式的二进制文件中的包打印到屏幕上，可以输入下面的命令：

./Snort -dv -r packet.log

在日志包和入侵检测模式下，通过 BPF（BSD Packet Filter）接口，用户可以使用许多方式维护日志文件中的数据。例如，用户只想从日志文件中提取 ICMP 包，只需要输入下面的命令行：

./Snort -dvr packet.log icmp

（3）网络入侵检测系统

Snort 最重要的用途还是作为网络入侵检测系统（NIDS），使用下面命令行可以启动这种模式：

./Snort -dev -l ./log -h 192.168.1.0/24 -c Snort.conf

Snort.conf 是规则集文件。Snort 会对每个包和规则集进行匹配，发现这样的包就采取相应的行动。如果用户不指定输出目录，Snort 就输出到/var/log/Snort 目录。

注意：如果用户想长期使用 Snort 作为自己的入侵检测系统，最好不要使用-v 选项。因为使用这个选项，使 Snort 向屏幕上输出一些信息，会大大降低 Snort 的处理速度，从而在向显示器输出的过程中丢弃一些包。

此外，在绝大多数情况下，也没有必要记录数据链路层的包头，所以-e 选项也可以不用：

```
./Snort -d -h 192.168.1.0/24 -l ./log -c Snort.conf
```

这是使用 Snort 作为网络入侵检测系统最基本的形式，日志符合规则的包，以 ASCII 形式保存在有层次的目录结构中。

5．Snort 的配置

在使用 Snort 之前，还需要根据网络环境和安全策略对 Snort 进行具体的配置。主要包括以下几个方面。

- 设置网络相关变量。
- 配置预处理器（Preprocessors）。
- 配置输出插件（Output Plugins）。
- 定制 Snort 规则集（Rule Set）。

Snort 中的上述配置工作并不需要自己编写配置文件，只需对 Snort.conf 文件进行修改即可。这个文件包含了大量的默认设置，而且都有很好的注释，用户可以方便地对 Snort 进行配置。

（1）设置网络相关变量

IDS 需要区分内网和外网，例如，用户所在子网 IP 是 202.197.40.91，则配置为

```
var HOME_NET 202.197.40.0/24 ＃内网
var EXTERNAL_NET any ＃外网，关键字 any 这里表示 HOME_NET 之外的所有地址
var DNS_SERVERS 202.197.32.12 ＃DNS 服务器
```

（2）配置预处理器

预处理器是 Snort 在捕获分组时对分组作的一些预处理动作，例如探测过小的 IP 碎片、重组 IP 分组、重组 TCP 报文等，Snort 预处理程序为 spp_*.c 形式，例如 spp_defrag.c 实现重组 IP 包。用户可以预处理配置参数，例如：

```
preprocessor minfrag：128
```

注意：设置碎片小于 128 字节为非法。

（3）配置输出插件（output plugins）

Snort 的插件结构允许开发者扩展 Snort 的功能。输出插件负责信息的输出，用户可以选择 ASCII 文本文件存储日志，也可以选择存储到 MySQL 数据库中，也可以使用 IAP 将信息传给管理器 Manager（参见 Snortnet）。

下面是一个 MySQL 的例子：

```
output database：log，mysql，user=westfox dbname=detector host=localhost  password=t123 port=1234
```

上面的例子表示使用 MYSQL RDBMS，数据库名为 detector，用户名为 westfox，密码为 t123，本地存储，MySQL Server 端口号为 1234。

Snort 源代码中 contrib 目录下有一个 create_mysql 文件，可以用来方便地构造 Snort 所需的 MySQL 库表结构，假设用户已新建了一个名为 detector，并将足够的权限交给 westfox，则

```
$mysql detector -u westfox -p <./contrib/create_mysql
```

上面的命令就可以建好 detector 库的表结构。

（4）定制 Snort 规则集（Rule Set）

Snort 的规则集是一般的文本文件，命名为*-lib，如 backdoor-lib 处理 backdoor 类型的入侵。所有这些*-lib 文件都用"include"包含进 Snort.conf 中，如果用户对某种攻击类型的探测不感兴趣，可以简单将相应的一行注释掉。例如：

```
-------选自 Snort.conf---------
include webcgi-lib
include webcf-lib          #用户对 ColdFusion 并不感兴趣
include webiis-lib
include webfp-lib
include webmisc-lib
include overflow-lib
include finger-lib
include ftp-lib
include smtp-lib
include my-lib              #用户自己编写的规则文件
-------------------------------------
```

用户也可以自己编写规则文件，如上文中的 my-lib。

6. Snort 的使用

（1）Libpcap 的命令行

Snort 和大多数基于 Libpcap 的应用程序（如 Tcpdump）一样，可以使用标准 BPF 类型的过滤器。下面将对过滤器的设置做一个简单介绍，详细的说明可以参见 tcpdump 或 Snort 的帮助页（使用命令"man tcpdump"）。

过滤器的设置将决定 Snort 是否只看到所感兴趣的数据包，如果没有设置过滤器，Snort 将看到所有网络中的数据包。简单地说，过滤器是用来限制主机、网络和协议的范围，可以使用逻辑运算符把若干个过滤器联合起来。整个过滤器的表达式由一个或多个元语组成，而一个元语则是由一个或多个关键字加上一个相关的值（字符串或数字）所组成。

关键字分为以下几类。

● 属性类关键字：说明后面所跟值的意义，这样的关键字有 host、net、port。例如，host www.hack.com，net 128.3，port21 等。如果一个元语没有属性关键字，默认为 host。

● 方向类关键字：说明报文的流向，这样的关键字有 src、dst、src or dst、src and dst。例如，src www.hack.com、dst net128.3、src or dst port21 等，默认为 src or dst。对于空连接层（如：使用 slip 等的点到点协议），可以使用 inbound 和 outbound 来说明方向。

● 协议类关键字：用来限制协议，这样的关键字有 ether、fddi、ip、arp、rarp、decnet、lat、sca、moprc、mopdl、tcp、udp。例如，ether src www.hack.com，arp net128.3、tcp port 21 等。如果一个元语没有协议类关键字，那么所有可能的协议都将符合。

另外还存在其他一些特殊的关键字，包括 gateway、broadcast、less、greater 以及算术运算符。这些运算符的使用就不一一介绍了。

过滤器的描述功能非常强大，可以用来描述任何想要得到的报文。下面将介绍两个过滤器描述报文的例子：

net 192.168.1 and not host 192.168.1.1

说明除了主机 192.168.1.1 外其他所有 192.168.1 网段的网络数据报文。

tcp[13]&3 !=0 and not src and dst net localnet

说明涉及外网的 tcp 会话中起始和终止报文（SYN 和 FIN 报文）。

通过使用过滤器表达式，可以限制 Snort 监控的网络流量，使 Snort 更高效地工作。如果网络中的数据流量很大，Snort 的丢包率可能会很高，这时可以通过组合使用过滤器，在一台机器上检测一部分网络流量，而在另一台机器上检测其他部分的网络流量。

（2）Snort 的命令行

Snort 的命令行参数很多，可以使用 Snort -?命令列出这些参数及其简单的解释，详细的解释可以使用 man Snort 命令查看帮助页，或者直接阅读 Readme 文件和 Usage 文件。

下面对 Snort 的命令行参数进行简单的描述。

● -A 设置报警模式：fast、full、none（只是使用报警文件）、unsock（使用 UNIX 套接字记入日志）。

● -a 显示 ARP（Address Resolution Protocol，地址解析协议）包。

● -b 日志文件使用 tcpdump 格式。

● -c 使用规则文件 rules。

● -C 只使用字符方式打印负载信息（不使用 hex 方式）。

● -d 显示包的应用层数据。

● -D 在后台运行 Snort（精灵状态）。

● -e 显示第二层（数据链路层）包头信息。

● -F 指定 BPF 过滤器。

● -g 初始化完成后，使 Snort 的 gid 为 gname。

● -h 设置本地网络为 hn。

● -i 在接口 if 上监听。

● -I 报警时附加上接口信息。

● -l 设置数据包文件存放目录。

● -M 把 SMB 消息发送到文件 wrkst 列出的工作站中（Requires smbclient to be in PATH）。

● -n 收到 cnt 个包后退出。

● -N 关闭日志功能（警报功能仍然有效）。

● -o 把规则应用顺序修改为：Pass|Alert|Log。

● -O 在 ASCII 数据包捕获模式下混淆 IP 地址。

● -p 关闭混杂嗅探模式。

● -P 设置复制的包的长度为 snaplen（默认：1514）。

● -q 安静模式，不显示标志和状态报告。

- -r 读取并处理 tcpdump 文件 tf（回放功能）。
- -s 把所有警告信息记入 syslog。
- -S 设置规则文件中的 n 的值等于 v 的值。
- -t 初始化完成后将 Snort 的根目录改变为 chroot。
- -u 初始化完成后，把 Snort 的 uid 设置为 uname。
- -v 设置冗余模式。
- -V 显示版本号。
- -X 显示包括数据链路层的原始数据包。
- -? 显示帮助信息。

（3）高性能的配置方式

如果在一个高数据流量的网络环境下运行 Snort，就需要考虑如何配置 Snort 才能使它高效率地运行，这就要求使用更快的输出功能，产生更少的警告，可以使用诸如-b、-Afast、-s 等选项。

例如：

./Snort –b –A fast –c Snort-lib

使用这种配置选项，日志信息将被以二进制的 Tcpdump 格式记录到 Snort.log 文件中。然后，使用下面带有-r 选项的命令读取这个文件，做进一步的分析：

./Snort –d –c Snort-lib-l ./log-h192.168.1.0/24 –r Snort.log

附 2　使用 Snort 构建入侵检测系统实例

Snort 主要是以匹配入侵行为的特征值来检测异常行为，进而完成入侵的预警或记录。从检测模式而言，Snort 属于模式检测，该方法对已知攻击的特征模式进行匹配。从本质上来说，Snort 是基于规则的入侵检测系统，即针对每一种入侵行为，都提炼出它的特征值，并按照规范写成检测规则，从而形成一个规则数据库。然后将捕获的数据包按照规则库逐一匹配，若匹配成功，则认为该入侵行为成立。

Snort 实际上是通过 Libpcap 库函数从网络中抓取一个数据包，调用数据包解析函数，根据数据包的类型和所处的网络层次，对数据包进行协议解析，包括数据链路层、网络层和传输层。数据包解析过程完成后，就会启动检测引擎，将解析好的数据包的数据和根据规则数据库所生成的二维规则链表进行逐一的比较。如果找到匹配的规则条目，则认为该入侵行为成立，根据规定的响应方式进行响应，然后结束一个数据包的处理过程，再抓取下一个数据包。如果没有匹配的规则条目，则是正常行为，直接返回，抓取下一个数据包进行处理。

Snort 加入了对数据库的支持，通过相应的插件，可以将 Snort 日志信息记录到数据库中。Snort 支持的数据库包括 PostSQL、MySQL、UnixODBC 和 Oracle。Snort 还可以通过 UnixODBC 向具有 ODBC 驱动的数据库记录日志信息，例如 DB2、Informix 等。

下面以使用 PostgraSQL 数据库作为 Snort 记录日志信息的数据库（当然也可以使用 MySQL）为例，介绍一下基于 Snort 的入侵检测系统的构建使用过程。同时会对 Apache、

PHP、ACID 和 Razorback 等相关的程序作一些简单介绍，由上述程序共同搭建入侵检测系统。

1. PostgreSQL 数据库的编译安装

可以从 PostgreSQL 的官方站点获得其源代码或者 RPM 包。

（1）使用 RPM 包安装的过程如下：

```
#rpm -ihv postgresql -xxx.rpm
#rpm -ihv postgresql -devel -xxx.rpm
```

（2）或者使用源代码安装，过程如下：

```
#tar zxvf postgresql -7.1.x.tar.gz
#cd postgresql -7.1.x
#./configure --prefix =/opt/ids --diable --debug
#make
#make install
```

接着建立数据库。建立一个 postgresql 数据库非常简单：

初始化数据库的过程如下：

```
#mkdir -p /opt/ids/var/pgsql
#chown ids pgsql
[ids@localhost ids]initdb --pgdata =/opt/ids/var/pgsql --pglib=/opt/ids/lib
[ids@localhost ids]pg_ctl -w -D /opt/ids/var/pgsql -o "-o -F" start
```

运行 PostgreSQL 后端服务器，数据库系统初始化完成，这个系统的管理者是 IDS 用户。应该注意，由于 fsync 造成 PostgreSQL 数据库的速度大大慢于 MySQL 数据库，所以需要使用-o "-o -F" 功能选项关闭 PostgreSQL 数据库的 fsync 功能。这样会使 PostgreSQL 数据库的速度大大提高，至少不会比 MySQL 数据库慢。

建立 Snort 记录日志的数据库：

```
[ids@localhost ids]createuser snort //建立一个 Snort 用户
```

屏幕提示：

Shall the new user be allowed to create database?(y/n)

输入 y

屏幕提示：

Shall the new user be allowed to create more new user?(y/n)

输入 n

CREATE USER

```
[ids@localhost ids]create db -W -U snort snort Password:123456,CREATE DATABASE
```

建立 Snort 数据库，这个数据库归 Snort 使用。

[ids@localhost ids]cd /path-of-snort-source/

进入 Snort 源代码所在的目录。

[ids@localhost snort -1.8.1 -RELEASE]psql snort snort < ./contrib/create_postgresql

[ids@localhost snort -1.8.1 -RELEASE]zcat ./contrib/snortdb-extra.gz|psql snort snort

为数据库建立 3 个表，便于以后的分析。至此，已经成功建立一个名为 Snort 的 PostgreSQL 数据库，这个数据库由 Snort 用户使用。

2．编译 Snort 数据库日志插件

如果 PostgreSQL、MySQL 和 UnixODBC 数据库是采用的标准安装，那 configure 可以自动检测到数据库包含文件和库文件的位置。注意：如果是使用 RPM 软件包安装的，还需要安装相应的开发包。

但是，如果数据库没有安装在标准的位置，就需要设置 Configure 脚本的选项，使其知道数据库的位置。因此，根据数据库安装的位置，需要使用如下命令来编译安装 Snort：

```
#CFCLASS=-02 ./configure -- with -postgresql =/opt/ids --prefix =/opt/ids
#make
#make install
```

至此，编译安装完成。为了使 Snort 能够使用这个数据记录日志信息，还需要正确配置 Snort 的数据库日志插件。

3．配置 Snort 数据库输出插件

Snort 通过数据库输出插件将 Snort 产生的输出数据送到 SQL 数据库系统。如果要获得安装和配置这个模块更为详尽的信息，可以参考 http://www.incident.org。

这个插件使用数据库名和参数表作为其参数。

Snort 数据库插件的配置行格式如下：

output database:[loglalert],[type of database],[parameterlist]

如果没有主机名，Snort 就使用一个本地 UNIX 里的一些必要配置。

首先，设置本地网络的一些参数：

```
var HOME_NET 本地网络 IP 地址/CIDR
var EXTERNAL_NET any
var SMTP $HOME_NET
var SQL_SERVERS $HOME_NET
var DNS_SERVERS $HOME_NET
```

配置输出插件：

rule type redalert {type alertoutput alert_syslog:LOG_AUTH LOG_ALERToutput database:log,postgresql, user=snort dbname=snort host=localhost}

安装程序不能自动安装 Snort 的配置文件 snort.conf 和各种规则集文件，所以需要手工把它们复制到指定的目录中，一般是${prefix}/etc/。当然，也可以指定其他的目录，由于 Snort 的规则集文件很多，为了保持目录结构的清晰，把它们放在/opt/ids/etc/snort.d 目录中：

```
#mkdir -p /opt/ids/etc/snort.d
#cp snort.conf /opt/ids/etc/snort/d
#cp *.rules/opt/ids/etc/snort.d
#cp classification.conf /opt/ids/etc/snort.d
#chmod 700 /opt/ids/ids/etc/snort.d/
```

4. 建立传感器

Snort 需要许多程序包对其进行支持。Snort 没有自己的捕包工具，它需要外部捕包程序库 Libpcap 来完成捕包。Libpcap 负责直接从网卡捕包。OpenSSL 与 Stunnel 联合使用对传感器到服务器间的通信进行加密。Snort 控制台必须运行 OpenSSL 守护进程才能进行远程管理。应用程序需要 MySQL 客户端与 MySQL 服务器建立远程连接。Barnyard 需要向 MySQL 发送警报数据，因此必须安装 MySQL 客户端和程序。NTP 用于多台设备之间保持时间同步。同步的时间是事件相关所必需的。

Snort 安装的原则是使误报与漏报的比率最大化。Snort 必须要进行配置。Snort.conf 是配置 Snort 设置的首要进入点。Snort.conf 用来指定进行监控的 IP 地址范围、启用的预处理、利用的输出插件和使用的规则。

安装 Barnyard 来处理 Snort 日志。Barnyard 有 3 种基本的操作方式：单步方式、连续方式和使用检验指示的连续方式。Barnyard 通过类似的 Barnyard.conf 脚本来安装配置。Barnyard.server 用于辅助用户维护 Barnyard 守护进程。

5. 建立分析员控制台

控制台的主要用途就是提供一个独立的环境，从而履行入侵检测的职责，维护 Snort 组件。最好是把分析员控制台和所有其他的应用隔离开，仅仅把它连接到需要监控的网段上。控制台的两个必要组件是 Web 网页浏览器和 SSH 客户端。控制台既可以使用 Linux 操作系统，也可以使用微软 Windows 操作系统。分析员控制台上需要有一个 Windows 分区的主要原因是为了利用 IDS 策略管理器。

通过.htacessIP 地址限制 Snort 环境中添加一层安全机制。这个存储在服务器上的.htacess 文件通过控制台的 SSH 连接可以被编辑。ACID 提供了详细的文档，这些文档提供了新的或者未被认识的警报的信息。每一次当一个警报被显示出来的时候，与攻击特征相关的链接也显示出来。ACID 搜索界面是相当复杂的，但功能强大。ACID 假定用户是一个熟练的技术人员，他有能力建立和执行复杂的逻辑查询。通过选择搜索的标准和要搜索的数据来建立查询。ACID 使用一个扩展的逻辑操作符集合来建立查询。逻辑操作符定义了为了建立查询所选择的标准元素之间的关系。如果被选择的这个操作符是不正确的，执行查询将会失败。

ACID 支持一些内部文档属性和使用警报组的事件管理组件。一个警报组是 ACID 的一个功能特性，它使警报聚集到定义的一个组中，警报组能够用于聚集多个警报，构成安全事件。

6. 制订入侵防范策略

这里对一些必要的配置选项进行简单的讨论，由于版本的升级，造成配置选项的定义随版本的不同而有所变化。下面的讨论将主要针对在 snort.conf 文件中需要设置的选项。

（1）设置网络变量

首先，需要设置本地网络的一些参数：

```
var HOME_NET 本地网络 IP 地址/CIDR
var EXTERNAL_NET any
var SMTP $HOME_NET
var SQL_SERVERS $HOME_NET
var DNS_SERVERS $HOME_NET
```

（2）配置输出插件

```
ruletype redalert
{
type alert
output alert_syslog: LOG_AUTH LOG_ALERT
output database: log, postgresql, user=snort dbname=snort host=localhost
}
```

其他的选项可以参考 snort 规则的介绍根据自己的系统进行设置。

因为，安装程序不能自动安装 snort 的配置文件 snort.conf 和各种规则集文件（1.7 版以 *-lib 命名，1.8 版以 *.rules 命名），所以需要手工把它们复制到指定的目录中，一般是 ${prefix}/etc/。当然，用户也可以指定其他的目录，由于 Snort 的规则集文件很多，为了保持目录结构的清晰，把它们放在/opt/ids/etc/snort.d 目录中：

```
# mkdir -p /opt/ids/etc/snort.d
# cp snort.conf /opt/ids/etc/snort.d
# cp *.rules(>=1.8 版)或者 cp *-lib(1.7.x 版) /opt/ids/etc/snort.d
# cp classification.conf /opt/ids/etc/snort.d
# chmod 700 /opt/ids/ids/etc/snort.d/
```

7．Snort 规则的测试

（1）规则的压力测试

我们采用 Snort/stick 这种 IDS 的压力测试工具，它的测试原理是先读取 Snort 的规则集，然后按规则的选项描述生成相应的数据包发送给 IDS，这样短时间内 Snort 会认为出现了大量的"攻击"，随着数量的增多可能会使 IDS 处理能力溢出，造成崩溃或失去工作能力。

测试过程如下。

首先采用详细报警，不记录数据包的模式启动 Snort 进行测试。

```
[root@redhat72 snort]# snort -D -N -A full
```

用 Snort 进行攻击，测试中 Snort 的 CPU 平均占用率为 10%～20%，测试几秒钟后，日志文件就已产生了大量的报警信息。

```
[root@redhat72 snort]# ls -l
total 12302
-rw------- 1 root root 11600253 Dec10 22:56 alert
```

当我们加上记录数据包和解码模式启动 Snort 后，这时会看到 CPU 的平均占用率提高了两倍左右。

（2）状态相关的 TCP 攻击测试

Snort 增加的 Stream4 预处理器，因为它可以跟踪 TCP 连接的建立情况，所以可以忽略掉那些"无状态"的数据包。

用一般方式启动 Snort。

```
[root@redhat72 bin]# ./Snort -Dd -N -A full
```

用 Snort 攻击几秒钟后，看看产生的日志文件大小，可以看到产生了相当多的报警信息。

```
[root@redhat72 snort]# ls -l
total 573
-rw------- 1 root root 579536 Dec10 23:06 alert
```

现在我们加入参数-z est（它能使 Snort 对违反状态的包不进行检测），启动 Snort。

```
[root@redhat72 bin]# ./snort -D -N -A full -z est
```

用 Snort 攻击相同的时间，查看日志文件的大小：

```
[root@redhat72 snort]# ls -l
total 241
-rw------- 1 root root 206596 Dec10 23:15 alert
```

可以看到报警信息少了许多，通过查看 alert 文件里的具体报警信息，发现需要建立真正 TCP 连接的假攻击都已经被忽略了。

（3）测试问题的总结

● 如果强行删除 alert 报警文件，则 Snort 不会重建它，因此就失去了记录报警信息的功能。

● 测试中，发现 Snort 在处理很多源 IP 与目标 IP 相同的畸形包（无三次握手过程）时，CPU 占用率会达到很高。

● Snort 规则的通配符匹配选项很多时候并不能在正常状态下工作。

● 由于 Snort 完全由规则驱动，它所做的只是对到网络接口的数据包做生硬的规则匹配，虽然能通过预处理器比如 Stream4 引入一些底层数据包相关的状态检测，但还远远不够，因此基本上不能检测一些高层协议状态相关的攻击。Snort 虽然对某些应用广泛的应用层协议如 HTTP、Telnet 等提供了解码插件，能对特定端口上的数据进行解码分析，但并没有达到对高层协议的状态进行跟踪的程度。

● Snort 的规则数据库还极不完善，每条规则的相关说明文档非常不完整，某些规则的创建并没有经过严格的测试，会带来不少可以避免的漏报和误报。

Snort 虽然能很有效地对单包的特征进行匹配，但对于只与状态相关的攻击，它基本上没有能力描述特性，所以也很难用来探测一些与状态相关的攻击。这就与 Snort 在规则集上采用的检测方式——误用检测有关，它不具有异常检测功能，因此仅对检测已知的攻击有效，对于未知的攻击其漏报率和误报率会很高。并且规则的自适应、自学习能力不高。

综合上面的分析介绍，可以发现 Snort 具备了 NIDS 的基本功能，由于它本身定位为一个轻量级的入侵检测工具，所以与商业的入侵检测工具比起来规则语言略显简陋，但是通过程序员对它的维护和升级会变得更加完善。

参 考 文 献

[1] 蒋建春，冯登国. 网络入侵检测原理与技术. 北京：国防工业出版社，2001.

[2] BACE R G. 入侵检测. 陈明奇，等译. 北京：人民邮电出版社，2001.

[3] 罗守山，褚永刚，王自亮. 入侵检测. 北京：北京邮电大学出版社，2004.

[4] 唐正军. 入侵检测技术导论. 北京：机械工业出版社，2004.

[5] 薛静锋，宁宇鹏，阎慧. 入侵检测技术. 北京：机械工业出版社，2004.

[6] 韩东海，王超，李群. 入侵检测系统实例剖析. 北京：清华大学出版社，2002.

[7] 戴英侠，连一峰，王航. 系统安全与入侵检测. 北京：清华大学出版社，2002.

[8] 唐正军，李建华. 入侵检测技术. 北京：清华大学出版社，2004.

[9] 周学广，刘艺. 信息安全学. 北京：机械工业出版社，2003.

[10] PROCTOR P E. 入侵检测实用手册. 邓琦皓，许鸿飞，张斌，译. 北京：中国电力出版社，2002.

[11] KOZIOL J. Snort 入侵检测实用解决方案. 吴溥峰，等译. 北京：机械工业出版社，2005.

[12] CASWELL B. Snort 2.0 入侵检测. 宋劲松，等译. 北京：国防工业出版社，2004.

[13] 于硕文. 浅析入侵检测技术的分类和发展趋势. 辽宁经济职业技术学院学报，2013.

[14] 国家信息化安全教育认证管理中心. 信息安全知识读本. 北京：长安出版社，2003.

[15] 刘积芬. 网络入侵检测关键技术研究. 上海：东华大学，2013.

[16] 束罡. 存储级入侵检测的攻击模式和检测模型研究. 北京：北京理工大学，2008.

[17] 张珊珊. 基于 Hadoop 海量日志的入侵检测技术研究. 北京：北京理工大学，2014.

[18] 胡昌振. 网络入侵检测原理与技术. 北京：北京理工大学出版社，2010.

[19] 张宝军. 网络入侵检测原理与技术研究. 北京：中国广播影视出版社，2014.